U0429465

人工智能前沿技术丛书

图表征学习

迈向动态开放环境

Graph Representation Learning

Towards Dynamic and Open Environments

朱文武　王鑫　张子威◎著

電子工業出版社
Publishing House of Electronics Industry
北京•BEIJING

内 容 简 介

图数据是对万物间联系的一般抽象，广泛存在于各行各业中。图表征学习为图数据的建模与分析提供了新范式，是近年来机器学习与数据挖掘领域的热门研究方向，并被有效地应用于推荐系统、交通预测等众多领域。本书将全面介绍图表征学习，特别是针对处于真实世界动态、开放环境之中图数据的图表征学习方法。本书分为 3 篇：第 1 篇介绍图嵌入和图神经网络等经典图表征学习方法；第 2 篇围绕鲁棒性、动态性、可解释性、分布外泛化性等多个角度，系统地介绍针对动态开放环境中的图表征学习方法；第 3 篇以四个不同领域为例，从推荐系统、交通预测、自然语言处理、组合优化等场景，介绍图表征学习的应用方法。除了对代表性方法进行详细介绍，本书还提供了丰富的参考文献，读者可以更深入地学习图表征学习的前沿内容。

本书适合具有一定机器学习基础的高年级本科生、研究生、教师和研究者，以及对图数据感兴趣的计算机工程师和从业人员阅读，也适合对人工智能、深度学习和图数据分析感兴趣的其他人士参考。

未经许可，不得以任何方式复制或抄袭本书之部分或全部内容。
版权所有，侵权必究。

图书在版编目（CIP）数据

图表征学习：迈向动态开放环境/朱文武，王鑫，张子威著. – 北京: 电子工业出版社, 2023.7

（人工智能前沿技术丛书）

ISBN 978-7-121-45486-8

Ⅰ. ①图… Ⅱ. ①朱… ②王… ③张… Ⅲ. ①机器学习 – 研究Ⅳ. ①TP181

中国国家版本馆 CIP 数据核字（2023）第 072660 号

责任编辑：宋亚东
印　　刷：北京天宇星印刷厂
装　　订：北京天宇星印刷厂
出版发行：电子工业出版社
　　　　　北京市海淀区万寿路 173 信箱　　邮编：100036
开　　本：720×1000　1/16　　印张：16.25　　字数：359 千字
版　　次：2023 年 7 月第 1 版
印　　次：2023 年 7 月第 1 次印刷
定　　价：108.00 元

凡所购买电子工业出版社图书有缺损问题，请向购买书店调换。若书店售缺，请与本社发行部联系，联系及邮购电话：（010）88254888，88258888。

质量投诉请发邮件至 zlts@phei.com.cn，盗版侵权举报请发邮件至 dbqq@phei.com.cn。

本书咨询联系方式：（010）51260888-865，syd@phei.com.cn。

推荐序一

FOREWORD

我们周围的世界小到原子、分子的结构，大到人类社会的交通、物流和社交网络，都蕴含着事物之间的相互关系。图数据（Graph Data）正是对这种关系的一种抽象。由此可见，图数据无处不在。为了让机器能够分析和有效地利用图数据，需要使用机器学习算法对图数据进行建模，这就是“图表征学习”（Graph Representation Learning）。本书正是一本专门介绍这一重要内容的专著。

本书共 17 章，除了第 1 章介绍图和神经网络的基础知识，以及第 17 章展望图表征学习的未来发展，主体部分共 15 章，分为 3 篇。

第 1 篇介绍经典图表征学习，包括图表征学习的两种基本算法及其理论分析。第 1 个算法——图嵌入（第 2 章），介绍结构保持的三种图嵌入方法，即基于随机游走、基于矩阵分解和基于深度自编码器的图嵌入。图嵌入将图中的元素向量化，即将节点、边、子图和整图等以向量的形式表征，然后对该表征进行机器学习。第 2 个算法——图神经网络（第 3 章），按照时间脉络从早期的发展直到 2022 年的进展，分别介绍了谱域图神经网络、空域图神经网络和消息传递图神经网络的基础内容。为了将仅适用于图像或文本等规则结构数据的传统深度学习方法推广到一般图数据，需要在图数据上定义适合的神经网络架构——图神经网络，并进行端到端的学习。理论分析部分（第 4 章）通过以下四方面，即图信号处理、图同构测试、图神经网络表达能力以及过平滑与深层图神经网络，对图表征学习进行理论分析，以加深读者对图表征学习内在机制的理解。

第 2 篇是全书的重点，介绍动态开放环境中的图表征学习。本书将图数据中的结构、特征、性质和任务等在时间上发生变化的情况定义为**动态环境**；将在机器学习过程或应用场景中，数据分布、学习目标、特征或标签等因素发生变化的情况定义为**开放环境**。针对这种动态和开放环境对图表征学习提出的挑战，研究人员在经典图表征学习的基础上，进行了专门的设计与改进。第 2 篇详细介绍了这方面的内容，具体包括：为降低噪声和对抗攻击的影响的鲁棒图表征学习（第 5 章）；为有效捕捉图数据背后的复杂潜在因子的解耦图表征学习（第 6 章）；为学习随时间动态变化的图数据表征的动态图表征学习（第 7 章）；为减少对标签信息的依赖的无监督图神经网络与自监督图神经网络（第 8 章）；增加对图神经网络决策过程的理解和信任程度的图神经网络的可解释性（第 9 章）；增加图表征学习对不同环境的自适应能力的自动图表征学习（第 10 章）；为有效地解决图样本量不足的问题的元学习与图表征学习（11 章）；针对开放环境中训练数据和测试数据非同分布的情况下的分布外泛化图表征学习（第 12 章）。

第 3 篇介绍图表征学习的应用，包括推荐系统（第 13 章）、交通预测（第 14 章）、自然语言处理（第 15 章）和组合优化（第 16 章）。

从 2013 年人们尝试将深度学习运用于图数据算起，尽管图表征学习的历史只有短短的 10 年，但该领域的发展非常迅速。图表征学习的理论、方法和应用已经积累了丰富的材料和知识。为了让更多读者了解这一领域的进展，已经有相关的图书出版，如 2020 年出版的麦吉尔大学（McGill Universit）的 William L. Hamilton 撰写的《图表示学习》（*Graph Representation Learning*）。与已有的图书相比，本书的内容更加丰富、系统且具有前瞻性，特别注重介绍动态开放环境中的图表征学习。由于许多图数据都处于动态开放环境之中，如何处理这个问题对于图表征学习的长远发展有重要意义。本书正好提供了在这方面取得的主要成果。

本书适合具有一定机器学习基础的高年级本科生、研究生、教师和研究者，以及对图数据感兴趣的计算机工程师和从业人员阅读，也适合对人工智能、深度学习和图数据分析感兴趣的其他人士参考。

张钹
清华大学

推荐序一

FOREWORD

古希腊哲学家德谟克利特曾主张“世界上一切事物都是相互联系的”，而图正是一种描述万物间联系的通用语言。例如，人和人的联系可以表示为社交图，分子中不同原子间的关联可以表示为分子图，工厂中互相关联的传感器也可以建模成一个图。可以说，图数据在我们的生活中无处不在。

由于图数据的广泛存在，图表征学习成了机器学习领域的一个热门研究方向，受到了研究者和从业者的广泛关注。概括地说，图表征学习旨在学习图的向量化表征并且建模图结构，从而实现图数据的分析。与其他机器学习模型相比，结构是图表征学习里面的一个核心的因素，也使得图表征学习在方法上与其他机器学习有很大的区别。例如，在图表征学习的一类早期方法——图嵌入中，如何在向量空间中保持图结构便是一个关键的难题；图表征学习的另一类代表性算法——图神经网络，是基于图结构定义了一种新的神经网络架构，并成了图领域的一种新范式。此外，图表征学习也在诸多场景中有着重要的应用，例如电商网站的推荐系统、金融平台的欺诈监测、交通网络的车流预测、分子图的性质分析，等等。

本书的主要特点在于深入浅出地介绍了图表征学习的理论、方法和应用，既适合初学者学习，也适合专业人士深入研究。首先，本书介绍了图表征学习的基本概念和方法，包括图嵌入、图神经网络等。然后，本书详细讲解了动态开放环境中的图表征学习，这是该领域的研究前沿。相比于静态封闭环境假设，动态开放环境对图表征学习方法的鲁棒性、泛化性、可解释性等均提出了严峻挑战，也激发了一系列新方法的设计。这些方法可以帮助我们更好地处理现实世界中的复杂图数据。最后，本书还介绍了图表征学习的应用，包括推荐系统、交通预测等。

总之，无论是高等院校相关专业的本科生或研究生，还是领域内的专家，抑或是仅对图表征学习感兴趣的读者，本书都是一本很好的入门书和参考书，非常值得推荐。

徐宗本
西安交通大学

推荐序二

FOREWORD

21 世纪以来，以深度学习为代表的机器学习技术不断发展，并显著推动了人工智能的进步。最早期的深度学习更多关注网格状的数据，例如音频、图片或文本等。除这些数据外，图（graph）则是一种更加通用的数据类型，能够更广泛地描述事物之间的关联关系，例如社交网络、金融网络、交通网络和蛋白质网络等。因此，如何在图数据上进行机器学习，是一个非常重要且有意义的研究方向，也是近年来的研究热点。

“图表征学习”（Graph Representation Learning）正是在这种背景下提出和发展起来的。它主要通过学习图中元素的向量化表征，从而利用机器学习进行图数据的分析和建模。相比于针对图片或文本数据设计的机器学习方法，图表征学习需要处理复杂的图结构信息，因此涉及许多独特的研究问题，吸引了众多研究者的关注。

本书是关于图表征学习的介绍，共 17 章，内容丰富。从广度上看，书中讨论了图表征学习的不同方面，从早期的图嵌入到近期的图神经网络模型，以及图表征学习的各类应用，均有涉及。从深度上看，书中重点介绍了在动态开放环境中的图表征学习，包括图的动态性、鲁棒性、可解释性和泛化性等方面的内容，均是机器学习和人工智能领域的关键问题和前沿方向。本书作者朱文武教授等均来自清华大学，他们长期从事图表征学习的研究，对这个方向有深刻的理解。

本书既适合计算机科学、机器学习、数据分析专业的学生，以及大数据和人工智能应用程序开发人员参考；也适合本科高年级学生或者研究生，以及大学的老师和研究机构的研究人员阅读。

陈纯
浙江大学

前言

PREFACE

图数据是对事物间联系的一般抽象，广泛存在于我们的日常生活中，例如社交网络、交通网络、推荐系统和互联网等。作为图数据分析与挖掘的一种新范式，图表征学习是近年来机器学习与数据挖掘领域的热门研究方向。例如，在工业界，国内外多家互联网巨头，包括亚马逊、谷歌、阿里、百度、腾讯等，均开发研制了图表征学习的相关系统；国家自然科学基金委员会也将图表征学习相关内容列入“下一代人工智能重大研究计划”。可以说，图表征学习无论在研究还是应用方面，都有着极大的潜在价值和光明的发展前景。

为什么写作本书

考虑到图表征学习的快速发展和广泛应用，本书希望尽量全面地介绍图表征学习。本书作者所在的研究团队——清华大学多媒体与网络实验室，从 2014 年左右开始关注图表征学习，并见证了这个领域从新兴，甚至可以说一开始相对小众，发展到目前受到各行各业的广泛关注，并成为一个机器学习和深度学习重要分支的全过程。本书作者基于在该方向的研究积累，并查阅了大量相关资料，费时约两年，写成了这本书。

在撰写本书的两年中，一方面，我们注意到有一些同期出版的图表征学习著作，它们对许多经典的图表征学习方法进行了介绍；另一方面，我们同时注意到，近期图表征学习的一个重要发展趋势是更加关注真实世界中图数据所处的动态开放环境。动态开放环境给图表征学习带来了很大挑战，也是图表征学习在解决真实世界问题时不可避免会遇到的瓶颈。因此，图表征学习针对动态开放环境发展出了许多新兴的、前沿的方法。考虑到这些因素，我们调整了本书原定的结构，并将更多篇幅用于介绍针对动态开放环境所设计的图表征学习方法，希望吸引更多读者了解、关注并继续深入研究这个方向。

本书主要内容

本书共包括 17 章，除概述（第 1 章）和展望（第 17 章）外，主体的 15 章分为 3 篇，内容如下：

第 1 篇介绍经典图表征学习，包括图嵌入（第 2 章）、图神经网络（第 3 章）和图表征学习理论分析（第 4 章）。该篇内容将为动态开放环境中的图表征学习和应用奠定基础。

第 2 篇介绍针对动态开放环境的不同特点设计的图表征学习方法，包括鲁棒性（第 5 章）、解耦表征（第 6 章）、动态性（第 7 章）、无监督学习（第 8 章）、可解释性（第 9 章）、自动机器学习（第 10 章）、元学习（第 11 章）和分布外泛化（第 12 章），从不同方面全面地介绍动态开放环境中的图表征学习。

第 3 篇以 4 个代表性领域为例，介绍图表征学习的应用，包括推荐系统（第 13 章）、交通预测（第 14 章）、自然语言处理（第 15 章）和组合优化（第 16 章）。

致谢

感谢清华大学的张钹院士、西安交通大学的徐宗本院士、浙江大学的陈纯院士在百忙之中为本书作序。

感谢本书作者所在的清华大学多媒体与网络实验室研究生为本书写作提供的帮助（按姓名排序）：常恒、蔡婕、邓起谱、关超宇、李昊阳、李家栋、李霈雯、潘旺、秦一鉴、谢贝妮、张一彭、张泽阳。

感谢电子工业出版社博文视点及宋亚东编辑对本书出版所做的努力。

由于作者水平有限，书中不足之处在所难免，敬请专家和读者给予批评指正。

朱文武，王鑫，张子威

2023 年 6 月

读者服务

微信扫码回复：45486

- 加入本书读者交流群，与更多读者互动。
- 获取【百场业界大咖直播合集】（持续更新），仅需 1 元。

数学符号

NOTATION

符号	含义
$\mathcal{G}=(\mathcal{V},\mathcal{E})$	图
$\mathcal{V}=\{v_1,\cdots,v_{\lvert\mathcal{V}\rvert}\}$	节点的集合
$\mathcal{E}$	边的集合
$\boldsymbol{A}$	图的邻接矩阵
$\boldsymbol{D}$	图的度数矩阵
$\boldsymbol{L}=\boldsymbol{D}-\boldsymbol{A}$	图的拉普拉斯矩阵
$\boldsymbol{I}$	单位矩阵
$\mathbf{1}$	全 1 矩阵
$\boldsymbol{X}_{i,:}$	矩阵的第 i 行
$\boldsymbol{X}_{:,j}$	矩阵的第 j 列
$X_{i,j}$	矩阵第 i 行和第 j 列对应的元素
$\boldsymbol{X}^{\top}$	矩阵的转置
$\boldsymbol{XY}$	矩阵乘法
$\boldsymbol{X}\odot\boldsymbol{Y}$	矩阵逐元素乘法（哈达玛积）
$\boldsymbol{H}^{(l)}$	神经网络里第 l 个隐层的表征
$\sigma(\cdot)$	非线性激活函数
$\boldsymbol{W},\boldsymbol{\Theta}$	可学习参数
$\mathcal{L}$	损失函数
$\mathcal{F}(\cdot)$	函数
$\Pr(\cdot)$	概率
$\mathbb{R}$	实数
$\boldsymbol{L}_{\text{sym}}=\boldsymbol{D}^{-1/2}\boldsymbol{L}\boldsymbol{D}^{-1/2}$	图的对称归一化拉普拉斯矩阵
$\boldsymbol{L}=\boldsymbol{Q}\boldsymbol{\Lambda}\boldsymbol{Q}^{\top}$	图拉普拉斯矩阵的特征分解
$\tilde{\boldsymbol{A}},\tilde{\boldsymbol{D}},\tilde{\boldsymbol{L}}_{\text{sym}}$	加入自环后的图邻接矩阵、度数矩阵和归一化拉普拉斯矩阵

目录

CONTENTS

第 2 篇　动态开放环境中的图表征学习

第 3 篇 图表征学习的应用

第 1 章 CHAPTER 1

概述

本章将介绍图数据和动态开放环境的研究背景、应用价值及挑战。同时，也将介绍图数据和机器学习的基础知识。下面，让我们走进图表征学习的世界吧！

1.1 引言

图数据（Graph Data），亦称为网络数据（Network Data），是对事物间关系的一般抽象，并广泛存在于我们身边。小到微观尺度的分子、原子结构，大到世界范围的交通、物流网络；从物理空间的传感器网络、社会空间的社交网络，到信息空间的互联网，都可以建模为图数据的形式。实际上，在我们的日常生活中，也会有意识或无意识地接触到各种图数据。例如，我们每天都会用到的社交媒体，如国内的微信、微博，或者国外的脸书、推特，都是社交网络的典型代表；出行时，我们会在各类地图应用中查看路况、导航，这些与交通网络密切相关；在电商平台购物的行为可以被建模为用户与商品间的点击、购买、评价等交互图。毫不夸张地说，图数据在我们的生活中无处不在。

图数据主要包含两个组成部分：节点（Node）和边（Edge），有时也称为端点（Vertex）和链接（Link）。其中，节点代表实体，边代表节点间的关系。例如，在社交网络中，可以认为每个账号是一个实体，两个账号间成为好友关系则表示为一条边；在通信网络中，可以将每个电子邮件地址作为一个节点，每封邮件作为一条边；在分子图中，可以将每个原子视为一个节点，将化学键视为边。相比于其他常见的类型数据，例如文本、语音、图像、视频等，图数据可以更好地描述并建模物体之间的关系。因此，图数据的分析与挖掘一直是一个重要的研究方向，并被广泛应用于社交网络、金融、交通、医疗、互联网和物联网等许多领域[1]。

随着机器学习和人工智能技术的不断发展，图表征学习（Graph Representation Learning）成为图数据分析与挖掘的前沿与热点。概括来说，**图表征学习是指学习图中的元素，例如节点、边、子图或整个图的向量表征，并应用基于向量的机器学习算法进行图数据的建模与分析**。图 1-1 展示了一个图表征学习示意图，其将输入图数据的每个节点表示为一个二维的向量。

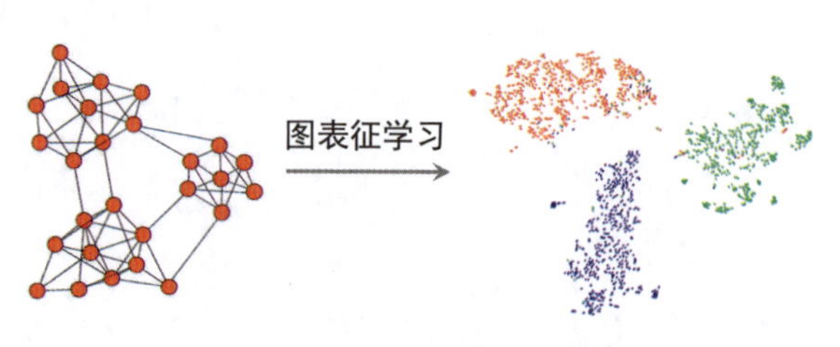

图 1-1　图表征学习示意图

需要注意，部分研究将狭义图表征学习定义为无监督图表征学习，以便和端到端（End-to-End）方法相区分。本书采用更广义的定义，即考虑到大多数无监督表征学习和图神经网络（Graph Neural Network）等端到端方法，均在模型中学习了图中元素的向量化表征，因此将其统称为图表征学习，并将狭义的无监督图表征学习称为图嵌入（Graph Embedding，见第 2 章）。

图表征学习有许多优点，简要总结为以下几点：

- **从人工特征到自动表征**：传统图数据分析往往通过人工定义特征，例如节点的度数、三个节点的闭合比例（即聚类系数，Cluster Coefficient）、图的直径、连通分量个数等。相比之下，图表征学习通过机器学习的方式进行自动表征建模，并且许多方法（例如图神经网络模型）可以进行端到端的学习，因此更加灵活且具有更强的表达能力。
- **机器学习模型的适用性**：由于图中的节点相互联系，许多传统机器学习方法难以被直接地应用于图数据分析。图表征学习则将图中元素转化为向量表征，即可在向量表征上直接地应用基于向量的机器学习算法，例如统计学习中的支持向量机（Support Vector Machine，SVM）、回归模型、决策树模型，深度学习中的各类神经网络模型等。
- **大规模图的可扩展性**：许多传统图数据分析方法复杂度较高，例如许多图论算法的复杂度关于节点数呈现平方、立方甚至指数级增长，而另一些算法例如 PageRank 等则需要多次迭代优化，因此处理大规模图数据往往更加困难。图表征学习在将图中元素表征为低维向量后，往往可以有效降低后续图分析任务的复杂度（当然，图表征学习本身在大规模图中的复杂度是一个必须被首先解决的问题）。此外，由于图中各元素的向量表征相对独立，基于表征向量更易于进行算法的批（Batch）处理、并行和分布式计算等。

由于图表征学习的诸多优点，其在学术界和工业界都受到了广泛关注，并自 2014 年开始取得了长足的进展。例如，根据谷歌学术 2022 年的统计结果，图表征学习的一种代表性方法——图卷积神经网络（Graph Convolutional Network, GCN），在人工智能顶级国际会议 ICLR（International Conference on Learning Representations）过去五年发表的论文中引用量排名第一，截至本书写作时已被引用超过 2 万次；在 2019 年，阿里巴巴达摩院将"超大规模图神经网络系统将赋予机器常识"列为"2019 十大科技趋势"之一。图灵奖得主约书亚·本吉奥（Yoshua Bengio）曾指出："将神经网络扩展到图结构输入是机器学习当前的主要挑战之一"[2]。此外，在工业界，截至本书写作时，国内外许多互联网大厂均开发了自己的图表征学习系统，包括但不限于百度的 PGL（Paddle Graph Learning）、阿里巴巴的欧拉（Euler）与 Graph-Learn、腾讯的柏拉图（Plato）、亚马逊的 DGL（Deep Graph Library）、谷歌的 TensorFlow-GNN、DeepMind 的 GraphNets、Meta 的 PBG（Pytorch BigGraph）等。这些情况表明，图表征学习无论在科研还是应用方面，都具有巨大的潜力与价值，并受到了更广泛的关注。

进一步地，许多图数据都处于动态开放环境（Dynamic and Open Environments）之中。其中，**动态环境是指图数据，包括结构、特征、性质、任务等，随时间发生变化。开放环境则泛指数据分布、学习目标、特征或标签等因素在机器学习过程或应用场景中发生变化**[3]。例如，在社交网络中，用户间会随时间形成新的关系并删除旧的关系，也可能有新的用户加入，旧的用户退出，且社交网络的演化规律也在不断变化[4]；在交通网络中，不同时刻的道路情况、车流量、外界环境与所发生的事件也在不断变化；在生物网络中，新的疾病（例如新冠病毒）可能具有与以往疾病不同的特性与机理，因此开发新的药物需要考虑多种复杂因素[5]。如何处理动态开放环境下的图数据对图表征学习提出了更大的挑战，也因此吸引了许多研究者的关注。

本书的其余章节安排如下。本章的后两个小节将介绍图和机器学习的基础知识；本书第 1 篇将介绍图表征学习的两类主流算法——图嵌入与图神经网络；第 2 篇则会介绍动态开放环境下更先进的图表征学习方法，涉及图表征学习的动态性、鲁棒性、可解释性和泛化性等；第 3 篇将介绍图表征学习的一些代表性应用，例如推荐系统、交通预测等。在最后一章中，我们将介绍图表征学习展望。

1.2 图基础知识

本节将介绍图的一些基础知识。下面形式化定义图及其相关概念。

定义 1.1 (图) 一个图由节点与节点间的边组成，记为 $\mathcal{G} = (\mathcal{V}, \mathcal{E})$，其中 $\mathcal{V} = \{v_1, v_2, \cdots, v_{|\mathcal{V}|}\}$ 是节点的集合，$|\mathcal{V}|$ 是节点的数量，也常记为 $N = |\mathcal{V}|$，$\mathcal{E} = \mathcal{V} \times \mathcal{V}$ 是边的集合。

在本文中，除非另作说明，仅考虑简单图（Simple Graph），即不存在多重边和自环的图。

定义 1.2 (邻接矩阵) 图的一种常见表示方式是使用邻接矩阵（Adjacency Matrix），记为 $\boldsymbol{A} \in \{0,1\}^{N \times N}$，其中 $A_{i,j} = 1$ 代表节点 v_i 和 v_j 间存在一条边，即 $(v_i, v_j) \in \mathcal{E}$，反之则有 $A_{i,j} = 0$，即 $(v_i, v_j) \notin \mathcal{E}$。

定义 1.3 (有向图与无向图) 如果图中的边存在方向性，即对于图中的两个节点 v_i 与 v_j，(v_i, v_j) 与 (v_j, v_i) 是两条不同的边，则称该图为有向图（Directed Graph）；反之，若对于图中的任意两个节点 v_i 与 v_j，(v_i, v_j) 与 (v_j, v_i) 含义相同，即 $(v_i, v_j) \in \mathcal{E} \Leftrightarrow (v_j, v_i) \in \mathcal{E}$，则称该图为无向图（Undirected Graph）。

在大多数社交网络中，关注（follow）关系为单向的，因此可以表示为有向图；而好友（friendship）关系一般为双向的，因此可以表示为无向图。不难发现，无向图的邻接矩阵是对称矩阵，即 $\boldsymbol{A} = \boldsymbol{A}^\top$，而有向图则不一定满足该性质。在无特殊说明时，本书默认处理的是无向图。

定义 1.4 (加权图与无权图) 如果图中每条边存在一个权重，即存在映射函数 $\mathcal{W} : \mathcal{E} \to \mathbb{R}$，该映射函数给每条边赋予一个权重，则称该图为加权图（Weighted Graph）。与之对应，无权重的图也称为无权图（Unweighted Graph）。加权图可以用加权邻接矩阵表示，即 $\boldsymbol{A} \in \mathbb{R}^{N \times N}$。

对于大多数图数据，边的权重为大于 0 的实数，且边的权重越大，代表对应两个节点的关系越强。例如，在通信网络中，可以将边的权重设为两个节点的通信频率；在分子图中，可以用边的权重代表化学键的强度；在交通网络中，可以用边的权重表示道路是否为主干路。若图中存在负的边权重，则称该图为符号图（Signed Graph），权重为正数的边称为正边（Positive Edge），权重为负数的边称为负边（Negative Edge）。例如，在社交网络中，负边可以代表用户间的负面关系，例如拉入黑名单、举报等。当无特殊说明时，假设图是无权重与无符号的。

定义 1.5 (邻居) 对于图中的一个节点 v_i，所有与其存在边的节点构成了 v_i 的邻居（Neighborhood）节点集合，记为 $\mathcal{N}(i) = \{v_j : (v_i, v_j) \in \mathcal{E}\}$。

定义 1.6 (度数) 每个节点 v_i 的邻居节点数量称为该节点的度数（Degree）。图的度数一般可以用度数矩阵描述，记为 $\boldsymbol{D} \in \mathbb{R}^{N \times N}$，它是一个对角矩阵，对角

线的元素为 $D_{i,i} = |\mathcal{N}(i)| = \sum_{j=1}^{N} A_{i,j}$，即节点 v_i 的度数，非对角线元素则均为 0。

以社交网络为例，节点的邻居即为每个用户的好友集合，节点的度数则为每个用户的好友数量。对于有向图，节点的邻居和度数也需要按照边的方向扩展，即指向该节点的邻居集合和该节点指向的邻居集合，集合对应大小分别被称为节点的入度（In-degree）和出度（Out-degree）。再次考虑社交网络，入度和出度对应账号的粉丝数和关注数；对于学术引用网络，若一条有向边代表一篇文章引用了指向的文章，则入度和出度分别对应文章的被引用数和文章参考文献的数目。对于加权图，也可类似定义带权重的度数。

下面通过具体的例子，更加直观地介绍上述的概念。考虑图 1-2 中所展示的图数据，每个圆圈代表一个节点，节点上的数字代表节点编号，节点间的连线代表边，这是图数据最直观与普遍的可视化形式。其对应的邻接矩阵为

$$\boldsymbol{A} = \begin{bmatrix} 0 & 1 & 0 & 0 & 1 \\ 1 & 0 & 1 & 1 & 0 \\ 0 & 1 & 0 & 1 & 0 \\ 0 & 1 & 1 & 0 & 1 \\ 1 & 0 & 0 & 1 & 0 \end{bmatrix}. \tag{1-1}$$

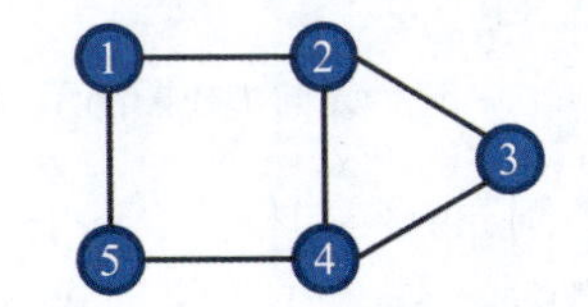

图 1-2　一个无向无权重图的示例

不难计算出其度数矩阵为

$$\boldsymbol{D} = \begin{bmatrix} 2 & 0 & 0 & 0 & 0 \\ 0 & 3 & 0 & 0 & 0 \\ 0 & 0 & 2 & 0 & 0 \\ 0 & 0 & 0 & 3 & 0 \\ 0 & 0 & 0 & 0 & 2 \end{bmatrix}. \tag{1-2}$$

若将图 1-2 改为图 1-3 的有向图，箭头代表边的方向，则其邻接矩阵为

$$\boldsymbol{A} = \begin{bmatrix} 0 & 1 & 0 & 0 & 1 \\ 0 & 0 & 1 & 0 & 0 \\ 0 & 1 & 0 & 1 & 0 \\ 0 & 1 & 0 & 0 & 0 \\ 1 & 0 & 0 & 1 & 0 \end{bmatrix}. \tag{1-3}$$

不难看出，此时的邻接矩阵不再是一个对称矩阵。

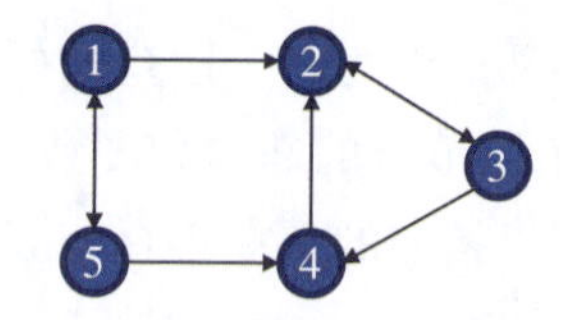

图 1-3　一个有向无权重图的示例

另外，若将图 1-2 改为图 1-4 的加权图，则其加权邻接矩阵为

$$\boldsymbol{A}=\begin{bmatrix}0 & 2 & 0 & 0 & 1\\ 2 & 0 & 10 & 3 & 0\\ 0 & 10 & 0 & 0.3 & 0\\ 0 & 3 & 0.3 & 0 & 1.5\\ 1 & 0 & 0 & 1.5 & 0\end{bmatrix}. \tag{1-4}$$

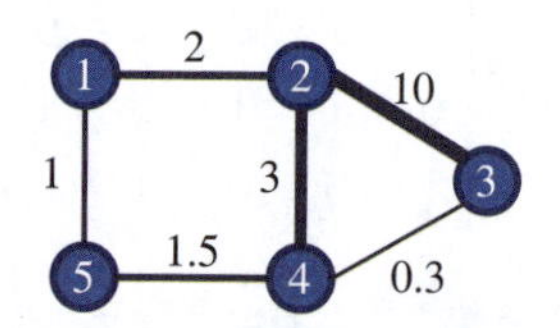

图 1-4　一个无向加权图的示例

还可以构造更多的例子，例如有向加权图、带符号加权图等，在此不再过多展开。此外，除了上述的图数据，还有更多丰富的图数据，例如含时间的动态图（Dynamic Graph）、包括多种不同类型节点和边的异质图（Heterogeneous Graph）、包含超过二元关系的超图（Hypergraph）等，本书将在后续涉及相关概念时再简单地介绍，感兴趣的读者也可查阅相关文献。

图表征学习的最终目的是解决图数据上的各类分析任务。根据所处理图数据颗粒度的不同，图任务可大致分为以下三类：

（1）**节点级任务（Node-level Task）**。节点级任务仅与单个节点相关，例如节点分类、节点回归和异常节点检测等。当处理节点级任务时，主要需要学习节点表征。

（2）**边级任务（Edge-level Task）**。边级任务与每条边相关，例如链接预测、边分类、边属性预测等。当处理边级任务时，往往需要联合考虑边所连接两个节点的表征。因此，有些文献也将边级任务视为节点级任务的推广，即一对节点上的任务。

（3）**图级任务（Graph-level Task）**。图级任务与整个图或图中的子图相关，例如图分类、图生成和关键子图识别等。当处理图级任务时，经常需要基于节点表征学习对应的全图表征。

1.3 机器学习基础知识

本节将简单地介绍机器学习的一些基础知识。限于篇幅，更多内容可查阅相关文献。

1.3.1 机器学习分类

从数学上来讲，机器学习旨在获得一个模型 $\mathcal{F}_{\boldsymbol{\theta}}(\cdot)$，其中 $\mathcal{F}(\cdot)$ 代表该模型，$\boldsymbol{\theta}$ 是模型的可学习参数，该模型能够有效地处理待解决的问题。目前，机器学习按照学习方法主要可以分为三个大的类别：监督学习（Supervised Learning）、无监督学习（Unsupervised Learning）及强化学习（Reinforcement Learning）。它们在问题设定上存在区别，下面逐一介绍。

1. 监督学习

在监督学习中，需要使用一组数据样本和这些样本对应的标签来学习，记为 $\{\boldsymbol{x}_i, \boldsymbol{y}_i\}_{i=1}^n$，其中 $\boldsymbol{x}_i$ 是样本的特征，$\boldsymbol{y}_i$ 是样本对应的标签，n 是样本的数量。例如，考虑计算机视觉中的图像分类任务，$\boldsymbol{x}_i$ 代表图像的信息，$\boldsymbol{y}_i$ 则代表该图像是否包含某些物体；对于自然语言处理中的机器翻译任务，$\boldsymbol{x}_i$ 代表被翻译语言的一种编码，$\boldsymbol{y}_i$ 则代表其对应翻译后目标语言的一种编码。若考虑图数据中的图分类任务，例如一个分子是否有毒性，那么 $\boldsymbol{x}_i$ 代表分子图数据，$\boldsymbol{y}_i$ 则为其对应是否有毒性的标签。

从上述例子不难看出，监督学习的特点是：需要的数据既包括输入样本本身（$\boldsymbol{x}_i$），还需要其标签信息（$\boldsymbol{y}_i$）作为学习过程的监督信号。根据标签 $\boldsymbol{y}_i$ 的类型区别，监督学习又可大致分为分类（Classification）问题与回归（Regression）问题。分类问题即判断每个样本所属的类别，目标是一系列离散的值，即有 $\boldsymbol{y}_i \in \{0,1\}^c$，$c$ 是类别数；回归问题则是预测每个样本一个连续数值，例如 $\boldsymbol{y}_i \in \mathbb{R}^c$。

2. 无监督学习

监督学习对于每一个输入都需要相应的标签信息才能学习，但在很多场景下，数据的标签收集成本过高或根本无法获得。因此，另一类机器学习方法——无监督学习，关注如何在没有标签的情况下进行学习。一个经典的无监督学习例子是聚类（Clustering），即只知道样本的信息 $\boldsymbol{x}_i$，而不知道对应的类别信息 $\boldsymbol{y}_i$。在这种情况下，聚类算法通过学习并计算不同样本间的相似程度，将数据集划分为若干类，同一类内的样本相似度较大，不同类间的样本相似度相对较小。若聚类算法有效，不同类可以对应数据中未观测到的某些潜在标签信息，例如图像中的不同物体，或不同类别的分子图。整个聚类的过程只需要用到样本的信息而不需要使用标签信息。

除传统的无监督学习方法外，近年来兴起的自监督学习（Self-Supervised Learning）本质上也是无监督学习方法的一种。自监督学习通过设计算法，自动为每个样本构造标签，以构成自监督学习任务。比如，对于图像数据，可以将其旋转一定的角度，通过预测旋转的角度，构成一个自监督任务；对于自然语言处理，可以通过随机掩盖（Mask）一句话中的某些词语，让模型学习恢复该词语，作为自监督任务。在构造完自监督学习任务后，自监督学习的训练方式可以与监督学习基本相同。但上述自监督学习也并未使用除样本外的其他标签信息，因此从模型获得的信息量角度来看，其仍属于无监督学习的一种。

除无监督和监督学习外，还有一些其他特定的学习范式，例如半监督学习（Semi-Supervised Learning），即在大量不带标签的数据和部分有标签的数据上联合学习，也经常在图表征学习中被使用。例如，给定一个图的邻接矩阵和所有节点的特征，以及部分节点的标签，目标是预测其余节点的标签，该任务一般被称为半监督节点分类，是图表征学习经常处理的任务之一。

3. 强化学习

相比于监督学习和无监督学习，强化学习强调一个模型，称为智能体（Agent），在与环境的交互中不断提升的过程。具体来说，在强化学习中，智能体可以观察到自己在环境中所处的状态（State），并根据状态采取相应的行动（Action），该行动会使智能体的状态发生改变，并且会得到相应的反馈，称为奖励（Reward）。强化学习旨在根据奖励来不断调整智能体的策略，以使最终的策略尽可能将得到的奖励最大化。相比于监督学习而言，强化学习的指导信息并不是一些样本固定的标签，而是来自环境的反馈。此外，强化学习中智能体每一次根据状态采取行动并不一定都能获得奖励，有可能是多次行动之后才能得到奖励。这些设定以及指导信息的不同都使得强化学习成了一个相对独特的机器学习领域。一个典型的强化学习例子是令模型学习各种游戏，例如围棋、象棋或计算机游戏等。此时，智能体观测的状态就是游戏信息，例如棋类运动的盘面；智能体则需要根据这些信息决定下一步动作，例如下一步走棋的位置；当游戏结束时，智能体可以根据输赢、步数等获得奖励；智能体的最终目标是找到一系列合适的策略，尽可能让自己的奖励最大化。

对于图表征学习，专门基于图强化学习的研究相对较少，主要集中在图生成等任务上[6]。但在一些图表征学习模型内部，也会使用强化学习作为重要的组件，特别是在处理环境相关信息或需要显式建模反馈时。

1.3.2 机器学习的训练和测试

在机器学习，特别是监督学习中，训练过程往往通过在一系列已知标签的数据集上学习模型的参数，然后将训练好的模型应用到标签未知的数据集上。前者一般称为训练（Training）阶段，所采用的数据集也对应称为训练集；后者则称为测试（Testing）阶段，所采用的数据集称为测试集。若还需要调整模型设计、超参数等，也可将数据集划分为三部分并在训练阶段和测试阶段中间再加入验证（Validation）阶段：首先在训练集上训练，然后在验证集上验证并调整模型，最后在测试集上测试，得到最终的模型效果。

在训练阶段,大多数机器学习方法通过最小化一个损失函数（Loss Function），也称为目标函数，以学习模型中最优的参数。其可以被形式化为

$$\arg\min_{\boldsymbol{\theta}} \mathcal{L}(\mathcal{F}_{\boldsymbol{\theta}}(\mathcal{D}_{\text{train}})), \tag{1-5}$$

式中，$\mathcal{L}(\cdot)$ 表示损失函数；$\mathcal{D}_{\text{train}}$ 表示训练集。例如，若是监督学习中的回归任务，损失函数可以是如下的最小化均方误差：

$$\mathcal{L}_{\text{MSE}}(\mathcal{F}_{\boldsymbol{\theta}}(\mathcal{D}_{\text{train}})) = \frac{1}{n}\sum_{i=1}^{n}\left(\mathcal{F}_{\boldsymbol{\theta}}(\boldsymbol{x}_i) - \boldsymbol{y}_i\right)^2. \tag{1-6}$$

对于监督学习中的分类任务，则常采用如下的交叉熵损失函数：

$$\begin{gathered}\mathcal{L}_{\text{CE}}(\mathcal{F}_{\boldsymbol{\theta}}(\mathcal{D}_{\text{train}})) = -\frac{1}{n}\sum_{i=1}^{n}\sum_{j=1}^{c}\boldsymbol{y}_{i,j}\log\hat{\boldsymbol{y}}_{i,j}, \\ \hat{\boldsymbol{y}}_i = \mathcal{F}_{\boldsymbol{\theta}}(\boldsymbol{x}_i),\end{gathered} \tag{1-7}$$

式中，$\boldsymbol{y}_{i,j}$ 表示 $\boldsymbol{y}_i$ 在第 j 个分量上的取值。除了上述两种损失函数，还有许多其他常见损失函数，在此不再一一介绍。

在最小化上述损失函数时，对于大部分模型，特别是神经网络等深度学习模型，主要采用基于梯度的方法，通过反向传播优化。优化过程中采用的不同算法也被称为优化器（Optimizer），常见的优化器包括随机梯度下降（Stochastic Gradient Descend，SGD）、Adam（Adaptive Moment Estimation）等。

在测试阶段，大部分方法仅需在测试集的数据上计算一次正向传播，即可得到每个样本对应的输出。

另一个重要的机器学习概念是欠拟合（Under-fitting）与过拟合（Over-fitting）。

欠拟合是指，在训练结束后，目标模型在训练集上仍无法取得很好的结果。欠拟合的常见原因是模型的选择空间不够大，即模型无法有效地刻画数据集上的信息，或者在模型优化过程中出现问题，例如梯度爆炸、梯度消失、陷入局部最优等。过拟合则是指，虽然目标模型在训练集上可以取得很好的结果，但其在测试集上效果不佳。过拟合常见的原因则是模型过于复杂或者模型设计不适合该问题、训练样本数量不足或欠缺差异性等。模型在训练集上的效果也称为拟合（Fitting）误差，而模型是否能有效地适用于测试集上的效果也称为泛化（Generalization）误差。经典机器学习理论一般认为欠拟合和过拟合间存在一个最优平衡，即存在一个理想复杂程度的模型，其既不存在过拟合，也不存在欠拟合，如图 1-5 所示。最近有一些关于神经网络的研究则提出了过参数化（Over-parametrized）空间，认为提升模型的复杂度反而可以缓解过拟合。此部分内容较为前沿并仍在不断发展，有兴趣的读者可以查阅相关文献。

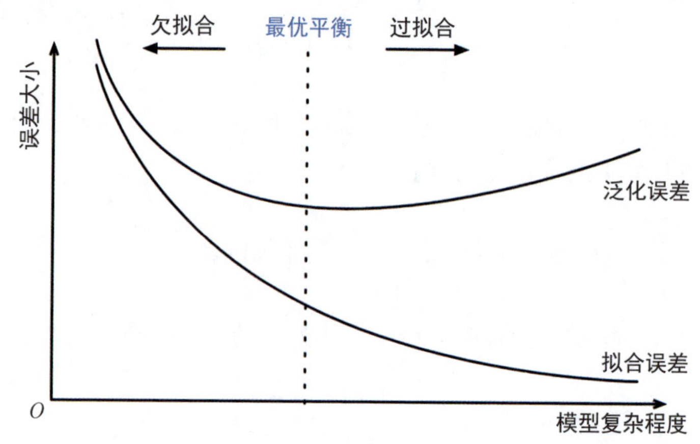

图 1-5 经典机器学习理论中过拟合和欠拟合与模型复杂程度关系图

第1篇 经典图表征学习

本篇介绍经典图表征学习方法。第 2 章介绍图嵌入方法，它的主要范式是在图上先进行无监督的表征学习，然后在学习到的表征上进行机器学习。这类方法在 2014 年开始受到关注。本书将着重介绍结构保持的图嵌入，包括基于随机游走、矩阵分解和深度自编码器的方法。第 3 章介绍图神经网络，它在图上设计合适的神经网络以进行端到端的学习。本书将分别介绍谱域图神经网络、空域图神经网络、消息传递图神经网络及图池化等。第 4 章介绍图表征学习的理论分析，以加深读者对图表征学习内在机理的理解。本篇内容将为第 2 篇介绍动态开放环境中的图表征学习奠定基础。

第 2 章
CHAPTER 2
图嵌入

本章介绍图嵌入方法,其也是在图表征学习被关注以来,研究者最先研究的内容之一。本章将主要介绍结构保持的图嵌入[7],而不再回顾更早期的基于降维分析的图嵌入。按照所采用方法类型的不同,本章的内容分为基于随机游走(Random-Walk)的图嵌入、基于矩阵分解(Matrix Factorization)的图嵌入和基于深度自编码器(Auto-Encoder)的图嵌入。

2.1 基于随机游走的图嵌入

随机游走在图分析中起着非常重要的作用,并广泛应用于图表征学习中。下面,首先定义随机游走,然后介绍经典的基于随机游走的图嵌入方法,包括 DeepWalk、LINE 和 Node2vec 等。

定义 2.1 (游走) 图 $\mathcal{G}=(\mathcal{V},\mathcal{E})$ 上的一个游走(Walk)是一系列相互连接节点的集合,记为 $\text{walk}=(v_1,v_2,\cdots,v_s)$,其中 $v_i\in\mathcal{V},1\leqslant i\leqslant s$ 且 $(v_i,v_{i+1})\in\mathcal{E},1\leqslant i<s$,$s$ 是游走中节点的数量。

若游走中的边不存在重复,则该游走也称为迹(Trial);此外,若游走中的节点和边均不存在重复,则该游走称为一条路径(Path)。

图的随机游走则是将图上的游走与概率相结合,即定义图上的一个随机过程。最基本的随机游走假设马尔可夫性,即游走的下一个节点仅取决于上一个节点。对于马尔可夫随机游走,则有:

$$\begin{aligned}\Pr(\text{walk})&=\Pr(v_1)\prod_{i=1}^{s-1}\Pr(v_{i+1}|v_1,\cdots,v_i)\\&=\Pr(v_1)\prod_{i=1}^{s-1}\Pr(v_{i+1}|v_i),\end{aligned}\tag{2-1}$$

式中，Pr(·) 表示概率，第一个等号由条件概率公式得出，第二个等号用到了马尔可夫性。对于条件概率 $\Pr(v_{i+1}|v_i)$，即游走如何选择下一个节点，最简单的假设是均匀选择邻居节点，即有

$$\Pr(v_{i+1}|v_i)=\begin{cases}\dfrac{1}{D_{i,i}}, & 如果 v_{i+1}\in\mathcal{N}(v_i)\\ 0, & 其他\end{cases}. \tag{2-2}$$

随机游走可以被用来计算图中的许多性质，包括节点中心性（Centrality）和节点间相似性（Similarity）等。此外，由于随机游走的每一步只考虑局域内的邻居节点，因此当只能观察到图的局部信息，或者因为图太大而难以存储图的全部信息时，随机游走会变得尤其有效 [8]。下面，介绍基于随机游走的图嵌入方法。

DeepWalk [9] 是最早提出使用随机游走学习图嵌入的算法，也是最早关注于图结构的图嵌入算法之一。DeepWalk 的核心思想是通过类比图上的随机游走和自然语言，即每个节点相当于一个单词，并将图中每个采样得到的游走视为自然语言中的一个句子。DeepWalk 作者发现，短距离随机游走中节点的概率分布与自然语言中的单词概率分布十分相似。基于这一观察，DeepWalk 提出借鉴自然语言处理的单词嵌入（Word Embedding）来学习图的节点嵌入。具体来说，DeepWalk 采用单词嵌入的 SkipGram 模型 [10]。SkipGram 模型的出发点是用一个词作为输入，预测它上下文出现的词。对应到图数据上，DeepWalk 在图中随机采样大量固定长度的随机游走。对于每个采样得到的游走 $\text{walk}=(v_1,v_2,\cdots,v_s)$，按照 SkipGram 模型，DeepWalk 的优化目标是使节点 v_i 的“上下文节点”在这个游走序列中出现的概率最大化。记节点 v_i 的嵌入向量为 $\boldsymbol{h}_i\in\mathbb{R}^d$，DeepWalk 将随机游走中该节点的目标函数定义为最大化如下概率：

$$\Pr\left(\{v_{i-w},\cdots,v_{i+w}\}\setminus v_i \mid \boldsymbol{h}_i\right)=\prod_{j=i-w,j\neq i}^{i+w}\Pr\left(v_j\mid \boldsymbol{h}_i\right), \tag{2-3}$$

式中，w 表示一个超参数，决定上下文窗口的大小。式 (2-3) 的计算方式即首先划定节点 v_i 出现前后的 w 个节点作为窗口，然后最大化窗口内节点出现的概率。该条件概率通常用一个 softmax 函数来实现：

$$\Pr(v_j|\boldsymbol{h}_i)=\frac{\exp(\boldsymbol{h}_i^\top\boldsymbol{h}_j')}{\sum_{v_k\in\mathcal{V}}\exp(\boldsymbol{h}_i^\top\boldsymbol{h}_k')}, \tag{2-4}$$

式中，$\boldsymbol{h}_j'$ 表示每个节点作为上下文信息的另一个节点嵌入向量。然而，因为式 (2-4) 中分母的归一化项需要对图中所有的节点求和，直接计算的复杂度会非常高。为处理该效率问题，两种近似算法被提出以降低复杂度，包括层次 Softmax（Hierarchical Softmax）和负采样（Negative Sampling）。

层次采样近似方法计算如下。首先，将图中所有的节点分配到一棵二叉树上，每个节点对应树上的一个叶子结点[①]，因此图中每个节点对应二叉树上一条从根结点到叶子结点的路径。然后，将 softmax 的计算过程转化为计算二叉树上一条对应路径的概率。记到目标节点 v_j 的一条树上的路径为 $(b_0, b_1, \cdots, b_{\lceil\log|\mathcal{V}|\rceil})$，其中 b_0 是根结点，$b_{\lceil\log|\mathcal{V}|\rceil}$ 代表 v_j，则式 (2-4) 的近似计算公式如下：

$$\Pr(v_j \mid \boldsymbol{h}_i) = \prod_{l=1}^{\lceil\log|\mathcal{V}|\rceil} \Pr(b_l \mid \boldsymbol{h}_i), \tag{2-5}$$

式中，路径上每个结点选择孩子结点的概率建模如下：

$$\Pr(b_l \mid \boldsymbol{h}_i) = \begin{cases} \dfrac{1}{1+\exp(-\boldsymbol{h}_i^\top \boldsymbol{b}_{l-1})} & \text{如果 } b_l \text{ 是 } b_{l-1} \text{ 的右孩子} \\ \dfrac{1}{1+\exp(\boldsymbol{h}_i^\top \boldsymbol{b}_{l-1})} & \text{如果 } b_l \text{ 是 } b_{l-1} \text{ 的左孩子} \end{cases}, \tag{2-6}$$

式中，$\boldsymbol{b}_l$ 表示二叉树上结点 b_l 对应的表征。利用该概率计算方式，softmax 函数被建模成了一个关于二叉树上一系列的二分类问题，这使得计算每个概率的复杂度从原始 softmax 函数的 $O(|\mathcal{V}|)$ 降低到了 $O(\log|\mathcal{V}|)$。如果进一步考虑树上结点的访问频率，则可以使用哈夫曼编码构建二叉树，以进一步提高算法效率。

对于另一类方法负采样，其主要思想是为了有效地学习表征，其实无须精确计算 $\Pr(v_j|\boldsymbol{h}_i)$，而只需要尽可能地区分目标节点和其他节点，而其他节点即可视作负样本。具体来说，记负采样所遵循的概率分布为 P_n。最简单的 P_n 可以使用均匀分布，而部分文献也提出可以按照节点度数决定 P_n。对于每个正样本，即上下文中出现的节点对 (v_i, v_j)，负采样方法从 P_n 中采样 K 个负样本，取对数后的概率 $\log\Pr(v_j|\boldsymbol{h}_i)$ 近似计算为

$$\log\Pr(v_j|\boldsymbol{h}_i) = \log\sigma(\boldsymbol{h}_j'^\top \boldsymbol{h}_i) + \sum_{k=1}^{K} \mathbb{E}_{v_k\sim P_n}\left[\log\sigma(-\boldsymbol{h}_k'^\top \boldsymbol{h}_i)\right], \tag{2-7}$$

式中，$\sigma(\cdot)$ 表示 sigmoid 函数。直观来说，式 (2-7) 使上下文中出现的节点对表征尽量相像，而使随机负采样的节点对表征尽量不像。基于负采样近似方法，计算每个上下文节点对出现概率的复杂度仅为 $O(K)$，即仅与负样本的个数相关。在实际应用中，超参数 K 的取值一般较小，例如 $5\sim20$，因此负采样方法的效率非常高。此外，上述基于负采样的目标函数与对比学习（Contrastive Learning）目标函数有着千丝万缕的联系，该部分将于第 8 章介绍。使用上述两种 softmax 的

① 此处，将二叉树上的点记为结点，以区分图数据中的节点。

近似方法，DeepWalk 即可高效地使用 SkipGram 模型学习图表征。

LINE（Large-scale Information Network Embedding）[11] 是另一个具有代表性的基于随机游走的图嵌入算法。与 DeepWalk 取窗口大小为 w 的上下文节点不同，LINE 仅考虑最近的上下文，即 $w=1$ 的情况。由随机游走的定义不难发现，此时的上下文节点即对应原图中存在边的节点对，即 LINE 仅考虑所有图中存在边的节点对。因此，LINE 的优化目标函数为

$$\underset{\boldsymbol{H},\boldsymbol{H}'}{\arg\max} \sum_{(v_i,v_j)\in\mathcal{E}} \log \Pr(v_j|\boldsymbol{h}_i), \tag{2-8}$$

式中，$\Pr(v_j|\boldsymbol{h}_i)$ 表示式 (2-7) 中基于负采样定义的上下文节点概率计算方式；$\boldsymbol{H}=[\boldsymbol{h}_1,\cdots,\boldsymbol{h}_N]$ 和 $\boldsymbol{H}'=[\boldsymbol{h}'_1,\cdots,\boldsymbol{h}'_N]$ 表示所有节点的嵌入向量和作为上下文时的嵌入向量构成的矩阵。由于 LINE 仅考虑图中所有直接链接的节点，因此不需要显式地计算随机游走，进一步提升了计算效率。此外，LINE 文献说明，上述目标函数可以保持节点间的“二阶邻近度”（Second-order Proximity），即所有拥有相似邻居的节点表征有较大的相似度。直观来说，考虑两个节点 v_i 和 v_j，若它们有 m 个共同邻居 $v_{k_1},v_{k_2},\cdots,v_{k_m}$，则式 (2-8) 会使得 $\boldsymbol{h}_i$ 和 $\boldsymbol{h}_j$ 均与 $\boldsymbol{h}'_{k_1},\boldsymbol{h}'_{k_2},\cdots,\boldsymbol{h}'_{k_m}$ 有较大的相似度。因此，$\boldsymbol{h}_i$ 和 $\boldsymbol{h}_j$ 也会有较大的相似度。更严格的数学推导，请参阅原文献。

从定义可知，二阶邻近度实质刻画了节点“邻居的邻居”信息。因此，一个自然的想法是在图嵌入模型中考虑“一阶邻近度”（First-order Proximity），即每个节点的邻居信息。基于该思路，LINE 同样提出了保持一阶邻近度的目标函数：

$$\underset{\boldsymbol{H}}{\arg\max} \sum_{(v_i,v_j)\in\mathcal{E}} \left(\log\sigma(\boldsymbol{h}_j^\top \boldsymbol{h}_i) + \sum_{k=1}^{K} \mathbb{E}_{v_k\sim P_n}\left[\log\sigma(-\boldsymbol{h}_k^\top \boldsymbol{h}_i)\right] \right). \tag{2-9}$$

对比式 (2-9) 与式 (2-8)，唯一的变化是目标函数不再包含节点的上下文嵌入向量 $\boldsymbol{H}'$，而是直接用每个节点的嵌入向量 $\boldsymbol{H}$ 同时作为节点的上下文嵌入向量。通过与二阶邻近度类似的分析不难发现，式 (2-9) 的目标函数实际上直接最大化所有相连节点嵌入向量的相似度，因此可以显式地保持一阶邻近度，负采样则起到防止过拟合及平凡解的作用，即若不使用负样本而只优化正样本，会导致所有节点的嵌入向量均相同。式 (2-9) 和式 (2-8) 分别称为保持一阶邻近度和二阶邻近度对应的 LINE 算法。

Node2vec[12] 是另一个具有代表性的采用随机游走的图嵌入算法。它的优化目标与 DeepWalk 和 LINE 类似，都是最大化随机游走中固定大小窗口内节点对出现的概率。Node2vec 的主要创新点在于对随机游走的改进。DeepWalk 采

用的是马尔可夫随机游走，即随机游走采样下一个节点的概率仅取决于当前节点，因此类似于图论算法中的深度优先搜索（Depth First Search，DFS）算法；对于 LINE 算法，由于其设置的窗口大小为 1，因此每个节点的优化类似于对该节点的邻居进行宽度优先搜索（Breadth First Search）。

基于上述发现，Node2vec 提出了一种更灵活的随机游走方式——有偏随机游走（Biased Random Walk），其可以涵盖深度优先搜索与宽度优先搜索对应的随机游走作为特例，并且更加灵活地捕捉图中不同的结构。具体来说，Node2vec 采用的有偏随机游走为一个二阶马尔可夫过程，即随机游走的下一个节点概率取决于之前的两个节点。记该有偏随机游走当前节点为 v，上一个节点为 v_0，则有偏随机游走下一个可能访问的节点 v_i 仍是 v 的邻居节点，并按照与 v_0 的距离分为如下三类：

$$\Pr(v_i|v,v_0) \propto \begin{cases} \dfrac{1}{p}, & \text{如果 } v_i = v_0 \\ 1, & \text{如果 } v_i \in \mathcal{N}(v) \text{ 且 } v_i \in \mathcal{N}(v_0) \\ \dfrac{1}{q}, & \text{如果 } v_i \in \mathcal{N}(v) \text{ 且 } v_i \notin \mathcal{N}(v_0) \end{cases}, \tag{2-10}$$

式中，$p>0$ 和 $q>0$ 表示两个超参数。简而言之，该有偏随机游走将当前节点 v 的邻居按照与上一个节点 v_0 的关系分为三类，然后通过两个随机游走的超参数 p 和 q 调整访问三类节点的概率，其中 p 为控制返回上一个节点的概率，q 为控制访问与上一个节点不直接相连的节点的概率。下面具体分析 p 和 q 的功能。当 $p=q=1$ 时，上述有偏随机游走退化为 DeepWalk 中的马尔可夫随机游走。当 p 值较大，例如 $p>q$ 且 $p>1$ 时，则该有偏随机游走会不倾向于返回已经访问过的节点，因此有助于探索其余节点；反之，若 p 值较小，例如 $p<q$ 且 $p<1$，该有偏随机游走会倾向于返回已经访问过的节点，因此其更加关注于一个点周围的节点。对于参数 q，若 q 值较大，例如 $q>1$，则该有偏随机游走会更加关注于与上一个节点相连的节点，因此更趋向于宽度优先搜索且关注于局部；反之，若 q 值较小，例如 $q<1$，则该有偏随机游走会更加倾向于远离上一次已经访问的节点，因此更倾向于深度优先搜索的过程。总而言之，通过调整 p 和 q 的取值，Node2vec 可以获得不同特性的有偏随机游走，因此更具有灵活性。

上面对三种最经典的基于随机游走的图嵌入算法进行了介绍，后续有若干对随机游走图嵌入算法的改进，在此不再展开。此外，后续理论研究证明，基于随机游走的图嵌入与基于矩阵分解的图嵌入存在等价性。下面将介绍基于矩阵分解的图嵌入方法。

2.2 基于矩阵分解的图嵌入

矩阵分解也是最早期被用在图嵌入中的一类方法。本节将介绍基于矩阵分解的图嵌入如何保持图结构，特别是高阶邻近度结构。

GraRep[13] 是一个代表性的基于矩阵分解的图嵌入方法。受到基于随机游走的图嵌入算法启发，GraRep 不再如传统矩阵分解方法仅仅关注于一阶邻近度，而是旨在保持节点间的高阶邻近度，以更好地捕捉图的复杂结构。对于节点间的 k 阶邻近度，GraRep 算法首先构造转移概率矩阵 $\boldsymbol{S}^k$ 作为高阶邻近度的度量，计算方式如下：

$$S_{i,j}^k = \max\left(\log P_{i,j}^k - \log\beta, 0\right), \tag{2-11}$$

式中，$\boldsymbol{P} = \boldsymbol{D}^{-1}\boldsymbol{A}$ 表示行归一化的转移概率矩阵，$\boldsymbol{P}^k$ 对应矩阵的 k 次方；β 表示一个超参数。$P_{i,j}^k$ 代表了从节点 v_i 开始的一条长度为 k 的随机游走，其停止在节点 v_j 的概率。然后基于该邻近度矩阵，GraRep 算法采用如下的矩阵分解目标函数：

$$\min_{\boldsymbol{H},\boldsymbol{H}'} \left\|\boldsymbol{S}^k - \boldsymbol{H}_k\boldsymbol{H}_k'^{\top}\right\|_{\mathrm{F}}^2, \tag{2-12}$$

式中，$\boldsymbol{H}_k, \boldsymbol{H}_k' \in \mathbb{R}^{N\times d}$ 表示需要优化的低维节点表征向量。该目标函数也常称为重构（reconstruction）函数，即希望矩阵 $\boldsymbol{S}^k$ 的信息可以更多地保留在两个低维向量表征中。利用线性代数知识中的 Eckart-Young-Mirsky 定理，式 (2-12) 的理论最优解可由截断的奇异值分解（Singular Value Decomposition，SVD）得到。具体来说，记矩阵 $\boldsymbol{S}^k$ 的奇异值分解为

$$\boldsymbol{S}^k = \boldsymbol{U}\boldsymbol{\Sigma}\boldsymbol{V}^{\top}, \tag{2-13}$$

式中，$\boldsymbol{\Sigma} \in \mathbb{R}^{N\times N}$ 表示由 $\boldsymbol{S}^k$ 的奇异值组成的对角矩阵，按照奇异值由大到小的顺序排列，即 $\Sigma_{1,1} \geqslant \Sigma_{2,2} \geqslant \cdots \geqslant \Sigma_{N,N}$；$\boldsymbol{U} \in \mathbb{R}^{N\times N}$ 和 $\boldsymbol{V} \in \mathbb{R}^{N\times N}$ 分别表示对应的左奇异向量和右奇异向量组成的矩阵，$\boldsymbol{U}_{i,:}$ 和 $\boldsymbol{V}_{i,:}$ 对应第 i 个奇异值。$\boldsymbol{S}^k$ 的最优低秩分解为

$$\boldsymbol{S}^k \approx \boldsymbol{U}_d\boldsymbol{\Sigma}_d\boldsymbol{V}_d^{\top}, \tag{2-14}$$

式中，$\boldsymbol{\Sigma}_d \in \mathbb{R}^{d\times d}$ 表示前 d 个奇异值的矩阵；$\boldsymbol{U}_d, \boldsymbol{V}_d \in \mathbb{R}^{N\times d}$ 表示矩阵对应的前 d 列。式 (2-12) 的最优解可以由如下解析得到：

$$\begin{aligned}\boldsymbol{H}_k &= \boldsymbol{U}_d\boldsymbol{\Sigma}_d^{\frac{1}{2}},\\ \boldsymbol{H}_k' &= \boldsymbol{V}_d\boldsymbol{\Sigma}_d^{\frac{1}{2}}.\end{aligned} \tag{2-15}$$

对于不同阶的邻近度 k，GraRep 分别计算不同阶邻近度对应的嵌入向量，然后将得到的表征拼接在一起，即：

$$\boldsymbol{H} = [\boldsymbol{H}_1, \cdots, \boldsymbol{H}_K], \tag{2-16}$$

式中，$\boldsymbol{H} \in \mathbb{R}^{N \times Kd}$ 表示最终的表征向量；K 则是超参数，表示所考虑邻近度的最大阶数。然而，由于 GraRep 需要显式地计算不同的高阶邻近度矩阵 $\boldsymbol{S}^k$ 并计算其最大的 d 个奇异值分解，因此 GraRep 的时间复杂度为 $O(N^3)$，难以应用于大规模图数据中。

HOPE（High-Order Proximity preserved Embedding）[14] 是另一个具有代表性的矩阵分解图嵌入算法，其优化目标与式 (2-12) 相同。为避免显式地计算高阶邻近度矩阵和奇异值分解所带来的高时间复杂度，HOPE 提出了如下的高阶邻近度矩阵通用形式：

$$\boldsymbol{S} = \boldsymbol{M}_g^{-1}\boldsymbol{M}_l, \tag{2-17}$$

式中，$\boldsymbol{M}_g$ 与 $\boldsymbol{M}_l$ 表示邻接矩阵的一次项或二次项。如表 2-1 所示，许多经典的高阶邻近度均可写成式 (2-17) 的形式，比如 Katz、PPR（Personalized PageRank）相似度、共同邻居和 Adamic-Adar 相似度等。

表 2-1　符合式 (2-17) 的高阶邻近度度量

邻近度度量	$\boldsymbol{M}_g$	$\boldsymbol{M}_l$
Katz	$\boldsymbol{I} - \beta\boldsymbol{A}$	$\beta\boldsymbol{A}$
PPR	$\boldsymbol{I} - \alpha\boldsymbol{P}$	$(1-\alpha)\boldsymbol{I}$
共同邻居	$\boldsymbol{I}$	$\boldsymbol{A}^2$
Adamic-Adar	$\boldsymbol{I}$	$\boldsymbol{ADA}$

利用式 (2-17)，式 (2-12) 可以改写为

$$\min_{\boldsymbol{H},\boldsymbol{H}'} \left\| \boldsymbol{M}_g^{-1}\boldsymbol{M}_l - \boldsymbol{H}\boldsymbol{H}'^{\top} \right\|. \tag{2-18}$$

对于上述形式的矩阵分解，广义奇异值分解（Generalized Singular Value Decomposition）可以被用来计算其最优低秩分解结果。因此，HOPE 采用一种基于迭代的数值算法，Jacobi-Davidson 方法 [15] 计算高阶邻近度矩阵对应的广义奇异值分解。利用 $\boldsymbol{M}_g$ 与 $\boldsymbol{M}_l$ 矩阵的稀疏性，HOPE 算法的计算复杂度为 $O(|\mathcal{E}|)$，即与图中边的数量呈线性关系，因此可以显著降低复杂度并且适用于大规模图。此外，HOPE 中的不同阶邻近度被加权组合到一起，然后计算统一的节点表征，因

此比 GraRep 算法中图表征的维度有了明显降低。

上述方法均关注于保持一个固定阶数的邻近度。然而，固定阶数的邻近度对应的嵌入向量并不一定在所有图分析任务上都表现最好。例如，在节点分类任务中，具有不同颗粒度的类别通常对应不同阶的邻近度，即较粗粒度的类别需要较高阶的邻近度，而较细粒度的类别则需要较低阶的邻近度。

AROPE（ARbitrary-Order Proximity preserved network Embedding）[16] 提出了一种基于矩阵分解的保持任意阶邻近度的图嵌入方法。具体来说，AROPE 仍采用与式 (2-12) 相同的目标函数，并假设高阶邻近度 $\boldsymbol{S}$ 满足一个多项式函数：

$$\boldsymbol{S} = \mathcal{F}(\boldsymbol{A}) = w_1\boldsymbol{A} + w_2\boldsymbol{A}^2 + \cdots + w_q\boldsymbol{A}^q, \tag{2-19}$$

式中，q 表示邻近度的阶数；$w_i \geqslant 0, \forall\, 1 \leqslant i \leqslant q$ 表示不同阶的权重，即 $\boldsymbol{S}$ 是从第 1 阶到第 q 阶邻近度的一个加权组合。同时，如果该求和项收敛，允许 $q = +\infty$。式 (2-19) 中的邻接矩阵 $\boldsymbol{A}$ 也可被换为其他对称稀疏矩阵，例如对称归一化邻接矩阵 $\boldsymbol{D}^{-\frac{1}{2}}\boldsymbol{A}\boldsymbol{D}^{-\frac{1}{2}}$ 或对称归一化拉普拉斯矩阵 $\boldsymbol{I} - \boldsymbol{D}^{-\frac{1}{2}}\boldsymbol{A}\boldsymbol{D}^{-\frac{1}{2}}$ 等。在下面的讨论中，假设采用的是邻接矩阵。对于式 (2-19) 中的邻近度矩阵，AROPE 算法的核心思想是分析不同阶邻近度的内在关系，以实现保持任意阶邻近度。AROPE 仅考虑无向图，因此邻近度矩阵 $\boldsymbol{S}$ 是一个对称矩阵。对于对称矩阵 $\boldsymbol{S}$ 的奇异值分解，其可被转换为特征值分解（Eigen-decomposition）问题，即有下列等式成立

$$\begin{cases} \boldsymbol{U}_i = \boldsymbol{q}_i \\ \Sigma_{i,i} = \operatorname{abs}(\Lambda_{i,i}) \\ \boldsymbol{V}_i = \boldsymbol{q}_i \operatorname{sign}(\Lambda_{i,i}) \end{cases}, \tag{2-20}$$

式中，$\Lambda_{1,1}, \Lambda_{2,2}, \cdots, \Lambda_{N,N}$ 表示 $\boldsymbol{S}$ 的特征值，按照绝对值从大到小排序；$\boldsymbol{q}_i$ 表示 $\Lambda_{i,i}$ 对应的特征向量；$\operatorname{abs}(\cdot)$ 表示绝对值函数；$\operatorname{sign}(\cdot)$ 表示取符号函数。因此，为了获得 $\boldsymbol{S}$ 的前 d 个奇异值分解结果，仅需计算 $\boldsymbol{S}$ 的前 d 个特征值分解。为计算该问题，AROPE 证明了如下的特征值分解重加权定理。

定理 2.1 如果 λ 是矩阵 $\boldsymbol{A}$ 的一个特征值且对应的特征向量为 $\boldsymbol{q}$，则对于式 (2-19) 中的高阶邻近度矩阵，$\mathcal{F}(\lambda)$ 是 $\boldsymbol{S} = \mathcal{F}(\boldsymbol{A})$ 的一个特征值且对应的特征向量仍为 $\boldsymbol{q}$。此外，$\boldsymbol{S}$ 的前 d 个特征值与 $\boldsymbol{A}$ 的前 d' 个特征值对应，其中 $d' \approx 2d$。

上述定理表明，任意 $\boldsymbol{S}$ 的前 d 个特征值分解可以由 $\boldsymbol{A}$ 的前 d' 个特征值分解通过加权变换得到。加权变换指，特征向量保持不变，特征值通过函数 $\mathcal{F}(\cdot)$ 计算，然后重新按照绝对值大小排序，即得到了 $\boldsymbol{S}$ 的前 d 个特征值分解。

利用该定理，AROPE 首先计算 $\boldsymbol{A}$ 的前 d' 个特征值分解，然后对于不同阶

的邻近度，其通过对应的变换直接得到 $\boldsymbol{S}$ 的特征值分解，并利用式 (2-20) 得到对应的奇异值分解，最后通过式 (2-15) 计算节点嵌入向量。由于 AROPE 仅需要在原始的稀疏邻接矩阵 $\boldsymbol{A}$ 上计算一次特征分解，其时间复杂度与图规模呈线性关系，可以扩展到大规模图。此外，在保持不同阶邻近度时，AROPE 仅需计算对应的变换而无须重新计算特征值分解或奇异值分解，因此该算法可以在不同阶邻近度间快速切换，以支持高效并有效地保持不同阶邻近度。

基于随机游走和基于矩阵分解的图嵌入方法均关注于保持图中的高阶邻近度结构。那么，随机游走方法和矩阵分解方法有无更内在的联系呢？**NetMF**（Network Embedding as Matrix Factorization）[17] 通过理论分析回答了这个问题。NetMF 证明，当随机游走中的样本足够多时，基于负采样优化的随机游走图嵌入，例如 DeepWalk、LINE、Node2vec 等，等价于在不同相似度矩阵 $\boldsymbol{S}$ 上进行矩阵分解的目标函数。例如，DeepWalk 所对应矩阵分解目标函数的相似度矩阵为

$$\boldsymbol{S} = \log\left(\operatorname{vol}(\mathcal{G})\left(\frac{1}{w}\sum_{r=1}^{w}(\boldsymbol{D}^{-1}\boldsymbol{A})^{r}\right)\boldsymbol{D}^{-1}\right) - \log K, \tag{2-21}$$

式中，w 表示窗口的大小；K 表示负采样的个数；$\operatorname{vol}(\mathcal{G}) = \sum_{i=1}^{N}\sum_{j=1}^{N} A_{i,j}$。详细的推导过程以及其他基于随机游走方法对应的矩阵分解目标函数可以参见 NetMF 文献。因此，基于随机游走的图嵌入方法等价为构造特殊的相似度矩阵并计算矩阵分解。一方面由于随机游走过程不需要显式地构造相似度并计算其矩阵分解，因此随机游走方法的计算效率往往较高；另一方面，由于现实中随机游走的数量是有限的，因此随机游走方法相当于在优化过程中进行了近似，而直接采用矩阵分解方法可以更有效地优化目标函数。

2.3 基于深度自编码器的图嵌入

在上述方法中，微观结构保持的图嵌入是将原始图空间的结构信息转换到一个低维向量空间，因此其本质问题是学习这两个空间之间的映射函数。上述方法，特别是矩阵分解方法，假定映射函数是线性的。然而，图的形成过程是复杂和高度非线性的，因此线性函数可能不足以将原始图中的信息映射到嵌入空间。借鉴深度学习在其他领域取得的巨大成功，深度神经网络无疑是有效的非线性机器学习模型。接下来，本节介绍一些基于深度自编码器的图嵌入模型。本节介绍的深度自编码器与之后介绍的图神经网络均为采用深度学习的图表征学习方法，且两者间可以相互耦合，例如利用图神经网络作为深度自编码器的编码器或解码器等。

SDNE（Structural Deep Network Embedding）[18] 是一个具有代表性的基于深度自编码器的图嵌入模型，并可以有效地处理高度非线性、图的稀疏性以及保持图中的微观结构等问题。SDNE 使用多个全连接层作为深度自编码器的编码器和解码器，而自编码器的中间隐层是学习到的节点表征。如图 2-1 所示，为了保持节点的邻居结构信息，SDNE 提出同时保持节点间的一阶邻近度和二阶邻近度。具体来说，SDNE 每次输入自编码器两个相互连接的节点 $(v_i, v_j) \in \mathcal{E}$，其中 v_i 的隐层表征计算方式如下（v_j 的计算方式同理）：

$$\boldsymbol{h}_i^{(k)} = \sigma\left(\boldsymbol{\Theta}^{(k)}\boldsymbol{h}_i^{(k-1)} + \boldsymbol{b}^{(k)}\right), k = 1, \cdots, K, \tag{2-22}$$

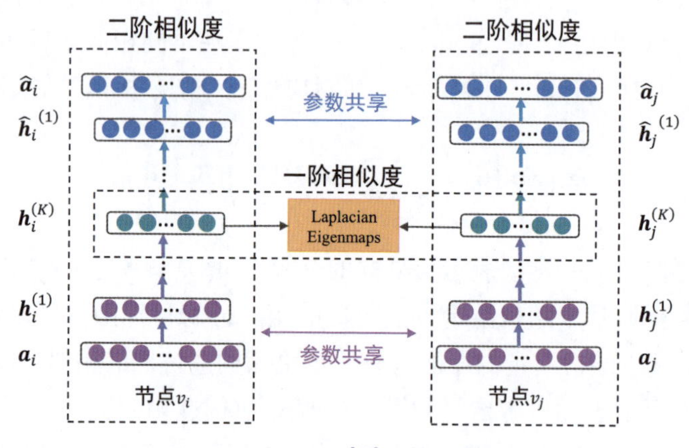

图 2-1 SDNE [18] 架构示意图

式中，$\boldsymbol{h}_i^{(k)}$ 表示节点 v_i 在第 k 层的表征；K 表示编码器的层数；$\boldsymbol{\Theta}^{(k)}$ 表示可学习参数。自编码器的输入 $\boldsymbol{h}_i^{(0)}$ 为节点 v_i 在邻接矩阵对应的行向量，记为 $\boldsymbol{a}_i = \boldsymbol{A}_{i,:}$。解码器同样由若干全连接层构成：

$$\hat{\boldsymbol{h}}_i^{(k)} = \sigma\left(\hat{\boldsymbol{\Theta}}^{(k)}\hat{\boldsymbol{h}}_i^{(k-1)} + \hat{\boldsymbol{b}}^{(k)}\right), k = 1, \cdots, K, \tag{2-23}$$

式中，$\hat{\boldsymbol{h}}_i^{(0)} = \boldsymbol{h}_i^{(K)}$ 表示解码器的输入；$\hat{\boldsymbol{h}}_i^{(K)}$ 表示解码器的输出，也是重构的节点表征。上述的编码器和解码器也可以简单地记为

$$\hat{\boldsymbol{a}}_i = \mathcal{F}_{\text{de}}\left(\mathcal{F}_{\text{en}}(\boldsymbol{a}_i)\right), \tag{2-24}$$

式中，$\mathcal{F}_{\text{en}}(\cdot)$ 和 $\mathcal{F}_{\text{de}}(\cdot)$ 分别表示式 (2-22) 和式 (2-23) 中的编码器和解码器；$\hat{\boldsymbol{a}}_i = \hat{\boldsymbol{h}}_i^{(K)}$ 表示重构的节点特征。SDNE 采用如下的重构目标函数：

$$\mathcal{L}_{\text{2nd}} = \sum_i \left\|(\hat{\boldsymbol{a}}_i - \boldsymbol{a}_i) \odot \boldsymbol{w}_i\right\|^2, \tag{2-25}$$

式中，$\boldsymbol{w}_i$ 表示一个权重，用于平衡矩阵中非 0 元素和 0 元素的权重。如果节点 $\boldsymbol{a}_i$ 的元素大于 0，则 $\boldsymbol{w}_i$ 是一个较大值；如果节点 $\boldsymbol{a}_i$ 的元素为 0，则 $\boldsymbol{w}_i$ 是一个较小值。该目标函数可以用于保持二阶邻近度，因为拥有较多共同邻居的两个节点，其在邻接矩阵的一行会较像，即邻接矩阵的行向量刻画了节点间的二阶邻近度。若自编码器可以有效地重构邻接矩阵的对应行，则可认为其隐层表征有效地保持了邻接矩阵行的有效信息，因此可以在一定程度上保持二阶相似度。为了保持一阶邻近度，SDNE 采用拉普拉斯特征映射（Laplacian Eigenmaps）损失函数

$$\mathcal{L}_{1\text{st}} = \sum_{i,j=1}^{n} a_{i,j} \left\| \boldsymbol{h}_i^{(K)} - \boldsymbol{h}_j^{(K)} \right\|_2^2. \tag{2-26}$$

通过在学习过程中联合优化一阶邻近度和二阶邻近度，SDNE 最终得到同时保持二阶相似度的嵌入表征向量。此外，利用上述非线性的深度自编码器架构，SDNE 有更强的捕捉图结构的能力。

DNGR（Deep Neural networks for Graph Representations）[19] 提出了一种与 SDNE 类似的基于深度自编码器的图嵌入方法。与 SDNE 采用邻接矩阵作为节点的输入特征和重构目标不同，DNGR 构造了正点对互信息（Positive Pointwise Mutual Information，PPMI）矩阵作为输入特征与重构目标。具体来说，PPMI 矩阵与图上的随机游走概率相互联系。首先，DNGR 在图上计算带重启的随机游走，其转移概率如下：

$$\boldsymbol{p}^k = \alpha \boldsymbol{D}^{-1} \boldsymbol{A} \boldsymbol{p}^{k-1} + (1-\alpha)\boldsymbol{p}^0, \tag{2-27}$$

式中，$\boldsymbol{p}^k$ 表示 k 步随机游走后处于每个节点的概率；$0 < \alpha < 1$ 表示一个超参数；$\boldsymbol{p}^0$ 是初始状态。上述转移概率表示，随机游走的下一个节点有 α 的概率选择当前节点的任意邻居节点，也有 $1-\alpha$ 的概率返回该随机游走的初始状态。初始状态一般设置为一个独热（One-hot）向量，代表该随机游走的起始节点，即 $\boldsymbol{p}_i^0 = 1$，$\boldsymbol{p}_j^0 = 0, \forall j \neq i$，$v_i$ 是起始节点。基于上述转移概率矩阵，DNGR 可以进一步计算 PPMI 矩阵（具体计算方式可查阅原文献，在此不再介绍）。然后，DNGR 的重构目标函数与 SDNE 的二阶相似度，即与式 (2-25) 类似。在自编码器结构上，DNGR 采用了去噪自编码器（Denoising Auto-encoders）。与传统的自编码器略有不同，去噪自编码器在训练前会扰动输入数据。具体地，每个输入向量的某些元素会被以一定的概率设置为 0。该想法类似于矩阵补全（Matrix Completion）任务，其目的是利用添加噪声的数据，寻找规律并有效地恢复完整的数据。基于此，DNGR 的目标函数可以写为

$$\underset{\mathcal{F}_{\text{en}}(\cdot),\mathcal{F}_{\text{de}}(\cdot)}{\arg\min} \sum_{i=1}^{n} \left\| \boldsymbol{x}_i - \mathcal{F}_{\text{de}}\left(\mathcal{F}_{\text{en}}\left(\tilde{\boldsymbol{x}}_i\right)\right) \right\|^2, \tag{2-28}$$

式中，$\boldsymbol{x}_i$ 表示 PPMI 矩阵中节点 v_i 对应的一行；$\tilde{\boldsymbol{x}}_i$ 表示扰动后的特征。此外，DNGR 采用了一种基于贪心的逐层训练方式，而非端到端的学习。

2.4 本章小结

本章介绍了一些具有代表性的图嵌入方法，包括基于随机游走的方法、基于矩阵分解的方法和基于深度自编码器的方法等。这些方法在图表征学习早期，特别是 2014 年到 2017 年间，取得了较好的效果。研究人员深入地研究了如何保持图结构，为后续图神经网络等新的图表征学习方法奠定了基础。

第 3 章
CHAPTER 3

图神经网络

本章将介绍图神经网络的内容，其是本书写作时图表征学习最主流与前沿的方法。

深度学习自 2012 年以来逐渐成为机器学习与人工智能的新范式，例如早期卷积神经网络及循环神经网络在处理图像与文本数据中取得了巨大的成功，并后续发展出注意力机制、生成式对抗网络、深度强化学习等诸多方法。然而，传统深度学习仅关注于图像或文本等规则结构的数据，即数据可以组织为网格状结构且局部有序。相比之下，图数据的结构则是不规则的，例如一个节点可以有不同数量的邻居，且不同节点、不同邻居之间一般没有统一的顺序。因此，许多传统的数学运算，例如卷积操作，无法被直接地运用到图数据上。这也是最早研究图神经网络的主要动机与核心挑战。因此，图神经网络的核心思想是在图数据上定义适合的神经网络架构，以便将深度学习方法用于图数据。由于大部分图神经网络中均包含图中元素的向量表征，因此其也属于本书介绍的图表征学习内容。本章将按照时间脉络全面介绍从图神经网络早期的发展到 2022 年的进展。

最早期的图神经网络可以追溯到深度学习流行之前的 2010 年前，例如基于递归结构的图神经网络 [20,21] 和基于上下文结构的图神经网络等 [22]。这些方法大都通过节点的邻居结构定义节点的状态向量作为节点的表征，并捕捉刻画网络结构信息。然而，由于当时神经网络算法并未如现在一样流行，并且受到数据、计算资源等因素的限制，早期的图神经网络并未受到过多关注。

本章将介绍的图神经网络，主要内容由研究者在 2013 年至 2017 年提出。这些基础图神经网络成功地将深度学习扩展到了图数据，并为后续动态开放环境中的图表征学习研究奠定了基础。此外，这些早期图神经网络也在各类图任务上，包括节点分类、链接预测和图分类等，取得了瞩目的效果。

本章内容安排如下：3.1 节将介绍谱域图神经网络，3.2 节将介绍空域图神经网络，3.3 节将介绍消息传递图神经网络，3.4 节将介绍图池化方法。

3.1 谱域图神经网络

谱域图神经网络最早由图灵奖得主杨乐昆（Yann LeCun）等人于 2013 年提出，其也标志着图神经网络在深度学习兴起之后重新受到研究者关注的开端。谱域图神经网络的基本思想是定义图卷积操作并设计一种端到端的学习框架。

概括来说，卷积定理证明，函数卷积的傅里叶变换是函数傅里叶变换的乘积。因此，利用谱图理论（Spectral Graph Theory）[23] 可以将该定理扩展到图数据上，即两个图信号的卷积是其图傅里叶变换的乘积。所以，图卷积操作等价为如下过程：首先利用图傅里叶变换将图上节点特征（即若干图信号）从空域转换到谱域，在谱域与可学习的滤波器进行乘积操作，然后再将处理后的特征通过图傅里叶逆变换转换回空域，即得到处理后的图信号。其中，谱域图神经网络的可学习参数与谱域滤波器相关。类比图像上的卷积神经网络，上述过程均是可微分的，因此谱域图神经网络可以实现图数据上端到端的学习。

本节将具体介绍谱域图神经网络。首先，简要介绍谱图理论，包括图的拉普拉斯矩阵与图傅里叶变换，其与图信号处理紧密相关，是谱域图神经网络的理论基础。然后，本节将介绍最早的谱域图神经网络，以及后续几个对早期谱域图神经网络的改进工作。

3.1.1 谱图理论

1. 拉普拉斯矩阵

对于无向图 $\mathcal{G}=\{\mathcal{V},\mathcal{E}\}$，其拉普拉斯矩阵定义为

$$\boldsymbol{L}=\boldsymbol{D}-\boldsymbol{A}, \tag{3-1}$$

式中，$\boldsymbol{D}$ 表示度数对角矩阵；$D_{i,i}=\sum_j A_{i,j}$ 表示节点 v_i 的度数；$\boldsymbol{A}$ 表示邻接矩阵。直观地说，拉普拉斯即邻接矩阵元素取负号，另外对角线上是节点的度数。

除以上定义的拉普拉斯矩阵外，对称归一化拉普拉斯矩阵（Symmetric Normalized Laplacian Matrix）也经常被使用，其定义如下：

$$\boldsymbol{L}_{\text{sym}}=\boldsymbol{D}^{-\frac{1}{2}}\boldsymbol{L}\boldsymbol{D}^{-\frac{1}{2}}=\boldsymbol{I}-\boldsymbol{D}^{-\frac{1}{2}}\boldsymbol{A}\boldsymbol{D}^{-\frac{1}{2}}. \tag{3-2}$$

拉普拉斯矩阵有许多个理论性质，并与图的频谱分析相关联。本节仅简要介绍与本书相关的一些基础性质，有兴趣的读者可参考相关文献 [23]。

- 由于邻接矩阵 $\boldsymbol{A}$ 与度数矩阵 $\boldsymbol{D}$ 均为对称矩阵，因此 $\boldsymbol{L}$ 与 $\boldsymbol{L}_{\text{sym}}$ 也是对称矩阵，即 $\boldsymbol{L}=\boldsymbol{L}^{\top}$，$\boldsymbol{L}_{\text{sym}}=\boldsymbol{L}_{\text{sym}}^{\top}$。
- $\boldsymbol{L}$ 与 $\boldsymbol{L}_{\text{sym}}$ 均为半正定（Positive Semi-definite）矩阵。
- 基于对称性和半正定性，$\boldsymbol{L}$ 与 $\boldsymbol{L}_{\text{sym}}$ 的特征值均为正实数。

其中第二个性质，即半正定性的证明，将随后于式 (3-5) 给出。

基于拉普拉斯矩阵的第三个性质，其特征分解可以表示为

$$\boldsymbol{L}=\boldsymbol{Q}\boldsymbol{\Lambda}\boldsymbol{Q}^{\top}, \tag{3-3}$$

式中，$\boldsymbol{\Lambda}=\operatorname{diag}(\lambda_1,\lambda_2,\cdots,\lambda_n)$ 表示对角特征值矩阵，按从小到大顺序排列，即 $0=\lambda_1\leqslant\lambda_2\leqslant\cdots\leqslant\lambda_n$，$\operatorname{diag}(\cdot)$ 表示将向量置于矩阵对角线的操作；$\boldsymbol{Q}=[\boldsymbol{q}_1,\boldsymbol{q}_2,\cdots,\boldsymbol{q}_n]$ 表示特征向量矩阵，$\boldsymbol{q}_i$ 为特征值 λ_i 对应的特征向量。其中，$\lambda_1=0$ 及其对应的特征向量 $\boldsymbol{q}_1=(\frac{1}{\sqrt{n}},\frac{1}{\sqrt{n}},\cdots,\frac{1}{\sqrt{n}})$ 不难通过特征值及特征向量的定义验证，即 $\boldsymbol{L}\boldsymbol{q}_1=\boldsymbol{0}=\lambda_1\boldsymbol{q}_1$。

2. 图信号

对于图 $\mathcal{G}=\{\mathcal{V},\mathcal{E}\}$，**图信号**是指任意一个长度等于节点数 N 的向量，记其为 $\boldsymbol{u}\in\mathbb{R}^N$，$\boldsymbol{u}$ 的第 i 个元素 $\boldsymbol{u}_i$ 表示该信号在第 i 个节点 v_i 上的取值大小。图 3-1 给出了三个图信号的示意图，图中线段长度表示信号大小，红色向上表示数值为正，绿色向下表示数值为负。示意图中三个图信号分别对应图拉普拉斯矩阵三个不同的特征向量。

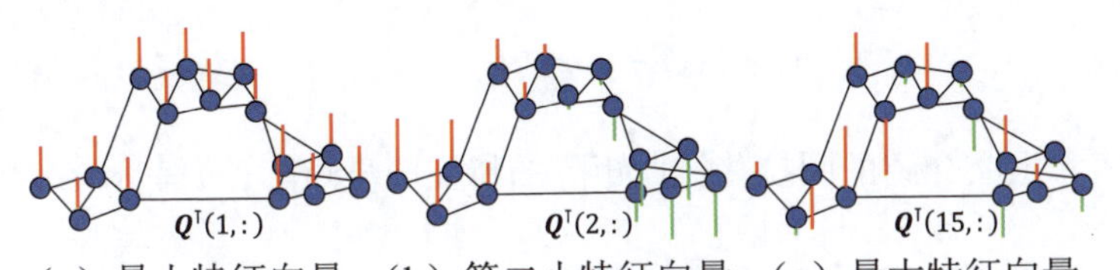

（a）最小特征向量　（b）第二小特征向量　（c）最大特征向量

图 3-1　三个图信号示意图

下面分析图信号和图拉普拉斯矩阵间的联系。令 $\boldsymbol{h}=\boldsymbol{L}\boldsymbol{u}$，由拉普拉斯矩阵的定义可得：

$$\begin{aligned}\boldsymbol{h}_i&=\sum_{j=1}^{N}L_{i,j}\boldsymbol{u}_j\\&=D_{i,i}\boldsymbol{u}_i-\sum_{j=1}^{N}A_{i,j}\boldsymbol{u}_j\\&=\sum_{(i,j)\in\mathcal{E}}(\boldsymbol{u}_i-\boldsymbol{u}_j).\end{aligned} \tag{3-4}$$

从式 (3-4) 可以看出，图信号乘以拉普拉斯矩阵之后，每个元素 $\boldsymbol{h}_i$ 表示原始信号 $\boldsymbol{u}_i$ 与所有邻居信号差的总和。在此基础上，进一步可以得到

$$\begin{aligned}\boldsymbol{u}^\top \boldsymbol{L}\boldsymbol{u} &= \boldsymbol{u}^\top(\boldsymbol{D}-\boldsymbol{A})\boldsymbol{u} \\ &= \sum_{i=1}^{N} D_{i,i}\boldsymbol{u}_i^2 - \sum_{(i,j)\in\mathcal{E}} \boldsymbol{u}_i\boldsymbol{u}_j \\ &= \frac{1}{2}\sum_{(i,j)\in\mathcal{E}} (\boldsymbol{u}_i-\boldsymbol{u}_j)^2.\end{aligned} \tag{3-5}$$

式 (3-5) 表明，$\boldsymbol{u}^\top \boldsymbol{L}\boldsymbol{u}$ 等于邻居节点之间信号差的平方和，该指标也称为图信号 $\boldsymbol{u}$ 的**平滑度**（Smoothness）。该平滑度的数值越大，表明该信号邻居节点之间的取值差别越大，称为**高频图信号**；该平滑度数值越小，表明信号邻居节点之间取值相近，即**低频图信号**。因此，拉普拉斯矩阵同样可以用于计算一个信号的平滑程度。从数学上来说，拉普拉斯矩阵实际对应了图上的拉普拉斯算子（Laplace operator），在此不再展开介绍。

同时，式 (3-5) 对于任意 $\boldsymbol{u}\in\mathbb{R}^{N\times 1}$ 均成立。因此，式 (3-5) 说明 $\boldsymbol{u}^\top \boldsymbol{L}\boldsymbol{u}\geqslant 0,\forall\boldsymbol{u}$，即证明了 $\boldsymbol{L}$ 为半正定矩阵（$\boldsymbol{L}_{\text{sym}}$ 的证明类似）。

3. 图傅里叶变换与逆变换

首先给出图傅里叶变换与图傅里叶逆变换的定义，然后解读其含义。

图 $\mathcal{G}$ 上信号 $\boldsymbol{u}$ 的**图傅里叶变换**（Graph Fourier Transformation）定义为

$$\hat{\boldsymbol{u}} = \boldsymbol{Q}^\top\boldsymbol{u}, \tag{3-6}$$

式中，$\boldsymbol{Q}$ 表示上文介绍的图拉普拉斯矩阵的特征向量矩阵；$\hat{\boldsymbol{u}}$ 表示 $\boldsymbol{u}$ 对应的谱域表达。

图傅里叶逆变换（Inverse Graph Fourier Transformation）定义为

$$\boldsymbol{u} = \boldsymbol{Q}\hat{\boldsymbol{u}}. \tag{3-7}$$

图傅里叶逆变换可将图信号从谱域转回为空域，即其操作正好与图傅里叶变换相反。由于特征向量矩阵 $\boldsymbol{Q}$ 是正交矩阵，将一个图信号先进行图傅里叶变换，再进行图傅里叶逆变换，即得到原始图信号。

为理解图傅里叶变换的内在含义，考虑变换后谱域信号 $\hat{\boldsymbol{u}}$ 的第 j 个元素

$$\hat{\boldsymbol{u}}_j = \boldsymbol{q}_j^\top\boldsymbol{u}. \tag{3-8}$$

该式表示图信号 $\boldsymbol{u}$ 在拉普拉斯矩阵第 j 个特征向量 $\boldsymbol{q}_j$ 上的投影。因此，图傅里叶变换实际上将原来的图信号投影到由拉普拉斯矩阵特征向量组成的正交空

间中。投影后的元素 $\hat{\boldsymbol{u}}_j$ 是新空间上第 j 维的坐标值。此外，由式 (3-5) 不难发现

$$\boldsymbol{q}_j^\top \boldsymbol{L} \boldsymbol{q}_j = \lambda_j \boldsymbol{q}_j^\top \boldsymbol{q}_j = \lambda_j. \tag{3-9}$$

特征向量对应的特征值 λ_j 代表其在图上的平滑程度。因此，图傅里叶变换得到的新空间由不同平滑度的特征向量作为正交基底组成，较小特征值对应的特征向量更加平滑，较大特征值对应的特征向量更加不平滑，如图 3-1 所示。$\hat{\boldsymbol{u}}$ 则代表图信号 $\boldsymbol{u}$ 在这些平滑分量上的权重，即图信号的谱域表达。

可以看到，图傅里叶变换与普通信号处理的基本思想类似，即将一个信号从空域映射到谱域，谱域包含不同平滑度（即频率）的分量。不过，对于图信号处理，其平滑程度由图拉普拉斯矩阵决定，图谱域空间由对应的特征向量构成，而非普通信号处理中的三角函数。类似地，图傅里叶逆变换将图信号的谱域表达 $\hat{\boldsymbol{u}}$ 还原回原来的空间，即将图信号从谱域上的表达转化为空域上的表达。图信号在空域与谱域的表达如图 3-2 所示。由于该图信号较为平滑，将其转化到谱域后，其仅在较小特征值上存在不为 0 的分量。

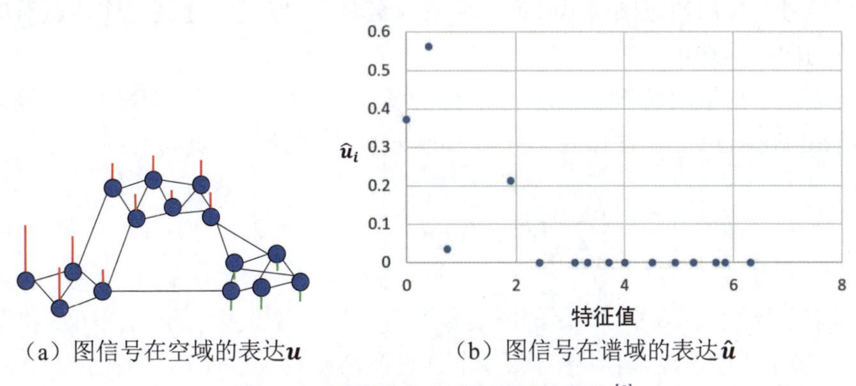

（a）图信号在空域的表达 $\boldsymbol{u}$ （b）图信号在谱域的表达 $\hat{\boldsymbol{u}}$

图 3-2 图信号在空域与谱域的表达 [6]

3.1.2 谱域图神经网络

基于图傅里叶变换和图傅里叶逆变换，本节介绍谱域图卷积以及对应的图神经网络。

谱域图卷积（Spectral Graph Convolution）定义为三个步骤：

（1）通过图傅里叶变换将两组图信号从空域转换到谱域；

（2）在谱域上计算向量点乘；

（3）将处理后的图信号经过图傅里叶逆变换转换回空域上。

从形式上来说，上述谱域图卷积记为 $\star_G$，数学形式如下：

$$\boldsymbol{u}' = \boldsymbol{g} \star_G \boldsymbol{u} = \boldsymbol{Q}((\boldsymbol{Q}^\top \boldsymbol{g}) \odot (\boldsymbol{Q}^\top \boldsymbol{u})), \tag{3-10}$$

式中，$\boldsymbol{u}$ 和 $\boldsymbol{g}$ 表示输入的图信号；$\boldsymbol{u}'$ 表示输出的图信号；$\boldsymbol{Q}$ 表示图拉普拉斯矩阵 $\boldsymbol{L}$ 对应的特征向量矩阵；$\odot$ 表示两个向量逐元素相乘。

为将谱域图卷积用于可学习的神经网络中，将 $\boldsymbol{Q}^\top \boldsymbol{g}$ 转化为一个参数向量 $\boldsymbol{\theta}$，以实现滤波操作，此时谱域图卷积表示为

$$\boldsymbol{u}' = \boldsymbol{Q}(\boldsymbol{\theta} \odot (\boldsymbol{Q}^\top \boldsymbol{u})). \tag{3-11}$$

为简化符号，记对角矩阵 $\boldsymbol{\Theta} = \mathrm{diag}(\boldsymbol{\theta}_1, \boldsymbol{\theta}_2, \cdots, \boldsymbol{\theta}_N)$，则式 (3-11) 可以改写为

$$\boldsymbol{u}' = \boldsymbol{Q}\boldsymbol{\Theta}\boldsymbol{Q}^\top \boldsymbol{u}. \tag{3-12}$$

按照从右向左的计算方式理解，最终谱域图卷积的形式是将图信号 $\boldsymbol{u}$ 先经过图傅里叶变换变为谱域上的表达，再通过可学习参数 $\boldsymbol{\Theta}$ 作为滤波器形成处理后的谱域信号，最后通过图傅里叶逆变换变为空域上的表达。上述三个步骤对应三个矩阵与向量的乘积。

下面基于谱域图卷积定义谱域图神经网络。最早提出的**谱域图卷积神经网络**（Spectral Graph Convolution Neural Network）[24] 计算方式如下：

$$\boldsymbol{u}_j^{(l+1)} = \sigma\left(\sum_{i=1}^{f_l} \boldsymbol{Q}\Theta_{i,j}^{(l)}\boldsymbol{Q}^\top \boldsymbol{u}_i^{(l)}\right) \quad j = 1, 2, \cdots, f_{l+1}, \tag{3-13}$$

式中，l 表示层数；f_l 表示第 l 层的图信号维度；$\boldsymbol{u}_i^{(l)} \in \mathbb{R}^N$ 表示第 l 层中第 i 维图信号；$\Theta_{i,j}^{(l)}$ 表示可学习滤波器；$\sigma(\cdot)$ 表示非线性激活函数。式 (3-13) 即在式 (3-12) 的基础上，扩展到了多个输入与输出上。因此，与卷积神经网络类似，谱域图卷积神经网络使用了多通道滤波器执行图卷积操作，并在多个图卷积层间加入非线性激活函数。经过 L 个图卷积层，最终得到的图信号 $\boldsymbol{U}^{(L)} = \left[\boldsymbol{u}_1^{(L)}, \boldsymbol{u}_2^{(L)}, \cdots, \boldsymbol{u}_{f_L}^{(L)}\right] \in \mathbb{R}^{N \times f_L}$ 可视为节点表征并用于图表征学习任务。此外，上述谱域图卷积神经网络可以直接端到端地学习。谱域图卷积神经网络的出现标志着在深度学习时代，图神经网络开始正式受到研究者的关注。

3.1.3 谱域图卷积神经网络改进

在文献中，谱域图卷积神经网络的作者在式 (3-13) 的基础形式上做了一定改进。首先，由于谱域图卷积神经网络中 $\Theta_{i,j}^{(l)}$ 作为独立参数被学习，这会导致模型参数数量与图的节点数呈线性关系，即参数量为 $O(N)$。其次，由于谱域的滤波

操作会影响整个图信号，因此谱域图神经网络不具有空间局部性，即每个节点均会受到其他所有节点的影响，而非仅受到若干局部相邻节点的影响。为了缓解该问题，如下的模型参数化方式被提出 [24]：

$$\Theta_{i,j}^{(l)} = \mathrm{diag}(\kappa\alpha_{l,i,j}), \tag{3-14}$$

式中，κ 表示一个固定的核函数；$\alpha_{l,i,j}$ 表示可学习参数。利用这种参数化方式，每个 $\Theta_{i,j}^{(l)}$ 的参数量由 $O(N)$ 下降到 $O(1)$，显著地减少了参数数量。此外，通过选择合适的核函数，图卷积也可以变得更为平滑，从而增强空间局部性。

然而，谱域图卷积神经网络及上述改进工作仍存在一些根本的局限性，这也促进了后续图神经网络从谱域到空域的过渡与发展。首先，由于谱域图卷积需要计算拉普拉斯矩阵的特征分解 $\boldsymbol{Q}$，该计算的复杂度为 $O(N^3)$；此外，由于 $\boldsymbol{Q}$ 是一个稠密矩阵，且每次前向传播和反向传播过程均需用 $\boldsymbol{Q}$ 计算矩阵乘法，每个卷积层对每个输入-输出通道对的复杂度为 $O(N^2)$。这两者均导致谱域图卷积神经网络的计算复杂度很高，难以运用到大规模的图上。其次，由于图卷积操作本身定义在每个图的谱域空间，而图的谱域空间由其图结构决定。因此，一个谱域图卷积神经网络只能处理一个固定图上的不同图信号，而无法处理多个不同大小、不同结构的图。

为了更好地处理效率和空间局部性问题，**切比雪夫图卷积神经网络**（Cheby-Shev Graph Convolution Neural Network）[25] 提出通过切比雪夫多项式简化谱域滤波器。其提出将可学习参数 $\boldsymbol{\Theta}$ 如下参数化（为简化符号，在不会造成歧义时，略去代表层数的上标）：

$$\boldsymbol{\Theta} = \boldsymbol{\Theta}(\Lambda) = \sum_{k=0}^{K} \theta_k \mathcal{T}_k(\tilde{\boldsymbol{\Lambda}}), \tag{3-15}$$

式中，$\theta_0, \theta_1, \cdots, \theta_K$ 表示可学习的参数；$\tilde{\boldsymbol{\Lambda}}$ 表示归一化的特征值矩阵；$\mathcal{T}_k(\tilde{\boldsymbol{\Lambda}})$ 表示第 k 阶切比雪夫多项式。在上述化简中，谱域图卷积神经网络的参数不再是独立可学习的变量，而是由拉普拉斯矩阵的特征值通过切比雪夫多项式插值得到的。具体来说，特征值矩阵归一化方式如下：

$$\tilde{\boldsymbol{\Lambda}} = 2\frac{\boldsymbol{\Lambda}}{\lambda_N} - \boldsymbol{I}, \tag{3-16}$$

式中，λ_N 表示拉普拉斯矩阵最大的特征值；$\boldsymbol{I}$ 表示单位矩阵。经过上述归一化，特征值的取值范围变为 $[-1, 1]$，与切比雪夫多项式的空间相对应。切比雪夫多项式可通过下列方式递归定义：

$$
\begin{aligned}
\mathcal{T}_0(x) &= 1, \\
\mathcal{T}_1(x) &= x, \\
\mathcal{T}_k(x) &= x\mathcal{T}_{k-1}(x) - \mathcal{T}_{k-1}(x).
\end{aligned} \tag{3-17}
$$

利用上述化简，谱域图神经网络的计算可被显著简化。首先不难发现，拉普拉斯矩阵具有如下的性质：

$$
\boldsymbol{L}^k = \boldsymbol{Q}\boldsymbol{\Lambda}\boldsymbol{Q}^\top \boldsymbol{Q}\boldsymbol{\Lambda}\boldsymbol{Q}^\top \cdots \boldsymbol{Q}\boldsymbol{\Lambda}\boldsymbol{Q}^\top = \boldsymbol{Q}\boldsymbol{\Lambda}^k\boldsymbol{Q}^\top, \tag{3-18}
$$

即拉普拉斯矩阵的 k 次方仅影响特征值，而不影响特征向量①。由上述性质并利用切比雪夫多项式的性质，可以推导出如下等式：

$$
\mathcal{T}_k(\boldsymbol{L}) = \boldsymbol{Q}\mathcal{T}_k(\boldsymbol{\Lambda})\boldsymbol{Q}^\top. \tag{3-19}
$$

然后，图卷积计算可以化简如下：

$$
\begin{aligned}
\boldsymbol{u}' &= \boldsymbol{Q}\boldsymbol{\Theta}(\boldsymbol{\Lambda})\boldsymbol{Q}^\top\boldsymbol{u} \\
&= \boldsymbol{Q}\sum_{k=0}^{K}\theta_k\mathcal{T}_k(\tilde{\boldsymbol{\Lambda}})\boldsymbol{Q}^\top\boldsymbol{u} \\
&= \sum_{k=0}^{K}\theta_k\boldsymbol{Q}\mathcal{T}_k(\tilde{\boldsymbol{\Lambda}})\boldsymbol{Q}^\top\boldsymbol{u} \\
&= \sum_{k=0}^{K}\theta_k\mathcal{T}_k(\tilde{\boldsymbol{L}})\boldsymbol{u} \\
&= \sum_{k=0}^{K}\theta_k\bar{\boldsymbol{u}}_k,
\end{aligned} \tag{3-20}
$$

式中，$\tilde{\boldsymbol{L}} = 2\frac{\boldsymbol{L}}{\lambda_{\max}} - \boldsymbol{I}$ 表示归一化特征值对应的归一化拉普拉斯矩阵；$\bar{\boldsymbol{u}}_k = \mathcal{T}_k(\tilde{\boldsymbol{L}})\boldsymbol{u}$ 则可以通过切比雪夫多项式递归计算如下：

$$
\begin{aligned}
\bar{\boldsymbol{u}}_0 &= \boldsymbol{u}, \\
\bar{\boldsymbol{u}}_1 &= \tilde{\boldsymbol{L}}\boldsymbol{u}, \\
\bar{\boldsymbol{u}}_k &= \mathcal{T}_k(\tilde{\boldsymbol{L}})\boldsymbol{u} = \tilde{\boldsymbol{L}}\bar{\boldsymbol{u}}_{k-1} - \bar{\boldsymbol{u}}_{k-2}.
\end{aligned} \tag{3-21}
$$

通过上述化简，最终计算中不再需要使用矩阵 $\boldsymbol{Q}$，即切比雪夫图卷积神经网络不需要对拉普拉斯矩阵计算特征分解，而是仅需要递归计算向量 $\bar{\boldsymbol{u}}$，且迭代中

① 这与 2.2 节中定理 2.1，即 AROPE 方法的本质相似。

的拉普拉斯矩阵为稀疏矩阵，因此时间复杂度从 $O(N^3)$ 降为 $O(K|\mathcal{E}|)$，$|\mathcal{E}|$ 为图中总的边数，K 为切比雪夫多项式的阶数。同时，整个卷积过程具有空间局部性。具体来说，不难发现，$\bar{\boldsymbol{u}}_0$ 仅受每个节点自身的影响，$\bar{\boldsymbol{u}}_1$ 仅受每个节点和其邻居节点的影响，然后利用数学归纳法可证明，$\bar{\boldsymbol{u}}_k$ 仅受每个节点 k 阶邻居的影响。因此，对于输出信号 $\boldsymbol{u}'$，每个节点在单次图卷积中只受其 K 阶邻居的影响。

图卷积神经网络[26] 提出对切比雪夫图卷积神经网络进一步改进。图卷积神经网络的核心思想是将 K 阶多项式简化为一阶，并通过堆叠多层以达到与切比雪夫图卷积神经网络相似的模型容量。虽然图卷积操作变得更为简单，但是图卷积神经网络在模型效果上反而有很大提升，并在当时的半监督节点分类任务上取得了最优的效果。

具体来说，图卷积神经网络首先将切比雪夫多项式的最大阶数简化为 1，即 $K=1$；其次，图卷积神经网络采用对称归一化的拉普拉斯矩阵代替非归一化的拉普拉斯矩阵。对于对称归一化拉普拉斯矩阵，其最大特征值严格小于或等于 2，通过采用近似 $\lambda_N \approx 2$，有 $\tilde{\boldsymbol{\Lambda}}_{\text{sym}} = \boldsymbol{\Lambda}_{\text{sym}} - \boldsymbol{I}$。于是，图卷积神经网络将式 (3-15) 改写为

$$
\begin{aligned}
\boldsymbol{u}' &= \boldsymbol{Q}(\theta_0 + \theta_1 \tilde{\boldsymbol{\Lambda}}_{\text{sym}})\boldsymbol{Q}^\top \boldsymbol{u} \\
&= \theta_0 \boldsymbol{Q}\boldsymbol{Q}^\top \boldsymbol{u} + \theta_1 \boldsymbol{Q}(\boldsymbol{\Lambda}_{\text{sym}} - \boldsymbol{I})\boldsymbol{Q}^\top \boldsymbol{u} \\
&= \theta_0 \boldsymbol{u} + \theta_1 (\boldsymbol{L}_{\text{sym}} - \boldsymbol{I})\boldsymbol{u} \\
&= \theta_0 \boldsymbol{u} - \theta_1 \boldsymbol{D}^{-\frac{1}{2}} \boldsymbol{A} \boldsymbol{D}^{-\frac{1}{2}} \boldsymbol{u}.
\end{aligned} \tag{3-22}
$$

取 $\theta_0 = -\theta_1 = \theta$，则有

$$
\boldsymbol{u}' = \theta(\boldsymbol{I} + \boldsymbol{D}^{-\frac{1}{2}} \boldsymbol{A} \boldsymbol{D}^{-\frac{1}{2}})\boldsymbol{u}. \tag{3-23}
$$

为了处理一些计算时的数值稳定性，图卷积神经网络提出使用一个重归一化技巧，将 $\boldsymbol{I} + \boldsymbol{D}^{-\frac{1}{2}} \boldsymbol{A} \boldsymbol{D}^{-\frac{1}{2}}$ 近似为 $\hat{\boldsymbol{A}} = \tilde{\boldsymbol{D}}^{-\frac{1}{2}} \tilde{\boldsymbol{A}} \tilde{\boldsymbol{D}}^{-\frac{1}{2}}$，其中 $\tilde{\boldsymbol{A}} = \boldsymbol{A} + \boldsymbol{I}, \tilde{D}_{i,i} = \sum_j \tilde{A}_{i,j}$，即添加自环后的邻接矩阵和度数矩阵。综上可得到

$$
\boldsymbol{u}' = \hat{\boldsymbol{A}} \boldsymbol{u} \theta. \tag{3-24}
$$

该式即为近似后单通道的线性图卷积过程，即将原始信号乘以一个重归一化后的邻接矩阵，然后再乘以一个可学习的参数。进一步考虑图 $\mathcal{G}$ 上每个节点含有 f_0 个输入图信号，记其为图信号（或称为节点特征矩阵）$\boldsymbol{H}^{(0)} \in \mathbb{R}^{N \times f_0}$，另外记 f_l 为图卷积神经网络第 l 层中信号的维度，也是每个节点的表征维度。图卷积神经网络多通道含非线性激活函数的图卷积可以写为如下矩阵形式：

$$\boldsymbol{H}^{(l+1)} = \sigma(\hat{\boldsymbol{A}}\boldsymbol{H}^{(l)}\boldsymbol{\Theta}^{(l)}), \quad l = 1, 2, \cdots, L. \tag{3-25}$$

式 (3-25) 即为图卷积神经网络的最终表达形式，其仅包含两个矩阵乘法和一个非线性变化，无论在数学形式还是编程实现上都非常直观、简洁，却是一个采用最广泛的经典的图神经网络模型。不难发现，图卷积神经网络有如下的优点：

- 由上文推导可知，图卷积神经网络对应一种简化情况下的谱域图神经网络，因此可以从图信号处理与谱域角度理论分析图卷积神经网络。相关内容将于 4.1 节详细地介绍。
- 与切比雪夫图卷积神经网络类似，图卷积神经网络不需要显式地计算拉普拉斯矩阵的特征分解，也无须切比雪夫图卷积神经网络中的递归计算，因此图卷积神经网络的计算效率很高。从图卷积神经网络的计算公式可以看出，其计算复杂度与图中边的数量呈线性关系。此外，由于图卷积神经网络可被写为简单的矩阵形式，其编程实现也非常便捷。
- 在每一层图卷积中，每个节点的表征仅与其邻居节点相关，因此图卷积神经网络有很强的空间局部性。事实上，将于 3.2 节介绍，图卷积神经网络也可从空域图神经网络角度理解，从而将谱域图神经网络与空域图神经网络有效地联系到了一起。

3.1.4 小结

谱域图神经网络是深度学习兴起之后最早被研究的一类图神经网络。通过在图的谱域上定义滤波器，谱域图卷积神经网络可以类似于图像上的卷积神经网络，在图数据上进行端到端的学习。此外，由于有图信号处理等理论作为支撑，谱域图神经网络有较好的理论基础。但是，早期谱域图神经网络存在计算效率低、无法处理不同大小和结构的图、参数量过多等缺陷。后续的改进方法，特别是切比雪夫图卷积神经网络和图卷积神经网络的出现，有效地解决了上述问题，并将谱域图神经网络和空域图神经网络联系到了一起，为后续更多种空域图神经网络的研究奠定了基础。

3.2 空域图神经网络

与谱域图神经网络目标在图的谱域空间定义图卷积操作不同，空域图神经网络的出发点是考虑利用图的结构和节点特征信息，直接在图的链接结构上定义合适的神经网络架构。该想法实际与最早期，即深度学习兴起之前的图神经网络相同，其通过定义基于邻居结构的递归状态向量刻画网络结构信息。此外，可借鉴图像上的卷积神经网络类比该想法。如果将图像上的每个像素点视作图中的一个节点，像素间的空间关系（上/下/左/右等）作为边，则每个图像对应一个网格图，图像上卷积操作对每个像素点的处理也类似于一种空域图神经网络对每个节点的处理：图像卷积操作利用像素点和其相邻像素之前的空间关系，而空域图神经网络是利用节点邻居的关系。上述比较仅在概念上类似，图像卷积与空域图卷积在许多细节方面仍有重要区别。

本节将介绍若干早期具有代表性的空域图神经网络，包括空域视角下的图卷积神经网络、图采样聚合神经网络和图注意力网络等。

3.2.1　空域视角下的图卷积神经网络

3.1.3 节从谱域视角推导了图卷积神经网络的计算公式。下面将从空域视角重新解读图卷积神经网络。回忆图卷积神经网络中第 l 层的计算公式

$$\boldsymbol{H}^{(l+1)}=\sigma(\hat{\boldsymbol{A}}\boldsymbol{H}^{(l)}\boldsymbol{\Theta}^{(l)})=\sigma(\tilde{\boldsymbol{D}}^{-\frac{1}{2}}\tilde{\boldsymbol{A}}\tilde{\boldsymbol{D}}^{-\frac{1}{2}}\boldsymbol{H}^{(l)}\boldsymbol{\Theta}^{(l)}). \tag{3-26}$$

将式 (3-26) 拆分成对于每一个节点的表征，即只看 $\boldsymbol{H}^{(l+1)}$ 矩阵的第 i 行，可得：

$$\boldsymbol{H}_{i,:}^{(l+1)}=\sigma\left(\sum_{j\in\mathcal{N}(i)\cup\{i\}}\frac{1}{\sqrt{\tilde{D}_{i,i}\tilde{D}_{j,j}}}\boldsymbol{H}_{j,:}^{(l)}\boldsymbol{\Theta}^{(l)}\right),\quad i=1,2,\cdots,N. \tag{3-27}$$

该式可以做如下理解：在计算节点 v_i 的第 $l+1$ 层表征时，先将节点 v_i 和其所有邻居节点 v_j 在第 l 层的表征相加，每个节点的权重与节点的度数相关；在得到求和结果后，再右乘一个权重矩阵 $\boldsymbol{\Theta}^{(l)}\in\mathbb{R}^{D_l\times D_{l+1}}$ 并经过一个非线性激活函数，相当于经过了一个全连接层。同理，可得其他节点和层的分析。

上述分析表明，图卷积神经网络矩阵形式中将上一层的表征矩阵左乘归一化邻接矩阵的操作 $\hat{\boldsymbol{A}}\boldsymbol{H}^{(l)}$，等价于加权求和每个节点自身信息和所有一阶邻居节点的表征信息，右乘参数矩阵与非线性运算 $\sigma\left(\cdot\,\boldsymbol{\Theta}^{(l)}\right)$ 等价于再经过一个全连接层，即得到聚合邻居节点信息后新的节点表征，其中所有节点使用同一套参数。此外，上述空域视角也再一次验证了图卷积神经网络的空间局域性，即在一层卷积过程中，每个节点表征的更新只用到了其一阶邻居的信息，而和其他非直接相连的节点无关。

上述分析也表明，谱域图神经网络和空域图神经网络的分类并不是互斥的，比如图卷积神经网络就既属于谱域图神经网络又属于空域图神经网络。

3.2.2 图采样聚合神经网络

图采样聚合神经网络（Graph SAmple and aggreGatE，GraphSAGE）是另一个代表性的空域图神经网络。正如其名字中所隐含的，GraphSAGE 相比图卷积神经网络有两个特点：一方面，GraphSAGE 通过邻居采样机制，进一步提高了图神经网络在大规模图上的效率；另一方面，GraphSAGE 提出了多种聚合机制，以便更好地处理不同的图数据。下面将具体介绍 GraphSAGE 是如何进行采样和聚合操作的。

对于图 $\mathcal{G}$ 中一个节点 v 的一次表征更新，即图神经网络的一层，用 $\boldsymbol{h}_v$ 表示该节点在该层的输入表征，$\boldsymbol{h}'_v$ 表示输出表征。GraphSAGE 的主要步骤分为如下四步：

（1）邻居采样：$\mathcal{N}_s(v) \leftarrow \text{SAMPLE}(\mathcal{N}(v), s)$，式中，$\text{SAMPLE}(\cdot, s)$ 表示从一个集合中无放回采样 s 个样本的采样函数；

（2）聚合邻居信息：

$$\boldsymbol{h}'_{\mathcal{N}_s(v)} \leftarrow \text{AGGREGATE}\left(\{\boldsymbol{h}_u, \forall u \in \mathcal{N}_s(v)\}\right), \tag{3-28}$$

式中，$\text{AGGREGATE}(\cdot)$ 表示合并邻居信息的聚合函数；

（3）更新节点表征：$\boldsymbol{h}'_v \leftarrow \sigma([\boldsymbol{h}_v, \boldsymbol{h}'_{\mathcal{N}_s(v)}]\boldsymbol{\Theta})$，式中，$[\cdot,\cdot]$ 表示并置（Concatenation）操作，$\boldsymbol{\Theta}$ 表示可学习参数；

（4）表征归一化：$\boldsymbol{h}'_v \leftarrow \frac{\boldsymbol{h}'_v}{\|\boldsymbol{h}'_v\|}$。

每个节点重复执行上述步骤 L 次，即图神经网络有 L 层，可得到节点 v 最终的表征向量。

在第一步邻居采样步骤中，GraphSAGE 对于每个节点采样了固定大小的邻居，因此在更新每次节点表征时，并不需要其所有的邻居信息，从而提高了计算效率。在实际操作中，GraphSAGE 使用的是批量算法，即针对图神经网络的 L 层，分别迭代执行 L 次的采样和 L 次的聚合操作，通过采样操作得到在每一次节点表征更新时需要的节点集合。记一次批量中第 l 层需要用到的节点集合为 $\mathcal{B}_l, l = 1, 2, \cdots, L$，其中 $\mathcal{B}_L$ 为该批量选定的待更新节点集合，在第 l 次采样中有：

$$\mathcal{B}_{l-1} \leftarrow \mathcal{B}_l \cup \{\mathcal{N}_s(u), \forall u \in \mathcal{B}_l\}. \tag{3-29}$$

即采样从图神经网络最后一层，即第 L 层往前执行，$\mathcal{B}_L$ 所包含的节点数最少，$\mathcal{B}_0$ 所包含的节点数最多，为所有待更新节点和其 L 阶邻居的并集。

对于聚合操作，由于邻居节点是一个集合而不存在顺序关系，因此聚合函数需要满足置换不变性（Permutation Invariance），即改变集合中节点的顺序，计算结果不变。关于图神经网络的置换不变性，将于 4.3 节更详细地介绍。GraphSAGE 提出了如下三种不同的聚合函数 AGGREGATE(·)。

- 第一种聚合函数为平均聚合函数，即

$$\boldsymbol{h}'_{\mathcal{N}_s(v)} \leftarrow \sigma\left(\mathrm{MEAN}\left(\{\boldsymbol{h}_v\} \cup \{\boldsymbol{h}_u, \forall u \in \mathcal{N}_s(v)\}\right)\right). \tag{3-30}$$

- 第二种为长短期记忆（Long Short-Term Memory，LSTM）神经网络聚合函数，即使用一个长短期记忆神经网络聚合

$$\boldsymbol{h}'_{\mathcal{N}_s(v)} = \mathrm{LSTM}\left(\{\boldsymbol{h}_u, \forall u \in \mathcal{N}_s(v)\}\right), \tag{3-31}$$

  相较于平均聚合函数，长短期记忆神经网络聚合函数有更强的表达能力。然而，长短期记忆神经网络的输入为一个序列而非一个集合，因此它无法满足置换不变性的要求。GraphSAGE 文献提出先对所有邻居节点随机排序再输入长短期记忆神经网络，以缓解该问题的影响。

- 第三种为池化最大聚合函数，即：

$$\boldsymbol{h}'_{\mathcal{N}_s(v)} \leftarrow \max\left(\{\sigma\left(\boldsymbol{W}_{\mathrm{pool}}\,\boldsymbol{h}_u + \boldsymbol{b}\right), \forall u \in \mathcal{N}_s(v)\}\right), \tag{3-32}$$

  式中，$\boldsymbol{W}_{\mathrm{pool}}$ 和 $\boldsymbol{b}$ 表示可学习参数；$\sigma(\cdot)$ 表示非线性激活函数；$\max(\cdot)$ 表示根据向量逐元素取最大值的操作。通过基于元素的最大值操作，可以捕捉到不同方面的邻居节点信息。这里池化后的取最大值函数也可以用其他满足置换不变性的函数代替，如逐元素的平均值、逐元素的求和操作等。

不难发现，若不考虑采样操作，图卷积神经网络与使用平均聚合函数的 GraphSAGE 有一定相似性，两者区别有以下几点。首先，图卷积神经网络求均值时利用节点度数做归一化，而均值 GraphSAGE 则是利用邻居数量做归一化；其次，GraphSAGE 中自身节点在上一层的表征在第三步更新节点表征时与邻居信息通过并置处理，而图卷积神经网络则直接将自身信息添加到求和项中；最后，GraphSAGE 第四步添加了表征归一化操作，而图卷积神经网络文献则不考虑该步骤。

GraphSAGE 文献同时着重强调其拥有归纳学习（Inductive Learning）的能力。图中的归纳学习是指训练时的图结构和测试时的图结构不同，且测试时的图结构在训练时不可见。因此，相比于直推式学习（Transductive Learning），即训练时即可观察到测试数据的图结构，归纳学习更加强调算法对于不同图结构的处理能力。利用节点的采样和聚合过程，GraphSAGE 可以同时学习邻居节点的拓扑结构以及节点特征，因此有较好的归纳学习能力。

需要注意，部分研究者认为，由于图卷积神经网络最早由谱域图神经网络通过简化推导得出，因此其仅仅属于谱域图神经网络，无法处理不同图结构并缺乏

归纳学习能力。然而，由本节推导可以看出，图卷积神经网络同时可被视为一个空域图神经网络，即在每层中通过度数作为权重聚合邻居信息。因此，图卷积神经网络也可以被直接地应用于归纳学习的场景。

3.2.3 图注意力网络

在 GraphSAGE 中，每个节点的邻居节点对于更新其表征的权重相同，而图卷积神经网络中邻居节点的权重则由节点度数提前定义。然而，不同的邻居节点对于中心节点的影响可能不同，且该影响依赖于具体任务和数据，无法提前给定。因此，需要一种更加灵活的调整邻居节点权重的方法。图注意力网络（Graph Attention Network，GAT）[27] 运用自注意力机制（Self-attention Mechanism）来处理上述问题。具体来说，图注意力网络中的每个图神经网络层的计算过程如下。

第一步，对于任意存在边的两个节点 v 和 u，计算未归一化的注意力得分

$$e_{v,u} = \mathrm{LeakyReLU}\left(\boldsymbol{a}^\top [\boldsymbol{W}\boldsymbol{h}_v, \boldsymbol{W}\boldsymbol{h}_u]\right), \tag{3-33}$$

式中，$\boldsymbol{W}$ 和 $\boldsymbol{a}$ 均为可学习权重；LeakyReLU 表示带泄露的线性整流单元，是一个非线性激活函数。上式计算过程为：先将每条边对应两个节点的上一层表征通过线性变换和并置操作转化为一个向量，然后通过一个单层的全连接层，输出未归一化得分；

第二步，利用 softmax$(\cdot)$ 函数归一化每个节点的邻居信息，得到归一化后的注意力得分

$$\alpha_{v,u} = \frac{e_{v,u}}{\sum_{k\in\mathcal{N}(v)} e_{v,k}}, \quad \forall u \in \mathcal{N}(v), \forall v; \tag{3-34}$$

第三步，根据邻居权重 $\alpha_{v,u}$ 更新节点表征

$$\boldsymbol{h}'_v = \sigma\left(\sum_{u\in\mathcal{N}(v)\cup\{v\}} \alpha_{v,u}\boldsymbol{h}_u\boldsymbol{W}\right). \tag{3-35}$$

除此之外，与 Transformer 的自注意力 [28] 相同，图注意力网络也支持多头（Multi-head）注意力机制，以增强模型的表达能力并使学习过程更加稳定。通过学习独立的 K 个注意力得分 $\alpha^k_{v,u}, k = 1, 2, \cdots, K$，最终的节点表征将不同注意力头学习到的表征并置得到

$$\boldsymbol{h}'_v = \Vert_{k=1}^K \sigma\left(\sum_{u\in\mathcal{N}(v)\cup\{v\}} \alpha^k_{v,u}\boldsymbol{h}_u\boldsymbol{W}_k\right), \tag{3-36}$$

式中，$\alpha_{v,u}^{k}$ 表示通过第 k 个注意力机制得到的注意力得分；$\boldsymbol{W}_k$ 表示第 k 个注意力机制的线性变换矩阵；$\|$ 为并置操作。并置后节点表征的维度是 K 个注意力头的叠加。因此，对于图神经网络的最后一层，例如节点分类任务中的分类层，图注意力网络提出将多头注意力机制的并置操作改为平均操作，以避免维度的影响：

$$\boldsymbol{h}_v' = \sigma\left(\frac{1}{K}\sum_{k=1}^{K}\sum_{u\in\mathcal{N}(v)\cup\{v\}}\alpha_{v,u}^{k}\boldsymbol{h}_u\boldsymbol{W}_k\right). \tag{3-37}$$

图注意力网络通过自注意力机制使空域图神经网络的计算过程更加高效和灵活。此外，通过注意力机制赋予邻居节点不同的重要性，可以在一定程度上增加图神经网络的可解释性。图神经网络的可解释性将于第 9 章详细地介绍。

3.2.4 其他空域图神经网络简介

本节将简单地介绍其他早期代表性的空域图神经网络，有兴趣的读者可以参阅相关文献。

1. 注意力机制改进

图注意力网络在运用多头注意力机制时，每个注意力头均同等对待并且权重相同。门控注意力网络（Gated Attention Networks，GaAN）[29] 在图注意力网络的基础上赋予不同注意力头不同的权重，然后再聚合多头注意力机制的信息。

异质图注意力网络（Heterogeneous graph Attention Network, HAN）[30] 则将注意力机制扩展至异质图的图神经网络。它运用了一个双层注意力机制：基于节点的注意力机制和基于语义的注意力机制。具体来说，基于节点的注意力机制与图注意力网络类似，但额外考虑了不同的节点类型，可以为不同元路径（Meta-path）的邻居赋予不同的权重；基于语义的注意力机制则可以学习到不同元路径的重要程度，并输出最终的节点表征。

受到 Transformer 架构在自然语言处理与计算机视觉的成功应用，有研究关注于图 Transformer 架构研究，其核心仍然是图的注意力机制，在此不再赘述，感兴趣的读者可以参考综述文献 [31]。

2. 节点或边的其他信息

上述的谱域图神经网络或空域图神经网络方法均只考虑了节点特征和图结构，而未利用节点或边的类型信息，以及边上的特征信息。实际上，拥有不同类型节点和边的图数据非常常见，例如知识图谱或异质图等。

NeuralFP（Neural graph FingerPrints）[32] 是一个非常早期的针对学习分子图表征的空域图神经网络，甚至早于切比雪夫图卷积神经网络和图卷积神经网络。

其每一个节点 v 的表征更新方法为

$$\boldsymbol{h}_v' = \sigma\left(\sum_{u \in \mathcal{N}(v) \cup \{v\}} \boldsymbol{h}_u \boldsymbol{W}_{\mathcal{T}(u)}\right), \tag{3-38}$$

式中，$\mathcal{T}(u)$ 表示节点 u 的类型，即在 NeuralFP 中，每种不同类型的节点会单独学习参数矩阵。

R-GCN（Relational Graph Convolutional Network）[33] 则考虑了边类型信息，并采用如下的表征更新函数：

$$\boldsymbol{h}_v' = \sigma\left(\sum_{r \in \mathcal{R}} \sum_{u \in \mathcal{N}^r(v)} \frac{1}{c_{u,r}} \boldsymbol{W}_r \boldsymbol{h}_u + \boldsymbol{W}_0 \boldsymbol{h}_v\right), \tag{3-39}$$

式中，$\mathcal{N}^r(v)$ 表示节点 v 一种边类型对应的邻居节点集合；$r \in \mathcal{R}$ 表示边的类型，$\mathcal{R}$ 表示图中所有可能的边类型；$c_{u,r}$ 表示类型为 r 的邻居更新时的归一化系数，例如可以取 $c_{u,r} = |\mathcal{N}^r(v)|$，也可以自定义或通过学习得到；$\boldsymbol{W}_r$ 为 r 类型的边对应的可学习参数矩阵。式 (3-39) 表明，R-GCN 通过归一化的不同类型边对应的邻居信息进行加权求和，再添加节点本身，最终通过非线性变换获得了每个节点更新后的节点表征。与 NeuralFP 对于每种类型的节点学习单独参数不同，R-GCN 为每种类型的边学习不同的参数矩阵。

边条件卷积网络（Edge-Conditioned Convolutional network，ECC）[34] 提出了一个与 R-GCN 类似的方案。ECC 同样利用了边的类型信息，并对不同类型边对应的邻居节点，采用不同的权重矩阵计算线性变换，并通过求和的形式聚合所有线性变换后的邻居节点信息。ECC 具体的表征更新公式如下：

$$\boldsymbol{h}_v' = \frac{1}{\mathcal{N}(v)} \sum_{u \in \mathcal{N}(v)} \mathcal{W}\left(\mathcal{T}(v,u)\right) \boldsymbol{h}_u + \boldsymbol{b}, \tag{3-40}$$

式中，$\mathcal{T}(v,u)$ 表示节点 u 与节点 v 间连边的类别标签；$\mathcal{W}(\cdot)$ 表示生成不同类别边对应权重矩阵的函数。与 R-GCN 略有不同的是，ECC 的权重矩阵根据一个可学习的函数 $\mathcal{W}(\cdot)$ 动态产生，而非每种类型的边单独学习一个权重矩阵。

3.2.5 小结

在谱域图神经网络的基础上，空域图神经网络被提出并被广泛研究。近年来，尽管空域图神经网络不再保证具有谱域图卷积基于图信号的理论基础，但空域图神经网络更受到人们的关注。相比于早期的谱域图神经网络，空域图神经网络在计算效率和处理不同大小、不同结构的图数据上有明显优势，并在后续发展出了

针对异质图 [35]、符号图 [36]、超图 [37] 等不同图结构的图神经网络架构，使图神经网络的应用范围更加广泛。当然，早期空域图神经网络也存在自身的缺陷，例如过平滑、易受对抗样本攻击、可解释性不强等问题。这些问题将于书中其余章节，特别是第 2 篇中讨论。

3.3 消息传递图神经网络

随着空域图神经网络的不断发展，许多图神经网络的通用框架也被研究者提出，并可将不同的图神经网络模型统一起来。本节将首先介绍一种代表性的图神经网络通用框架——**消息传递神经网络**（Message Passing Neural Networks, MPNN），并讨论之前介绍的空域图神经网络，例如图卷积神经网络、图注意力网络等如何等价为该框架的特例。随后，介绍该框架下发展出的一些新的图神经网络模型。最后，简要介绍其他几个图神经网络的通用框架，这些框架与消息传递图神经网络的思想大体类似。

3.3.1 消息传递图神经网络

消息传递图神经网络是由谷歌的 Justin Gilmer 等人 [38] 为了处理化学分子性质预测问题而提出的一种一般框架。他们希望能够直接地从分子图中学习到有效的分子表征，以替代传统方法中计算代价高昂的密度泛函理论（Density Functional Theory）。然而，消息传递图神经网络框架远远不止可以被用于分子图中，而是发展成了图神经网络与图表征学习的一般方法。具体来说，消息传递图神经网络的核心是在图结构上进行消息传递，以便将信息通过边从一个节点传递到其邻居节点。每个消息传递图神经网络层对应一次消息传递过程。简单起见，考虑无向图 $\mathcal{G}$，并记节点 v 在第 l 层的表征为 $\boldsymbol{h}_v^{(l)}$。另记节点 v 与节点 u 之间的边特征为 $e_{v,u}$。第 l 层的消息传递公式为

$$\begin{aligned}\boldsymbol{m}_v^{(l+1)} &= \sum_{u\in\mathcal{N}(v)} \mathcal{M}_l(\boldsymbol{h}_v^{(l)}, \boldsymbol{h}_u^{(l)}, e_{v,u}),\\ \boldsymbol{h}_v^{(l+1)} &= \mathcal{U}_l(\boldsymbol{h}_v^{(l)}, \boldsymbol{m}_v^{(l+1)}),\end{aligned} \tag{3-41}$$

式中，$\boldsymbol{m}^{(l+1)}$ 表示消息向量；$\mathcal{M}_l(\cdot)$ 表示消息函数；$\mathcal{U}_l(\cdot)$ 表示更新函数。两个函数包含图神经网络的可学习参数。可以看出，上述消息传递过程分为两个步骤：首先，每个节点根据当前自己的表征、目标节点的表征以及边上的特征信息，向自己的邻居节点发送消息，每个节点则将自身收到邻居发送的消息加和为消息向量

$\boldsymbol{m}_v^{(l+1)}$；随后，每个节点按照自身上一层的表征向量和消息向量，更新自己的表征，得到 $\boldsymbol{h}_v^{(l+1)}$。每个节点的表征由节点特征初始化，即 $\boldsymbol{h}_v^{(0)}=\boldsymbol{x}_v$，$\boldsymbol{x}_v$ 为节点特征向量。若消息传递图神经网络有 L 个消息传递层，则消息传递阶段计算 L 步，得到每个节点的最终表征向量 $\boldsymbol{h}_v^{(L)}$。然后，节点的表征向量可以被应用于图的下游任务，例如节点分类或者链接预测任务。若要将节点表征应用于图级任务，即预测全图性质，则需要使用图池化方法进一步将节点表征聚合为图表征，将于 3.4 节介绍相关内容。由于消息传递图神经网络的所有操作都是连续可微分的，因此消息传递图神经网络可以进行端到端的学习。

不难看出，与前文介绍的空域图神经网络类似，消息传递图神经网络也是通过在图的邻居结构上定义函数，聚合邻居信息以更新节点表征的。事实上，消息传递图神经网络的消息向量不只可以通过求和得到，还可以写为更一般的形式：

$$\boldsymbol{m}_v^{(l+1)}=\mathcal{M}_l\left(\{(\boldsymbol{h}_v^{(l)},\boldsymbol{h}_u^{(l)},e_{v,u}),\forall u\in\mathcal{N}(v)\}\right). \tag{3-42}$$

通过改变可微函数 $\mathcal{U}_l(\cdot),\mathcal{M}_l(\cdot)$，消息传递图神经网络可以覆盖许多现有的空域图神经网络模型作为特例。接下来，通过改变消息函数 $\mathcal{M}_l(\cdot)$、节点更新函数 $\mathcal{U}_l(\cdot)$ 重新定义前文提到的图神经网络模型。

3.3.2 回顾空域图神经网络模型

回顾前文介绍的图卷积神经网络。通过 3.2 节中空域图神经网络的推导不难发现，图卷积神经网络是直接地加和邻居信息作为消息向量的。因此，其采用的消息函数为

$$\mathcal{M}(\boldsymbol{h}_v^{(l)},\boldsymbol{h}_u^{(l)},e_{v,u})=c_{v,u}\boldsymbol{h}_u^{(l)}, \tag{3-43}$$

式中，邻居节点的权重为

$$c_{v,u}=(D_{u,u}D_{v,v})^{-\frac{1}{2}}. \tag{3-44}$$

对应的更新函数为一个全连接层①：

$$\mathcal{U}_l(\boldsymbol{h}_v^{(l)},\boldsymbol{m}_v^{(l+1)})=\mathrm{ReLU}(\boldsymbol{W}^{(l)}\boldsymbol{m}_v^{(l+1)}), \tag{3-45}$$

式中，ReLU 表示线性整流单元（Rectified Linear Unit），是一种非线性激活函数。类似地，对于图注意力网络，其更新函数与图卷积神经网络相同，而其消息函数则采用注意力机制加权邻居：

① 在该式中，假设原图中已经加入自环。不然，也可在更新函数中加入节点自身。

$$\mathcal{M}(\boldsymbol{h}_v^{(l)}, \boldsymbol{h}_u^{(l)}, \varepsilon_{v,u}) = \alpha_{v,u}\boldsymbol{h}_u^{(l)},$$
$$\alpha_{v,u} = \frac{\text{LeakyReLU}\left(\boldsymbol{a}^\top[\boldsymbol{W}\boldsymbol{h}_v^{(l)}, \boldsymbol{W}\boldsymbol{h}_u^{(l)}]\right)}{\sum_{k\in\mathcal{V}}\text{LeakyReLU}\left(\boldsymbol{a}^\top[\boldsymbol{W}\boldsymbol{h}_v^{(l)}, \boldsymbol{W}\boldsymbol{h}_k^{(l)}]\right)}. \tag{3-46}$$

其余空域图神经网络对应消息传递框架的推导类似。按照文献 [38]，表 3-1 和表 3-2 分别总结了不同图神经网络对应的消息函数和更新函数。

表 3-1　消息传递框架不同图神经网络模型的消息函数

模型	消息函数
NeuralFP [32]	$\mathcal{M}(\boldsymbol{h}_v^{(l)}, \boldsymbol{h}_u^{(l)}, e_{v,u}) = \boldsymbol{h}_u$
门控图神经网络 [39]	$\mathcal{M}(\boldsymbol{h}_v^{(l)}, \boldsymbol{h}_u^{(l)}, e_{v,u}) = \boldsymbol{W}_{e_{v,u}}\boldsymbol{h}_u^{(l)}$
交互神经网络 [40]	$\mathcal{M}(\boldsymbol{h}_v^{(l)}, \boldsymbol{h}_u^{(l)}, e_{v,u}) = f_{\text{NN}}([\boldsymbol{h}_v^{(l)}, \boldsymbol{h}_u^{(l)}, e_{v,u}])$
分子图卷积网络 [41]	$\mathcal{M}(\boldsymbol{h}_v^{(l)}, \boldsymbol{h}_u^{(l)}, e_{v,u}^{(l)}) = e_{v,u}^{(l)}$
深度张量神经网络 [42]	$\mathcal{M}(\boldsymbol{h}_v^{(l)}, \boldsymbol{h}_u^{(l)}, e_{v,u}) = \tanh\left((\boldsymbol{W}_{\text{fc}}(\boldsymbol{W}_{\text{cf}}\boldsymbol{h}_u^{(l)})) \odot (\boldsymbol{W}_{\text{df}}e_{v,u})\right)$
图卷积神经网络 [26]	$\mathcal{M}(\boldsymbol{h}_v^{(l)}, \boldsymbol{h}_u^{(l)}, e_{v,u}) = c_{v,u}\boldsymbol{h}_u^{(l)}$，$c_{v,u} = (D_{u,u}D_{v,v})^{-\frac{1}{2}}$

注：含有不同下标的 $\boldsymbol{W}$ 均表示可学习参数。

表 3-2　消息传递框架不同图神经网络模型的更新函数

模型	更新函数
NeuralFP [32]	$\mathcal{U}_l(\boldsymbol{h}_v^{(l)}, \boldsymbol{m}_v^{(l+1)}) = \sigma(\boldsymbol{W}_{l,D_{v,v}}\boldsymbol{m}_v^{(l+1)})$
门控图神经网络 [39]	$\mathcal{U}_l(\boldsymbol{h}_v^{(l)}, \boldsymbol{m}_v^{(l+1)}) = \text{GRU}(\boldsymbol{h}_v^{(l)}, \boldsymbol{m}_v^{(l+1)})$
交互神经网络 [40]	$\mathcal{U}_l(\boldsymbol{h}_v^{(l)}, \boldsymbol{m}_v^{(l+1)}) = f_{\text{NN}}([\boldsymbol{h}_v^{(l)}, \boldsymbol{m}_v^{(l+1)}, \boldsymbol{h}_v^{(0)}])$
分子图卷积网络 [41]	$\mathcal{U}_l(\boldsymbol{h}_v^{(l)}, \boldsymbol{m}_v^{(l+1)}) = \text{ReLU}(\boldsymbol{W}_1[\text{ReLU}(\boldsymbol{W}_0\boldsymbol{h}_v^{(l)}), \boldsymbol{m}_v^{(l+1)}])$
深度张量神经网络 [42]	$\mathcal{U}_l(\boldsymbol{h}_v^{(l)}, \boldsymbol{m}_v^{(l+1)}) = \boldsymbol{h}_v^{(l)} + \boldsymbol{m}_v^{(l+1)}$
图卷积神经网络 [26]	$\mathcal{U}_l(\boldsymbol{h}_v^{(l)}, \boldsymbol{m}_v^{(l+1)}) = \text{ReLU}(\boldsymbol{W}^{(l)}\boldsymbol{m}_v^{(l+1)})$

注：含有不同下标的 $\boldsymbol{W}$ 均表示可学习参数，GRU 表示门控循环单元。

3.3.3　其他消息传递图神经网络模型

按照式 (3-41) 定义的框架，很容易设计出新的图神经网络模型。下面简单地介绍其他几种代表性的符合消息传递图神经网络网络的模型。

在文献中，图卷积神经网络的作者考虑加入残差连接（Residual Connection）的节点表征更新，其可以被写为

$$\boldsymbol{H}^{(l+1)} = \sigma(\tilde{\boldsymbol{D}}^{-\frac{1}{2}}\tilde{\boldsymbol{A}}\tilde{\boldsymbol{D}}^{-\frac{1}{2}}\boldsymbol{H}^{(l)}\boldsymbol{\Theta}^{(l)}) + \boldsymbol{H}^{(l)}. \tag{3-47}$$

从消息传递框架视角来看，其对应的消息函数不变，而更新函数则可以写为

$$\mathcal{U}_l(\boldsymbol{h}_v^{(l)}, \boldsymbol{m}_v^{(l+1)}) = \text{ReLU}(\boldsymbol{\Theta}^{(l)}\boldsymbol{m}_v^{(l+1)}) + \boldsymbol{h}_v^{(l)}. \tag{3-48}$$

图卷积神经网络模型的另一个新变体——GCN-II [43]，则在图卷积神经网络的基础上加入了残差连接和恒等映射（Identity Mapping），以缓解过平滑（Over-Smoothing）问题（该问题将在 4.4 节详细介绍）。GCN-II 的矩阵形式可以写为

$$\boldsymbol{H}^{(l+1)} = \sigma\left(((1-\alpha_l)\tilde{\boldsymbol{D}}^{-\frac{1}{2}}\tilde{\boldsymbol{A}}\tilde{\boldsymbol{D}}^{-\frac{1}{2}}\boldsymbol{H}^{(l)} + \alpha_l\boldsymbol{H}^{(0)})((1-\beta_l)\boldsymbol{I} + \beta_l\boldsymbol{\Theta}^{(l)})\right), \tag{3-49}$$

式中，α_l 与 β_l 分别表示控制初始连接和残差连接强度的超参数；$\boldsymbol{I}$ 表示单位矩阵。不难发现，当 $\alpha_l = 0$ 且 $\beta_l = 1$ 时，GCN-II 退化为原本的图卷积神经网络。从消息传递框架来看，GCN-II 对应的消息传递函数不变，更新函数为

$$\mathcal{U}_l(\boldsymbol{h}_v^{(l)}, \boldsymbol{m}_v^{(l+1)}) = \sigma\left(((1-\alpha_l)\boldsymbol{m}_v^{(l+1)} + \alpha_l\boldsymbol{h}_v^{(0)})((1-\beta_l)\boldsymbol{I} + \beta_l\boldsymbol{\Theta}^{(l)})\right). \tag{3-50}$$

跳跃知识网络（Jumping Knowledge Network, JK-Net）[44] 则通过在最后一层增加跳跃连接（Jumping Connection）实现对图神经网络不同层信息更好的利用。具体来说，在经过 L 个消息传递层之后，JK-Net 采用了如下的聚合函数

$$\boldsymbol{h}_v^{\text{final}} = \text{AGGREGATE}(\boldsymbol{h}_v^{(1)}, \cdots, \boldsymbol{h}_v^{(L)}), \tag{3-51}$$

式中，$\boldsymbol{h}_v^{\text{final}}$ 表示节点的最终表征，用于下游任务；AGGREGATE$(\cdot)$ 表示聚合函数。JK-Net 文献提出了向量并置、逐元素求最大值和基于注意力机制的长短期记忆神经网络等三种聚合函数。由于 $\boldsymbol{h}_v^{\text{final}}$ 通过图神经网络每一层的节点表征聚合而成，其可以自由选择更加关注哪一层的表征，因此更具灵活性。

随机消息传递（Stochastic Message Passing，SMP）[45] 同样是一个新的符合消息传递框架的图神经网络模型。具体来说，SMP 文献作者证明，现有消息传递图神经网络架构在理论上无法有效地保持节点间的高阶邻近度，而第 2 章所介绍的高阶邻近度是图表征学习中一种不可或缺的性质。因此，该问题是目前图神经网络的一个重要缺陷。解决该问题的一个主要挑战在于，普通消息传递图神经网络无法区分图中自同构（Automorphic）的节点对，因此无法保持高阶邻近度。

为了处理该问题，SMP 提出了一种新的双通路图神经网络架构。其中，一个

通路的图神经网络与现有消息传递图神经网络相同，另一个通路则采用随机特征作为初始节点表征。由于随机特征为独立采样得到，因此其不受图中自同构的影响，起到打破图中对称性的作用。记采用随机特征通路的图神经网络节点表征为 $\hat{\boldsymbol{H}}^{(l)}$。该通路消息传递层的计算方式与传统消息传递图神经网络相同，只是在初始化时采用随机节点特征，即

$$\hat{\boldsymbol{H}}^{(0)} = \boldsymbol{E}, E_{i,j} \sim \mathcal{N}(0,1), \tag{3-52}$$

式中，$\mathcal{N}(0,1)$ 表示标准正态分布。最终的节点表征由两个通路的图神经网络的节点表征融合得到：

$$\boldsymbol{H}^{\text{final}} = \mathcal{F}_{\text{output}}(\boldsymbol{H}^{(L)}, \hat{\boldsymbol{H}}^{(L)}), \tag{3-53}$$

式中，$\mathcal{F}_{\text{output}}(\cdot)$ 是用于融合两部分表征的函数。SMP 文献证明，该方法可以有效地保持图中的高阶邻近度结构，同时不破坏图神经网络原本的性质，例如置换等变性和高效性。

还有很多符合消息传递框架的图神经网络模型，包括将在第 2 篇介绍的，为处理动态开放环境所设计的更先进的图神经网络，大部分也符合消息传递框架。

3.3.4 其他图神经网络框架

接下来，介绍其他两个图神经网络框架——混合模型网络（Mixture Model Networks，MoNet）和图网络（Graph Network），它们的核心思想均与消息传递图神经网络类似。

混合模型网络 MoNet [46] 旨在统一图神经网络以及其他一些用于流形（Manifold）的神经网络。MoNet 提出的消息传递框架每一层表征更新采用了如下的补丁（Patch）操作：

$$\boldsymbol{h}_{v,j}^{(l+1)} = \sum_{u \in \mathcal{N}(v)} \mathcal{F}_j^l(\boldsymbol{c}(v,u))\boldsymbol{h}_u^{(l)}, j = 1, \cdots, d, \tag{3-54}$$

式中，$\mathcal{F}_j^l(\cdot)$ 表示可学习函数；$\boldsymbol{c}(v,u)$ 表示基于节点对 (v,u) 伪坐标的函数。简单来说，上述的补丁操作仍是求和每个节点的所有邻居节点信息以进行信息的传递，而 $\mathcal{F}_j^l(\cdot)$ 则是可学习的求和核函数，该函数依赖于节点对的伪坐标。MoNet 作者在文献中说明，五种代表性的神经网络均可统一到上述框架中，包括普通的卷积神经网络、测地线卷积神经网络、各向异性卷积神经网络、图卷积神经网络 [26] 和扩散卷积神经网络 [47]。除了统一之前不同形式的神经网络，在文献中，MoNet 作

者提出使用如下形式的高斯核函数：

$$\mathcal{F}_j^l(\boldsymbol{c}) = \exp\left(-\frac{1}{2}(\boldsymbol{c}-\boldsymbol{\mu}_j^{(l)})^\top(\boldsymbol{\Sigma}_j^{(l)})^{-1}(\boldsymbol{c}-\boldsymbol{\mu}_j^{(l)})\right), \tag{3-55}$$

式中，$\boldsymbol{\mu}_j^{(l)}$ 和 $\boldsymbol{\Sigma}_j^{(l)}$ 分别表示需要学习的均值向量和对角协方差矩阵，是可学习参数。

图网络（Graph Network，GN）[48] 则是对消息传递图神经网络的一个更直接的改进。具体来说，图网络中除了学习节点的隐层表征，还增加了对边表征的学习和全图表征的学习。记节点对 (i,j) 间的边和全图在第 l 个消息传递层的表征分别为 $\boldsymbol{e}_{i,j}^{(l)}$ 和 $\boldsymbol{z}^{(l)}$。在每个消息传递层中，节点、边和全图间的表征按照如下函数互相传递消息：

$$\begin{aligned}
\boldsymbol{m}_i^{(l)} &= \mathcal{M}^{\mathcal{E}\to\mathcal{V}}(\{\boldsymbol{e}_{i,j}^{(l)}, \forall j \in \mathcal{N}(i)\}), \\
\boldsymbol{m}_V^{(l)} &= \mathcal{M}^{\mathcal{V}\to\mathcal{G}}(\{\boldsymbol{h}_i^{(l)}, \forall v_i \in \mathcal{V}\}), \\
\boldsymbol{m}_E^{(l)} &= \mathcal{M}^{\mathcal{E}\to\mathcal{G}}(\{\boldsymbol{e}_{i,j}^{(l)}, \forall (v_i,v_j) \in \mathcal{E}\}), \\
\boldsymbol{h}_i^{(l+1)} &= \mathcal{U}^{\mathcal{V}}(\boldsymbol{m}_i^{(l)}, \boldsymbol{h}_i^{(l)}, \boldsymbol{z}^{(l)}), \\
\boldsymbol{e}_{i,j}^{(l+1)} &= \mathcal{U}^{\mathcal{E}}(\boldsymbol{e}_{i,j}^{(l)}, \boldsymbol{h}_i^{(l)}, \boldsymbol{h}_j^{(l)}, \boldsymbol{z}^{(l)}), \\
\boldsymbol{z}^{(l+1)} &= \mathcal{U}^{\mathcal{G}}(\boldsymbol{m}_E^{(l)}, \boldsymbol{m}_V^{(l)}, \boldsymbol{z}^{(l)}),
\end{aligned} \tag{3-56}$$

式中，$\mathcal{U}^{\mathcal{V}}(\cdot),\mathcal{U}^{\mathcal{E}}(\cdot)$ 和 $\mathcal{U}^{\mathcal{G}}(\cdot)$ 分别表示节点、边和全图的更新函数；$\mathcal{M}(\cdot)$ 表示消息传递函数，其上标注明了消息传递的方向，即 $\mathcal{E}\to\mathcal{V}$ 表示边向节点传递消息，$\mathcal{V}\to\mathcal{G}$ 表示节点向图传递消息，$\mathcal{E}\to\mathcal{G}$ 表示边向图传递消息；$\boldsymbol{m}_i^{(l)}$ 表示节点 i 收到的消息向量；$\boldsymbol{m}_V^{(l)}$ 和 $\boldsymbol{m}_E^{(l)}$ 表示全图从节点和边收到的消息向量。相比于消息传递图神经网络仅通过边在节点间传递消息，图网络消息传递框架可以学习边和全图的表征，并使节点、边、全图间均可传递信息，因此更具一般性。由于所有消息传递函数的输入均为一个集合（点表征的集合或边表征的集合），因此其一般需要处理变长度的输入并且满足置换不变性。最简单的满足上述要求的消息传递函数包括逐元素求和、最大值或均值等。

3.3.5 小结

本节介绍了图神经网络的消息传递框架，并简要说明了这些框架如何涵盖已有图神经网络作为特例并可以启发设计新的架构。截至本书写作时，消息传递框架仍是图神经网络最主流的设计模式，并在许多应用领域取得了优异的效果。

3.4 图池化

利用上述的谱域图神经网络或空域图神经网络，可以学习到每个节点的表征。在得到节点表征之后，如果需要处理与子图或者整个图相关的任务，例如图分类或者图回归，则需要学习子图或者全图的表征。将节点表征总结为图表征的过程一般称为图池化（Pooling）或者读出（Readout），本书将统一称该过程为图池化。本节将介绍图池化方法。首先简单介绍图池化的核心思想，然后介绍经典的图池化模型。

具体来说，由于图池化的目标是从细颗粒度图结构表征（每个节点的表征）得到粗颗粒度图结构表征（例如一个子图或者全图的表征），其必须缩减图大小，即减少图中节点的数量。因此，大多数图池化问题可以被归结为如下两个步骤：

- 从图中得到与任务相关的、有代表性的节点。
- 从代表性的节点汇总表征得到图表征。

主流的图池化方法大致可以分为三类：直接图池化模型、层次图池化模型及其他图池化方法。

3.4.1 直接图池化模型

直接图池化模型主要借鉴卷积神经网络中的最大值池化（Max Pooling）与均值池化（Mean Pooling），直接将节点表征汇总为图表征。由于图中的节点不存在顺序关系，因此直接图池化模型将所有节点的表征视为一个集合，采用对集合的运算得到全局图表征。具体来说，最常见的池化包括平均池化、最大池化以及求和池化，即对所有节点表征逐元素地求最大、取平均值以及求和操作

$$\boldsymbol{h}_{\mathcal{G}} = \max/\mathrm{ave}/\mathrm{sum}\{\boldsymbol{h}_v^{(L)}, \forall v \in \mathcal{V}\}, \tag{3-57}$$

式中，$\boldsymbol{h}_{\mathcal{G}}$ 表示全图的表征；$\boldsymbol{h}_v^{(L)}$ 表示节点 v 经过 L 次消息传递后得到的表征。

Li 等人[39] 提出了一种基于注意力的池化方法，称为门控全局池化（Gated Global Pooling），其计算过程如下

$$\boldsymbol{h}_{\mathcal{G}} = \tanh\left(\sum_{v\in\mathcal{V}} \frac{\mathrm{Att}_1(\boldsymbol{h}_v^{(L)}, \boldsymbol{h}_v^{(0)})}{\sum_{v'\in\mathcal{V}} \mathrm{Att}_1(\boldsymbol{h}_{v'}^{(L)}, \boldsymbol{h}_{v'}^{(0)})} \odot \tanh(\mathrm{Att}_2(\boldsymbol{h}_v^{(L)}, \boldsymbol{h}_v^{(0)}))\right), \tag{3-58}$$

式中，tanh 表示激活函数；$\mathrm{Att}_1(\cdot)$ 与 $\mathrm{Att}_2(\cdot)$ 表示计算注意力机制的神经网络（例如一个小的全连接网络）；$\boldsymbol{h}_v^{(0)}$ 表示节点 v 的初始特征，其包含与任务相关的信息。利用注意力机制，该池化方法能够赋予与图任务更相关的节点更高的权重，并利用该权重对节点表征进行求和。

对于直接图池化模型，只需要保持计算过程的置换不变性，即可从节点表征直接得到所需要的图表征，也容易扩展，例如替换式 (3-58) 中计算注意力和门控的函数。

3.4.2 层次图池化模型

直接图池化模型从节点表征一步学习到图表征，因此可能忽略了图的复杂层次结构。或者从另一个角度来看，全局图池化模型是将所有节点表征直接简化为了一个表征，因此限制了模型的灵活性与表达能力。下面介绍层次图池化模型，其可以更好地学习图的层次结构。

层次图池化模型的核心思想是逐步"粗化"（Coarsening）处理图，即有序减小图的规模，并保留图的层次结构信息，直至学习到所需要颗粒度的图表征。事实上，图粗化并不是一个全新的问题。在图神经网络出现之前，图粗化在图层次聚类等问题中已经被研究过 [49]，也有一些图神经网络方法直接采用现有图粗化方法，例如 Graclus [50]、基于凝聚聚类（Agglomerative Clustering）的方法 [24]、基于特征值分解的方法 [51] 等，在此不过多展开。然而，使用现有图粗化方法会使得层次图池化模型和图神经网络的节点表征学习过程相分离，即层次图池化过程可以是一个对图的预处理过程，与图神经网络其余部分无法端到端地联合优化，因此无法针对具体任务进行调整。

接下来，介绍近年来专门为图神经网络设计的一些代表性的层次图池化模型。这些方法大致可分为两类：基于下采样的层次图池化模型，该类方法选择原图中最重要的节点作为粗化图的节点；另一类是基于超节点的层次图池化模型，该类方法将输入图中的节点组合成新的超节点，并用这些超节点作为粗化图的节点。不难发现，两类方法均通过逐渐减少粗化后图中的节点数量，以得到原图更粗颗粒度的表示，并通过迭代图粗化过程以得到图的层次结构，而两类方法的主要区别在于如何生成粗化图中的节点。层次图池化模型主要包含以下三个关键步骤：制定粗化图节点的生成策略、生成粗化图的图结构，以及生成粗化图的节点特征。下面具体介绍几个代表性的层次图池化模型。

DiffPool（Differentiable graph Pooling）[52] 是首先被提出的一个可微层次图池化模型，其可以端到端的方式与各种图神经网络架构结合。DiffPool 包含若干个图粗化层，每次粗化后均得到一个更粗颗粒度的图。在每个不同颗粒度的图上，均可计算若干消息传递层以学习节点表征。将第 k 个池化后图的邻接矩阵记为 $\boldsymbol{A}^{(k)}$，节点特征矩阵记为 $\boldsymbol{X}^{(k)}$（注意这里的上标不再代表消息传递层的数量，而是代表图池化层的数量）。为了进一步简化符号，不展开每个图上的消息传递过程，而是直接将第 k 个粗化图上最终的节点表征记为 $\boldsymbol{H}^{(k)}$，即 $\boldsymbol{H}^{(k)}$ 由 $\boldsymbol{A}^{(k)}$

和 $\boldsymbol{X}^{(k)}$ 经过若干消息传递层计算得出：

$$\boldsymbol{H}^{(k)}=\mathrm{GNN}_{k,\mathrm{embed}}\left(\boldsymbol{A}^{(k)},\boldsymbol{X}^{(k)}\right), \tag{3-59}$$

式中，$\mathrm{GNN}_{k,\mathrm{embed}}(\cdot)$ 表示用于在第 k 个粗化图上学习节点表征的图神经网络及其参数。

DiffPool 的图池化层表示如下：

$$(\boldsymbol{A}^{(k+1)},\boldsymbol{X}^{(k+1)})=\mathrm{DiffPool}(\boldsymbol{A}^{(k)},\boldsymbol{H}^{(k)}), \tag{3-60}$$

即通过上一个图的图结构和节点表征生成下一层需要的图结构和节点特征。具体来说，DiffPool 采用一个可学习的分配矩阵（assignment matrix），记作 $\boldsymbol{S}^{(k)}\in\mathbb{R}^{N_k\times N_{k+1}}$，其中 $\boldsymbol{S}^{(k)}$ 的每一行对应第 k 个粗化图的一个节点，每一列对应第 $k+1$ 个粗化图的一个节点，N_k 是粗化 k 次后图中的节点数。分配矩阵 $\boldsymbol{S}^{(k)}$ 的每个元素代表上一个粗化图节点对下一个粗化图节点的贡献度。若将下一个粗化图中的节点看作上一个粗化图中节点的聚类，分配矩阵代表着聚类的从属关系。基于分配矩阵，粗化后图的邻接矩阵和节点特征矩阵计算如下：

$$\begin{aligned}\boldsymbol{X}^{(k+1)}&=\boldsymbol{S}^{(k)^\top}\boldsymbol{H}^{(k)}\in\mathbb{R}^{N_{k+1}\times d},\\ \boldsymbol{A}^{(k+1)}&=\boldsymbol{S}^{(k)^\top}\boldsymbol{A}^{(k)}\boldsymbol{S}^{(k)}\in\mathbb{R}^{N_{k+1}\times N_{k+1}},\end{aligned} \tag{3-61}$$

式中，分配矩阵 $\boldsymbol{S}^{(k)}$ 和节点特征 $\boldsymbol{H}^{(k)}$ 聚合，为第 $k+1$ 个粗化图中的 N_{k+1} 个类生成节点特征；同时，通过分配矩阵 $\boldsymbol{S}^{(k)}$，将原来的邻接矩阵 $\boldsymbol{A}^{(k)}$ 生成粗化图的邻接矩阵 $\boldsymbol{A}^{(k+1)}$，矩阵的每个元素表示每个聚类之间的连通强度，即对每个聚类对应的上一层节点之间，所有边的数量求和。为减少分配矩阵的参数量并确保矩阵的每一行是归一化的，DiffPool 采用另一个图神经网络来学习 $\boldsymbol{S}^{(k)}$：

$$\boldsymbol{S}^{(k)}=\mathrm{softmax}(\mathrm{GNN}_{k,\mathrm{pool}}(\boldsymbol{A}^{(k)},\boldsymbol{X}^{(k)})). \tag{3-62}$$

由于层次图池化的计算过程均是可微分的，因此图池化层不会影响 DiffPool 端到端的学习性能。然而，由于分配矩阵 $\boldsymbol{S}^{(k)}$ 是基于 softmax 函数的软归一化，其会导致池化后的图是一个稠密图，即从第 1 次池化后得到的 $\boldsymbol{A}^{(1)}$ 开始，邻接矩阵均是稠密矩阵。因此，DiffPool 在大规模图上潜存一定的效率问题。

Graph U-Nets [53] 提出下采样层 gPool 来下采样图数据，以便将卷积神经网络中的代表性架构 U-Net [54] 扩展到图神经网络中。其中，每个 gPool 层通过一个可训练的投影向量 $\boldsymbol{p}$，自适应地选择上一层图中节点的子集来形成一个新的图。记第 k 个 gPool 层的邻接矩阵为 $\boldsymbol{A}^{(k)}$，节点特征为 $\boldsymbol{X}^{(k)}$，经过消息传递后的节点表征为 $\boldsymbol{H}^{(k)}$。在计算第 $k+1$ 层的图结构和节点特征时，gPool 将所有的节点表征投影到可学习参数向量 $\boldsymbol{p}^{(k)}$ 的方向：

$$\boldsymbol{y}^{(k)} = \frac{\boldsymbol{H}^{(k)}\boldsymbol{p}^{(k)}}{\|\boldsymbol{p}^{(k)}\|_2}. \tag{3-63}$$

$\boldsymbol{y}^{(k)}$ 度量了在投影到 $\boldsymbol{p}^{(k)}$ 方向时，每个节点的重要性得分。在采样节点子集的过程中，gPool 旨在尽可能多地保留原始图中重要的节点，所以直接选择 $\boldsymbol{y}^{(k)}$ 值最大的节点来形成下一层的图：

$$\text{idx} = \text{rank}(\boldsymbol{y}^{(k)}, N_k), \tag{3-64}$$

式中，$\text{rank}(\{\}, \cdot)$ 表示取集合中若干个最大元素的操作；N_k 表示生成的下一层粗化图中节点的个数；idx 表示选择的下一层节点编号。gPool 得到下一层图的邻接矩阵与图特征矩阵如下：

$$\begin{aligned}
\boldsymbol{A}^{(k+1)} &= \boldsymbol{A}^{(k)}_{\text{idx},\text{idx}}, \\
\tilde{\boldsymbol{H}}^{(k)} &= \boldsymbol{H}^{(k)}_{\text{idx},:}, \\
\tilde{\boldsymbol{y}}^{(k)} &= \text{sigmoid}(\boldsymbol{y}^{(k)}_{\text{idx}}), \\
\boldsymbol{X}^{(k+1)} &= \tilde{\boldsymbol{H}}^{(k)} \odot \left(\tilde{\boldsymbol{y}}^{(k)} \mathbf{1}_d^\top\right),
\end{aligned} \tag{3-65}$$

式中，$\mathbf{1}_d \in \mathbb{R}^{1\times d}$ 表示一个所有分量为 1 的列向量；$\odot$ 表示逐元素矩阵乘法。对于图结构，gPool 直接采用所选择的节点集合构成的子图；对于节点特征，gPool 则使用了一个门控操作来控制节点表征的信息流。具体来说，首先利用选定的节点编号 idx 和 $\boldsymbol{y}^{(k)}$ 的每个元素，得到了门控向量 $\tilde{\boldsymbol{y}}^{(k)} \in \mathbb{R}^{N_k\times 1}$，其代表了信息流的大小。然后，$\tilde{\boldsymbol{y}}^{(k)}\mathbf{1}_d^\top$ 将门控向量展开成矩阵，并与 $\tilde{\boldsymbol{H}}^{(k)}$ 逐元素乘积，控制选定节点表征的信息。门控操作使投影向量 $\boldsymbol{p}^{(k)}$ 可以通过梯度反向传播以进行端到端的训练。节点的重要性得分 $\boldsymbol{y}^{(k)}$ 越高，越多的信息将通过该节点流向粗化之后的图。

SAGPool [55] 则是另一种基于自注意力的图池化方法，其使用自注意力模型使得图池化层能够同时捕捉节点特征和图的拓扑特征。具体来说，SAGPool 使用一个图卷积神经网络层来计算自注意力得分 $\boldsymbol{y}^{(k)} \in \mathbb{R}^{N\times 1}$：

$$\boldsymbol{y}^{(k)} = \sigma(\tilde{\boldsymbol{D}}^{-\frac{1}{2}}\tilde{\boldsymbol{A}}\tilde{\boldsymbol{D}}^{-\frac{1}{2}}\boldsymbol{H}^{(k)}\boldsymbol{\Theta}_{\text{att}}), \tag{3-66}$$

式中，$\sigma(\cdot)$ 表示激活函数；$\tilde{\boldsymbol{A}}$ 和 $\tilde{\boldsymbol{D}}$ 表示图卷积神经网络中添加自环后的邻接矩阵和度数矩阵；$\boldsymbol{H}^{(k)} \in \mathbb{R}^{N\times F}$ 表示当前层经过消息传递后的节点表征；$\boldsymbol{\Theta}_{\text{att}}$ 表示当前 SAGPool 层的可学习参数。随后，SAGPool 采用了与 gPool 相同的节点选择方法，即选择 $\boldsymbol{y}^{(k)}$ 中重要性得分最大的节点子集，并采用一个门控机制控制节点表征的信息流。相比于 gPool 中选择一个投影方向来确定节点重要性，SAGPool 采用图卷积神经网络学习一个自注意力机制，可以更好地利用图结构信息。

EigenPooling[56] 是一种基于图傅里叶变换的图池化操作，它的计算过程分为如下两个步骤。首先，利用谱聚类方法生成超节点；然后，利用图傅里叶变换生成超节点特征。具体来说，生成的粗颗粒度图对应原图的一个划分（partition），即将原图分割为若干个子图，每个超节点对应原图的一个子图。为简化符号，下面的介绍将省略代表图池化层数的上标，并用 $\boldsymbol{A}$ 和 $\boldsymbol{A}'$ 表示一个图池化层输入与输出的邻接矩阵，$\boldsymbol{H}$ 和 $\boldsymbol{H}'$ 表示输入与输出的节点表征，N 和 N' 表示输入与输出图中的节点数。对于每个超节点 $n, 1 \leqslant n \leqslant N'$，其对应原始图中的节点编号由一个节点列表 $\boldsymbol{\Gamma}^{(n)} \in \mathbb{R}^{N_n}$ 决定，其中 N_n 是超节点 n 包含的输入图中的节点数量，每个元素是一个节点的编号。另记 $\boldsymbol{C}^{(n)} \in \{0,1\}^{N \times N_n}$ 是第 n 个采样矩阵，其中 $C_{i,j}^{(n)} = 1$ 当且仅当 $\boldsymbol{\Gamma}_j^{(n)} = v_i$，即 $\boldsymbol{C}^{(n)}$ 的每列代表超节点所包含一个节点编号的独热向量。第 n 个超节点的邻接矩阵，即其对应的子图所包含的边，可以按如下方式计算：

$$\boldsymbol{A}^{(n)} = \boldsymbol{C}^{(n)\top} \boldsymbol{A} \boldsymbol{C}^{(n)}. \tag{3-67}$$

超节点中不包含的原图中的边，即划分出的不同子图之间的边，可以按如下方式计算：

$$\boldsymbol{A}_{\text{ext}} = \boldsymbol{A} - \sum_{n=1}^{N'} \boldsymbol{C}^{(n)} \boldsymbol{A}^{(n)} \boldsymbol{C}^{(n)\top}. \tag{3-68}$$

另外，记分配矩阵 $\boldsymbol{S} \in \{0,1\}^{N \times N'}$，$S_{i,j} = 1$ 当且仅当 $v_i \in \boldsymbol{\Gamma}^{(n)}$。粗化后的图邻接矩阵可以计算如下：

$$\boldsymbol{A}' = \boldsymbol{S}^\top \boldsymbol{A}_{\text{ext}} \boldsymbol{S}. \tag{3-69}$$

从式 (3-69) 中不难看出，粗化后的邻接矩阵包括了所有不同超节点之间的边。

接下来，介绍粗化后图节点特征矩阵的计算方法。为了同时建模图结构和节点特征，EigenPooling 采用了基于图傅里叶变换的方法（回忆图傅里叶变换在谱域图神经网络中介绍过）。记第 n 个超节点 $\boldsymbol{A}^{(n)}$ 对应的拉普拉斯矩阵的特征向量为 $\boldsymbol{Q}^{(n)} \in \mathbb{R}^{N_n \times N_n}$，该矩阵建模了第 n 个超节点对应子图的谱域空间。由于子图的大小与原图不同，利用采样矩阵 $\boldsymbol{C}^{(n)}$ 进行上采样：

$$\bar{\boldsymbol{Q}}^{(n)} = \boldsymbol{C}^{(n)} \boldsymbol{Q}^{(n)}. \tag{3-70}$$

计算出的 $\bar{\boldsymbol{Q}}^{(n)} \in \mathbb{R}^{N \times N_n}$，即该上采样的效果是将超节点对应的子图特征向量 $\boldsymbol{Q}^{(n)}$ 对应元素映射到一个原始大小矩阵的对应行，并将不属于该子图节点对应的行置为 0。然而，不同子图的特征空间维度依然不同。记 $N_{\max} = \max_{n=1,\cdots,N'} N_n$

是所有子图中节点数的最大值。接下来，对于任意的 $1 \leqslant l \leqslant N_{\max}$，令

$$\boldsymbol{\Theta}_l = \left[\bar{\boldsymbol{Q}}_{l,:}^{(1)}, \cdots, \bar{\boldsymbol{Q}}_{l,:}^{(N')}\right] \in \mathbb{R}^{N \times N'}, \tag{3-71}$$

即将不同子图上采样得到的第 l 维特征向量拼接为一个新的矩阵，该矩阵是不同子图同一维度特征空间的基，即 $\boldsymbol{\Theta}_l$ 是所有超节点对应子图第 l 维谱域空间拼接成的基。回忆图谱域空间维度越小，该基底越平滑。因此，式 (3-71) 将不同子图相似平滑度的谱域基底进行了拼接。对于维度不一致问题，EigenPooling 采用补 0 的方式，即若第 n 个子图的大小 $N_n < l$，则用 0 填充相应的列。利用这些基，可以将节点特征映射到不同子图对应的谱域空间，以得到粗化后的节点特征。粗化后图节点的特征最终计算如下：

$$\boldsymbol{H}' = \left[\boldsymbol{\Theta}_1^\top \boldsymbol{H}, \cdots, \boldsymbol{\Theta}_{N_{\max}}^\top \boldsymbol{H}\right]. \tag{3-72}$$

计算出的 $\boldsymbol{H}' \in \mathbb{R}^{N' \times N_{\max} d}$，即由于采用了不同谱域进行图傅里叶变换，粗化后的节点特征维度反而有所增加。为了处理该问题，EigenPooling 提出预设 $N_{\text{pre}} \ll N_{\max}$，以减少维度的影响，并证明该方法可以有效地保持节点特征的平滑部分。

3.4.3 其他图池化方法

最后，简单地介绍其他的图池化方法。虽然这些方法不一定如上述直接图池化或层次图池化系统且有理论基础，但在一些具体图任务中仍取得了不错的效果。

消息传递图神经网络 [38] 采用 Set2Set 方法 [57] 作为图池化函数来学习图表征。Set2Set 是一个针对集合的方法，采用一个注意力机制对集合中的元素求和并得到集合的表征，注意力的权重则由一个长短期记忆神经网络计算得出。由于输入需要指定的顺序，Set2Set 提出随机打乱节点顺序作为模型的输入，这与空域图神经网络 GraphSAGE 处理节点邻居顺序是类似的。

SortPooling [58] 则采用了节点排序的方式计算图池化。由于节点本身不存在顺序且不同图的节点数量不同，因此 SortPooling 根据图结构对节点排序，以得到固定维度的表征，然后采用一个一维卷积神经网络进一步学习图表征。具体来说，SortPooling 首先将不同消息传递层得到的节点表征拼接为一个表征矩阵 $\boldsymbol{H}^{(1:L)} = \left[\boldsymbol{H}^{(1)}, \cdots, \boldsymbol{H}^{(L)}\right] \in \mathbb{R}^{N \times \sum_{l=1}^{L} f_l}$，其中 $\boldsymbol{H}^{(l)} \in \mathbb{R}^{N \times f_l}$ 是第 l 层的节点表征。然后，考虑该矩阵最后一列，即最后一个消息传递层的节点表征的最后一维 $\boldsymbol{H}_{:,f_l}^{(L)}$，按照该表征向量中的元素对节点从大到小排序。排序的目标是选择出前 k 个行，k 是一个预先设定的超参数，代表用于学习图表征最重要的 k 个节点。若不同行（即不同节点）在该列取值相同导致无法排序出前 k 个节点，则按照从右

向左的顺序考虑下一列，即最后一层节点表征的倒数第二维 $\boldsymbol{H}_{:,f_l-1}^{(L)}$，比较该向量的取值再进行排序。若不同行的该值也相同，则以此类推，继续按表征维度从右向左比较。若完成全部的表征比较后仍无法排序，即存在两个节点各层表征全部相同，则对这些节点进行随机排序。在排序并选择出 k 个最重要的节点之后，取出相应的表征矩阵 $\tilde{\boldsymbol{H}} \in \mathbb{R}^{k\times\sum_{l=1}^{L} f_l}$，它是一个固定维度的矩阵，与图中的节点数量无关。最后，在表征矩阵上学习一个普通的卷积神经网络，得到最终的图表征。

虚拟节点 [59] 则是另一种基于经验的图池化方法。正如其名字中所表达的，它的基本思想非常直观，在图中添加一个虚拟节点，该节点与图中所有节点相连，然后在添加虚拟节点后的图上进行消息传递，并将该虚拟节点最终的表征视为全图的表征。由于该虚拟节点与所有节点相连，因此其在每次消息传递时均可接收到所有节点的信息。

3.4.4 小结

本节介绍了图池化方法，其可以有效地将节点表征汇总为更粗颗粒度的子图或全图表征，以处理相应任务。本节介绍的方法包括直接图池化模型、层次图池化模型以及其他图池化方法。直接图池化模型通过设计满足置换不变性的函数或模型，将所有节点表征融合为一个图表征；层次图池化模型则通过下采样或超节点，学习图的层级结构，逐步得到所需颗粒度的图表征；其他图池化方法则包括使用现有不针对图数据的模型、节点排序和添加虚拟节点等。

3.5 本章小结

本章介绍了图神经网络的基础内容。按照图神经网络的发展脉络，首先介绍了谱域图神经网络，及其如何化简并等价为空域图神经网络，然后介绍了更一般的消息传递图神经网络框架，最后介绍了用于学习全图表征的图池化方法。本章内容为第 2 篇介绍动态开放环境中的图表征学习奠定了基础。

第 4 章
CHAPTER 4

图表征学习理论分析

图表征学习在许多图数据场景与下游任务中取得了优异的性能。接下来，一些问题自然产生：为何图神经网络等图表征学习能够如此有效？图表征学习在理论上有何优势与不足？如何设计更强大的图神经网络？这些问题对设计新的图表征学习模型以更好地应对动态开放环境至关重要。为了回答这些问题，许多研究者从理论方面探索了图表征学习的性质。本章介绍图表征学习理论分析的相关内容。具体来说，本章分为四方面：图信号处理、图同构测试、图神经网络表达能力，以及过平滑与深层图神经网络。

4.1 图信号处理

图信号处理（Graph Signal Processing，GSP）是信号处理和图数据分析交叉领域的一个重要分支，它将经典信号分析，例如时间信号和图像离散信号处理（Discrete Signal Processing，DSP）理论 [60] 扩展到图结构的信号上。同时，图信号处理也为图神经网络提供了理论分析的相关工具。下面，首先介绍从低通滤波角度理解图神经网络，然后介绍两个基于图信号处理分析对图神经网络的改进。

4.1.1 图信号处理与低通滤波

如 3.1 节所介绍，一些空域图神经网络，例如经典的图卷积神经网络，通过对谱域图神经网络近似得到，并在此基础上发展出消息传递图神经网络。那么，如果从图信号处理的角度分析图神经网络，会有什么结果呢？有研究发现，尽管许多新提出的图神经网络模型关于滤波器的设计各有不同，但是大部分模型，包括图卷积神经网络等，本质上都是在学习一个低通滤波器（Low-pass Filter）[61]，即仅保留图上的平滑信号。下面以图卷积神经网络为例进行分析。回忆图卷积神经网络采用的邻居聚合矩阵为 $\hat{\boldsymbol{A}} = \tilde{\boldsymbol{D}}^{-\frac{1}{2}}\tilde{\boldsymbol{A}}\tilde{\boldsymbol{D}}^{-\frac{1}{2}}$，其可以改写为

$$\begin{aligned}\hat{\boldsymbol{A}} &= \tilde{\boldsymbol{D}}^{-\frac{1}{2}}\tilde{\boldsymbol{A}}\tilde{\boldsymbol{D}}^{-\frac{1}{2}} \\ &= \boldsymbol{I} - \tilde{\boldsymbol{D}}^{-\frac{1}{2}}(\tilde{\boldsymbol{D}} - \tilde{\boldsymbol{A}})\tilde{\boldsymbol{D}}^{-\frac{1}{2}} \\ &= \boldsymbol{I} - \tilde{\boldsymbol{L}}_{\text{sym}} \\ &= \tilde{\boldsymbol{Q}}(\boldsymbol{I} - \tilde{\boldsymbol{\Lambda}})\tilde{\boldsymbol{Q}},\end{aligned} \tag{4-1}$$

式中，$\tilde{\boldsymbol{L}}_{\text{sym}}$ 表示添加自环后的图对应的对称归一化拉普拉斯矩阵；$\tilde{\boldsymbol{Q}}$ 和 $\tilde{\boldsymbol{\Lambda}}$ 是 $\tilde{\boldsymbol{L}}_{\text{sym}}$ 的特征值分解。回忆谱域图卷积操作（3.1 节中的式 (3-11)），当用该邻接矩阵乘上节点特征时，可以认为是用式 (4-1) 中的滤波器对节点特征对应的图信号进行滤波，而图卷积神经网络的邻居聚合对应的谱域滤波器为 $\boldsymbol{I} - \tilde{\boldsymbol{\Lambda}}$。若将其改写为函数的形式，则是 $g(\hat{\lambda}) = 1 - \hat{\lambda}$，其中 $\hat{\lambda}$ 是 $\tilde{\boldsymbol{L}}_{\text{sym}}$ 对应的特征值。进一步地，考虑一个 K 层的图卷积神经网络：

$$\boldsymbol{H}^{(K)} = \sigma(\hat{\boldsymbol{A}}\sigma(\hat{\boldsymbol{A}}\cdots\sigma(\hat{\boldsymbol{A}}\boldsymbol{H}^{(0)}\boldsymbol{W}^{(1)})\cdots\boldsymbol{W}^{(K-1)})\boldsymbol{W}^{(K)}). \tag{4-2}$$

若将除最外层的非线性激活函数全部去掉，则称为简化的图卷积（Simplified Graph Convolution，SGC）神经网络，将可学习参数合并，即记 $\boldsymbol{W} = \boldsymbol{W}^{(1)}\cdots\boldsymbol{W}^{(K)}$，则 SGC 的表征学习可写为如下形式：

$$\boldsymbol{H}^{(K)} = \sigma(\hat{\boldsymbol{A}}^K\boldsymbol{H}^{(0)}\boldsymbol{W}). \tag{4-3}$$

对于式 (4-3)，其可理解为，先用 $\hat{\boldsymbol{A}}^K$ 对初始表征 $\boldsymbol{H}^{(0)}$ 滤波，然后经过一个全连接层。其中，K 层的简化图卷积过程等价于如下的一个滤波器：$g_K(\hat{\lambda}) = (1 - \hat{\lambda})^K$。由于 $\hat{\boldsymbol{L}}_{\text{sym}}$ 的特征值 $\hat{\lambda} \in [0, 2]$，其中取值较小的部分为低频，取值较大的部分为高频。容易发现，上述 $g_K(\hat{\lambda})$ 是一个低通滤波器，即其倾向于加强低频信号并使其通过，而遏制高频的信号。因此，可以得到如下结论：**以 SGC、图卷积神经网络为代表的图神经网络，从图信号处理角度上看，本质上是节点特征的低通滤波**。进一步地，SGC [61] 文献证明，通过在图中增加自环，对称归一化拉普拉斯矩阵对应的频谱（特征值分布）会被缩小，即 $0 = \lambda_1 = \tilde{\lambda}_1 < \tilde{\lambda}_n < \lambda_n$，这使得图卷积神经网络更加偏向一个低通的滤波器。

除了对已有图神经网络的分析，图信号处理还可启发设计新的图神经网络模型。下面介绍两个例子：图小波神经网络和超越低通滤波的图神经网络。

4.1.2　图小波神经网络

除了经典的傅里叶变换，小波变换（Wavelet Transform）也在基于图信号处理的机器学习方法中扮演了重要的角色 [62-64]。图小波变换可以由一组基底定义，

即 $\boldsymbol{\Psi}_s=(\psi_{s_1}(\lambda_1),\psi_{s_2}(\lambda_2),\cdots,\psi_{s_n}(\lambda_n))$，其中 ψ_{s_i} 是从节点 i 扩散开来的一组信号，s 是一个缩放参数。更具体地说，图小波变换可以写为 [65]

$$\boldsymbol{\Psi}_s(\lambda)=\boldsymbol{Q}\boldsymbol{G}_s(\lambda)\boldsymbol{Q}^\top, \tag{4-4}$$

式中，$\boldsymbol{Q}$ 和 λ 分别表示拉普拉斯矩阵对应的特征向量和特征值；缩放矩阵 $\boldsymbol{G}_s(\lambda)$ 定义为

$$\boldsymbol{G}_s(\lambda)=\mathrm{diag}(\exp(s\lambda_1),\exp(s\lambda_2),\cdots,\exp(s\lambda_N)). \tag{4-5}$$

对应地，图逆小波变换仅需对缩放矩阵取反，即

$$\begin{aligned}\boldsymbol{\Psi}_s^{-1}&=\boldsymbol{Q}\boldsymbol{G}_{-s}(\lambda)\boldsymbol{Q}^\top\\&=\boldsymbol{Q}\mathrm{diag}(\exp(-s\lambda_1),\exp(-s\lambda_2),\cdots,\exp(-s\lambda_N))\boldsymbol{Q}^\top.\end{aligned} \tag{4-6}$$

不难看出，图逆小波变换是一个热扩散（Heat Diffusion）过程，s 对应控制扩散速度的超参数。利用图小波变换和图逆小波变换，基于小波变换的图卷积定义为

$$\boldsymbol{u}_1\star_G\boldsymbol{u}_2=\boldsymbol{\Psi}_s((\boldsymbol{\Psi}_s^{-1}\boldsymbol{u}_1)\odot(\boldsymbol{\Psi}_s^{-1}\boldsymbol{u}_2)). \tag{4-7}$$

与图傅里叶变换类似，图小波变换中特征值较小的分量对应于图信号的低频部分，特征值较大的分量则对应于图信号的高频部分。相比于图傅里叶变换，图小波变换的优势主要体现在三个方面：首先，由于现实中的图大多是稀疏的，图小波基底通常比图傅里叶基底更稀疏，从而使图小波变换的基底在计算效率上更高；其次，由于图小波变换的基底是从每个节点由热扩散过程作为滤波器产生的信号，$\boldsymbol{\Psi}_s$ 通常更满足局域性 [66]，并且可以通过调整缩放参数 s，更容易地约束局部邻域的范围，即超参数 s 取值越小，通常能与越小的邻域相关联；最后，通过快速算法近似，例如使用切比雪夫多项式近似图小波变换，可将计算图小波变换的时间复杂度降低到与图中的边数呈线性关系，而无须显式地计算图拉普拉斯矩阵的特征值分解。基于图小波变换，图小波神经网络（Graph Wavelet Neural Network，GWNN）[63] 提出了一个谱域的图神经网络模型。GWNN 将图上的谱卷积过程拆分为如下两步：

特征变换：

$$\boldsymbol{H}^{(l)\prime}=\boldsymbol{H}^{(l)}\boldsymbol{W},$$

式中，$\boldsymbol{W}$ 表示用于特征变换的参数矩阵。

图卷积：

$$\boldsymbol{H}^{(l+1)}=\sigma(\boldsymbol{\Psi}_s\boldsymbol{F}^{(l)}\boldsymbol{\Psi}_s^{-1}\boldsymbol{H}^{(l)\prime}),$$

式中，$\boldsymbol{F}^{(l)}$ 表示作为图卷积核的对角矩阵。可以看出，图小波神经网络与基于图傅里叶变换的谱域图神经网络结构大致相同，但通过将图傅里叶变换替换为图小波变换，图小波变换的优势可以在图神经网络的学习过程中体现。

4.1.3　超越低通滤波的图神经网络

4.1.1 节介绍到，许多经典图神经网络是在进行图信号处理中的低通滤波，即仅保留图上的平滑信号。其实，这在一定程度上对应图数据的同质性（Homophily）假设，即具有相同特征的节点倾向于连接在一起，如社交网络等。在同质性图上，低频信号往往占主导地位，因此大多数模拟低通滤波器的图神经网络可以更好地捕捉这些图上的信号，从而学习到有效的表征并用于下游任务。而有时候现实场景下的图不一定满足同质性，即存在一些异配（Heterophily）图。异配图是指，具有不相似特征的节点倾向于连接在一起。此外，即便图中大部分信号满足同质性假设，图中的高频信号也可能起到补充作用。在这种情况下，如果仅保留图上的低频分量与平滑信号，而完全忽略图上的高频分量与变化的信号，则会在一些场景和任务上遇到问题。如图 4-1 所示的例子，图 4-1（a）是原图，图 4-1（b）是滤波并仅保留一半低频分量重构的图，图 4-1（c）则是滤波并仅保留一半高频分量重构的图，边的颜色代表对应的边权重。不难看出，仅利用低频信号重构出来的图倾向于将信息保留在两个聚类内，而仅使用高频分量重构的图则倾向于保留聚类之间的信息，两方面信息对于刻画整个图结构均很重要。此外，正如文献 [61,67] 所指出的，谱域中的低频分量和高频分量也可能分别反映了图在空域中的局部结构信息和全局结构信息。基于上述原因，仅考虑低通滤波的图神经网络可能在许多图任务中存在局限，这也促使很多研究者开始探索如何从图信号处理的角度来设计超越低通滤波器的图神经网络。下面，介绍其中一个代表性的方法，谱域图注意力网络（Spectral Graph ATtention network，SpGAT）[64]。SpGAT 从图谱域的角度考虑如何把注意力机制引入滤波器的设计当中。与传统的图卷积设计将滤波器作为关于拉普拉斯矩阵特征值的多项式函数相比，SpGAT 把图卷积核作

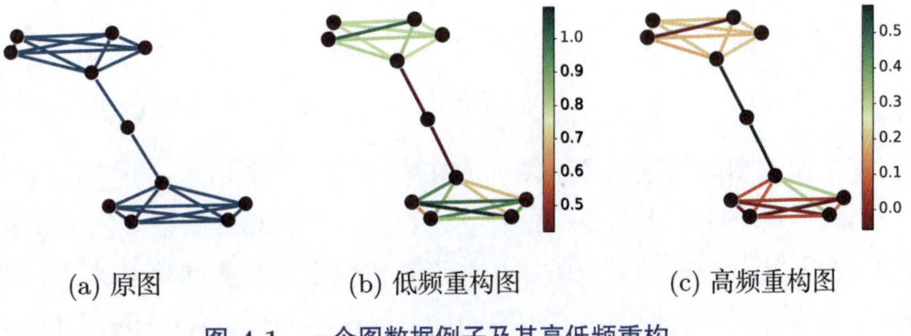

(a) 原图　(b) 低频重构图　(c) 高频重构图

图 4-1　一个图数据例子及其高低频重构

为一组可学习的参数，分别对高、低频两个通道捕捉相应的信息，并且使用注意力机制约束参数。与图小波神经网络类似，SpGAT 将图上的谱卷积过程拆分为两步，学习过程可以表示如下。

特征变换：

$$\boldsymbol{H}^{(l)\prime} = \boldsymbol{H}^{(l)}\boldsymbol{W},$$

图卷积：

$$\boldsymbol{H}^{(l+1)} = \sigma\left(\text{Pool}(\boldsymbol{\Psi}_{\text{sL}}\boldsymbol{\alpha}_{\text{L}}\boldsymbol{\Psi}_{\text{sL}}^{-1}\boldsymbol{H}^{(l)\prime}, \boldsymbol{\Psi}_{\text{sH}}\boldsymbol{\alpha}_{\text{H}}\boldsymbol{\Psi}_{\text{sH}}^{-1}\boldsymbol{H}^{(l)\prime})\right),$$

式中，$\boldsymbol{\Psi}_{\text{sL}}$ 和 $\boldsymbol{\Psi}_{\text{sH}}$ 分别表示用于低频信号和高频信号学习的图小波基；$\boldsymbol{\alpha}_{\text{L}}$ 和 $\boldsymbol{\alpha}_{\text{H}}$ 分别表示利用注意力机制归一化后作用于低频信号和高频信号上的图卷积核。高频信号和低频信号上学习到的图表征通过一个池化操作和非线性激活函数后，作为这一层学习到的图表征，并输入到下一层或者用于下游任务。SpGAT 图卷积的过程可以超出低通滤波的范畴，而对于不同的图自适应地调整高、低频信号上的滤波表现。

除 SpGAT 外，也有一些其他方法 [68–71] 尝试从不同的角度设计谱域滤波器，使得图神经网络可以超越低频滤波器，从而更好地处理非同质性图，感兴趣的读者可以参考相关文献。

4.2 图同构测试

图同构测试（Graph Isomorphism Test），即判断两个图是否同构，是一个经典的图任务，并且经常被用来衡量图神经网络的理论表达能力。接下来，介绍如何从图同构的 Weisfeiler-Lehman（WL）测试角度理解图神经网络。

4.2.1 图同构与 WL 测试

下面对图同构和 WL 测试进行简单的介绍。

定义 4.1 对于两个图 $\mathcal{G}_1 = (\mathcal{V}_1, \mathcal{E}_1)$ 与 $\mathcal{G}_2 = (\mathcal{V}_2, \mathcal{E}_2)$，其同构是指存在一个双射（Bijective）函数 $g: \mathcal{V}_1 \rightarrow \mathcal{V}_2$，满足 $(v_i, v_j) \in \mathcal{E}_1$ 当且仅当 $(g(v_i), g(v_j)) \in \mathcal{E}_2$。

直观来说，图同构是指两个图的内在本质链接关系相同，但节点编号可能存在差异，因此可以用一个节点间的双射函数将两个图相互映射。图 4-2 展示了两个同构的图及其节点编号对应关系，节点颜色代表其对应的映射关系。图同构问题是一个经典的非确定性多项式（Nondeterministic Polynomially，NP）问题。因此，目前严格解决图同构问题的算法的时间复杂度至少为非多项式。

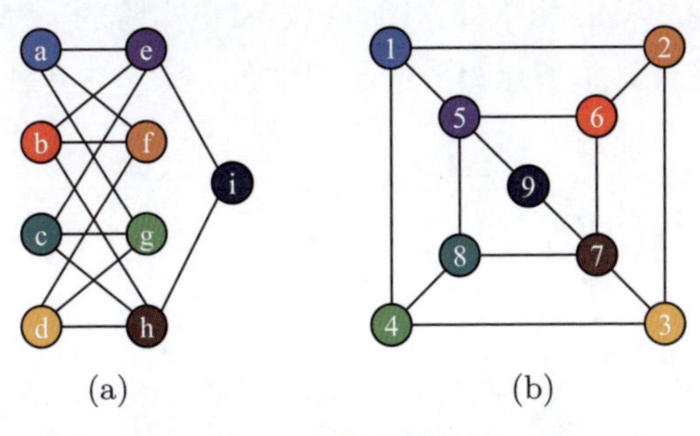

图 4-2 两个同构图

WL 测试[72] 是一类基于节点染色思想的图同构测试算法，并可以解决一部分的图同构问题。WL 测试的核心思想是通过节点邻居信息来不断地更新每个节点的颜色标签，并通过图中节点的颜色标签分布来判断两个图是否同构。具体来说，1-WL 测试的计算过程如下所示。

- 初始化：给图中每个节点赋一个标签，例如节点的特征。若无节点特征，则赋予每个节点一个相同的标签。
- 收集每个节点邻居的标签信息。由于节点可能存在重复的邻居标签，因此每个节点收集到的邻居信息是一个多重集（Multiset），即允许重复元素的集合。
- 将上述每个节点收到的多重集利用哈希函数映射到一个新的标签，作为节点新的颜色标签。
- 在上述计算过程中，统计并比较两个图出现的节点标签及其数量。若标签数量或分布存在不同，则两图不同构。
- 重复上述染色过程（即第 2 ~ 第 4 步），直到节点的标签分布不再发生变化。若计算过程中出现过两图标签不同，则两图不同构；反之，则认为两图同构。

图 4-3 给出了 1-WL 测试的一个例子，在该例中，1-WL 测试判断两图同构，且两图确实同构。但不难发现，满足 WL 测试对于判断两个图同构是必要而不充分的，即若两个图同构，则其 WL 测试结果一定会通过；反之，若两个图不同构，其 WL 测试结果也有可能相同。例如，图 4-4 展示了两个圆环跳跃链接（Circular Skip Link）图。两个图中均包含 13 个节点，图中的边分别包括一个圆环和一组跳跃链接，图 4-4（a）的跳跃链接间隔为 2，图 4-4（b）的跳跃链接间隔为 3。两个图明显不同构，但已知 1-WL 测试无法区分它们。实际上不难看出，由于两个图具备对称性，因此每个图中所有节点的颜色肯定是相同的。另外，由于两个图

中节点的数量和节点的度数都相同，因此两个图的 1-WL 测试会一直相同，导致两个图无法区分。除 1-WL 测试外，还可以定义更高阶的 k-WL 测试，即不只对每个节点染色，而是对 k 个节点组成的子图染色，其具备更强的图同构区分能力，在此不再展开介绍。

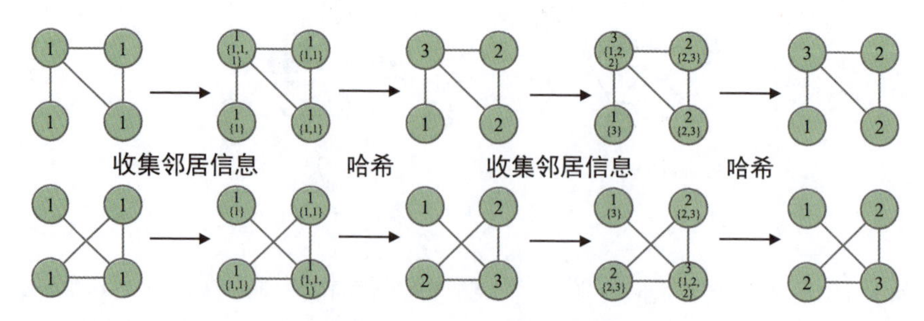

图 4-3 1-WL 测试示意图

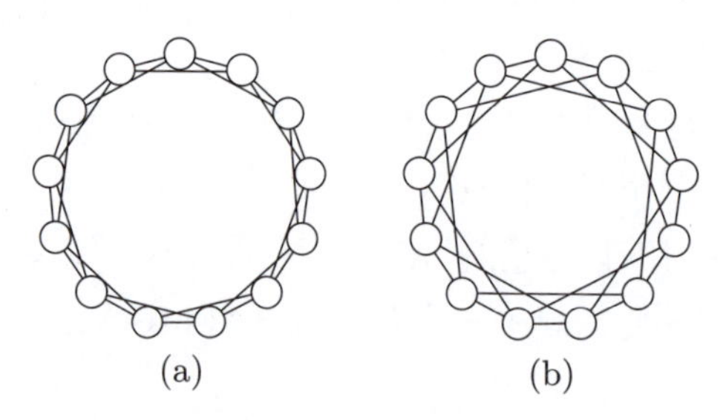

图 4-4 两个不同构的圆环跳跃链接图

那么，WL 测试与图神经网络之前存在什么关系呢？可以看出，虽然优化目标不完全相同，但两者的核心操作是类似的：在 1-WL 测试中，节点通过收集邻居信息来不断地更新自己的颜色标签；在图神经网络的消息传递框架中，每个节点也同样是通过收集邻居信息来更新自己的节点表征的。基于这种相似性，一些研究者研究了消息传递图神经网络与 1-WL 测试的联系 [73,74]：**经典的消息传递图神经网络区分图同构能力的上限是 1-WL 测试，并且当图神经网络的邻居聚合函数是单射（Injective）时，其可达到 1-WL 测试的图同构区分能力**。那么，什么样的邻居聚合函数和图神经网络可以达到这种表达能力呢？

4.2.2 图同构神经网络

基于上述图神经网络表达能力与 1-WL 测试的关系，图同构神经网络（Graph Isomorphism Network，GIN）[73] 提出了一个新的消息传递图神经网络模型，其每个消息传递层定义如下：

$$\boldsymbol{h}_v^{(l)} = \text{MLP}^{(l)}\left((1+\epsilon^{(l)})\boldsymbol{h}_v^{(l-1)} + \sum\nolimits_{u\in\mathcal{N}(v)} \boldsymbol{h}_u^{(l-1)}\right), \tag{4-8}$$

式中，ϵ 表示一个参数，可以预设好或进行端到端的学习。在进行邻居聚合时，GIN 采用了求和函数，并将聚合后的信息通过一个全连接神经网络，得到下一层的节点表征。GIN 文献证明，在一定假设下，上述邻居聚合方式更加符合单射函数的性质，因此 GIN 可以更好地逼近 1-WL 测试的图同构表达能力。

4.2.3　超越 1-WL 测试的图神经网络

在图神经网络与 1-WL 图同构测试的理论联系被建立起来之后，许多研究者开始关注于如何提升图神经网络在图同构测试方面的表达能力 [74,75]。例如，为了对应高阶 WL 测试，k-GNN [74] 提出除了学习每个节点的表征，还需要学习 k 阶子图的表征，并相应地定义了 k 阶子图间的消息传递方式。k-GNN 文献证明，其提出的方法可以与 k-WL 测试表达能力相同。然而，大部分类似方法都面临着效率与表达能力间的权衡取舍：具有更强表达能力的图神经网络的计算复杂度也更高。因此，如何设计高效的超越 1-WL 测试的图神经网络，在很大程度上仍是一个开放问题。

4.3　图神经网络表达能力

除了与图同构测试的 WL 测试对比，图神经网络的表达能力也可以从别的角度分析。接下来，简单地介绍两方面内容：图神经网络的逻辑推理表达能力和图神经网络的通用逼近能力。

4.3.1　图神经网络的逻辑推理表达能力

逻辑推理是离散数学与人工智能的重要分支与研究方向。在文献 [76] 中，作者理论分析了图神经网络与逻辑推理的理论联系。具体来说，作者考虑了一阶谓词逻辑（First-Order Predicate Logic），并将其建模为一个图中的节点分类问题。例如，考虑下面的逻辑表达式：

$$\alpha(x) = \text{Red}(x) \wedge \exists y\left((x,y)\in\mathcal{E} \wedge \text{Blue}(y)\right) \wedge \exists z\left((x,z)\in\mathcal{E} \wedge \text{Green}(z)\right), \tag{4-9}$$

式中，x, y, z 表示图中的节点；颜色表示节点的类别。上述逻辑表达式仅包含一个自由变量 x，即希望找到图中的一个节点，其类别为红色，并且它有两个邻居节点，其类别分别为蓝色和绿色。若图 $\mathcal{G}$ 中存在满足这样条件的节点 v，则该逻辑表达式的取值为真，并记为 $(\mathcal{G}, v) \models \alpha$。特别地，对于逻辑表达式中仅包含两个变量的一阶逻辑，将其记为 FOC_2，其是所有一阶逻辑的一个子类。文献 [76] 首先证明了如下结论：存在 FOC_2，其无法被现有的消息传递图神经网络表达，即现有的图神经网络在逻辑推理上的表达能力低于 FOC_2。随后，文献证明：**现有消息传递图神经网络的表达能力等价于分级模态逻辑**（Graded Modal Logic）。分级模态逻辑是 FOC_2 的一个子类，其要求逻辑表达式中的所有子公式均更加关注在边的信息上。

为了增加消息传递图神经网络在逻辑推理上的表达能力，文献 [76] 提出了一个新的消息传递图神经网络模型，称为 ACR-GNN（Aggregate-Combine-Readout Graph Neural Network）。ACR-GNN 的节点更新公式如下所示：

$$\boldsymbol{h}_v^{(l)} = \mathcal{U}_l\left(\boldsymbol{h}_v^{(l-1)}, \mathcal{M}_l\left(\left\{\boldsymbol{h}_u^{(l-1)} | u \in \mathcal{N}(v)\right\}\right), \mathcal{R}_l\left(\left\{\boldsymbol{h}_u^{(l-1)} | u \in \mathcal{G}\right\}\right)\right), \tag{4-10}$$

式中，$\mathcal{U}_l(\cdot), \mathcal{M}_l(\cdot), \mathcal{R}_l(\cdot)$ 分别表示更新、邻居聚合和池化函数。可以看出，相比于原本的消息传递图神经网络，ACR-GNN 在更新节点表征时使用了一个全局池化，即每个节点在更新自身表征时可以接收到来自图中所有节点的信息。文献 [76] 证明，ACR-GNN 的表达能力与 FOC_2 相同，即超越了现有消息传递图神经网络的分级模态逻辑表达能力。

4.3.2 图神经网络的通用逼近能力

通用逼近性（Universal Approximation）是一个常用的衡量神经网络表达能力的方法。例如，已知包含足够多神经元的全连接神经网络可以以任意精度逼近任意复杂的连续函数 [77,78]。那么，图神经网络在通用逼近性上是否有足够强的表达能力呢？为了回答该问题，需要注意到图数据本身是具有先验信息的，这也常常被称为图神经网络的归纳偏好（Inductive Bias）。图中一个非常重要的先验信息即置换不变性与置换等变性（Permutation Equivariance），其反映了图数据的一种本质对称性，因此对于图神经网络也非常重要。

严格来说，对于图 $\mathcal{G}$，记其节点数为 N，图上的一个置换是从节点编号到节点编号的一个双射 $p : \{1, 2, \cdots, N\} \to \{1, 2, \cdots, N\}$，其将原始图中的信息从旧的节点编号映射到新的节点编号，记在图上进行该置换映射的计算为 $p \star \mathcal{G}$。原始图的邻接矩阵为 $\boldsymbol{A}$，则 $p \star \mathcal{G}$ 对应的邻接矩阵为 $\boldsymbol{PAP}^\top$，$\boldsymbol{P}$ 是置换 p 对应的置换矩阵；原始图的节点特征矩阵为 $\boldsymbol{F}$，则 $p \star \mathcal{G}$ 对应的节点特征矩阵为 $\boldsymbol{PF}$。

下面定义置换不变性与置换等变性。

定义 4.2 对于图 $\mathcal{G}$ 上的一个函数 $f(\cdot)$，若 $f(p \star \mathcal{G}) = f(\mathcal{G})$，则称函数 $f(\cdot)$

满足图上的置换不变性。

定义 4.3　对于图 $\mathcal{G}$ 上的一个函数 $f(\cdot)$，若 $f(p\star\mathcal{G})=p\star f(\mathcal{G})$，则称函数 $f(\cdot)$ 满足图上的置换等变性。

通过简单地分析可以发现，经典消息传递图神经网络学习到的节点表征均满足置换等变性。在学习全图表征时，若节点表征满足置换等变性且图池化函数满足置换不变性，则学习到的全图表征也满足置换不变性。基于图置换不变性与图置换等变性，下面介绍图神经网络通用逼近能力的研究工作。

文献 [79] 计算了所有满足置换等变性的图上线性算子，并提出可以用这些线性算子作为图神经网络每一层的基础单元。具体来说，利用置换等变性算子，一个单层的图神经网络可以被定义如下：

$$f(\mathcal{G})=\sum\nolimits_{s=1}^{S}\mathcal{H}_s\left[\rho(\mathcal{F}_s[\mathcal{G}]+\boldsymbol{B}_s)\right]+\boldsymbol{b},\tag{4-11}$$

式中，$\mathcal{F}_s(\cdot):\mathbb{R}^{N^d}\rightarrow\mathbb{R}^{N^{k_s}}$ 表示满足置换等变性的线性算子；d 表示输入张量的维度，例如对于邻接矩阵，有 $d=2$，对于节点特征矩阵，则有 $d=1$；k_s 表示输出张量的维度；$\mathcal{H}_s(\cdot):\mathbb{R}^{N^{k_s}}\rightarrow\mathbb{R}^{N}$ 表示满足置换不变性的线性算子；$\boldsymbol{B}_s\in\mathbb{R}^{N^{k_s}}$ 和 $\boldsymbol{b}\in\mathbb{R}^{N}$ 表示偏置项；$\rho(\cdot)$ 表示满足局部利普希茨条件（Lipschitz Condition）的线性激活函数，即与满足通用逼近性全连接神经网络的激活函数要求相同；S 为采用的线性算子数量。文献证明，所有满足置换等变性的线性算子的数量与张量维度相关，$\mathcal{F}_s(\cdot):\mathbb{R}^{N^d}\rightarrow\mathbb{R}^{N^{k_s}}$ 可能的算子数量为 $b(d+k_s)$，$b(\cdot)$ 是倍尔数（Bell Number）。例如，当使用邻接矩阵作为输入，节点向量表征作为输出，即 $d=2$ 且 $k_s=1$ 时，则有 $b(3)=5$；若节点表征为与邻接矩阵维度相同的张量，即 $k_s=2$，则有 $b(4)=15$，以此类推。当固定输入的维度与输出的维度时，可以计算出所有可能的线性算子，并用它们来构建式 (4-11) 中的图神经网络。

那么，这样基于图线性算子并堆叠多层构造出的图神经网络表达能力如何呢？文献 [79, 80] 证明：**若基于式 (4-11) 的图神经网络中间层包括足够高阶的张量，则图神经网络可以满足通用逼近性**。然而，不难发现，在这种情况下，由于图神经网络中间层的维度可能很高，因此其计算的效率会受到极大的影响，并且其不再满足经典的消息传递框架。

文献 [81] 提出了另一个对图神经网络通用逼近性的分析思路。其通过对比图神经网络与分布式计算（Distributed Computing）中的算法，得到了图神经网络在节点级任务上满足通用逼近性的一组必要条件。严格来说，文献 [81] 证明，消息传递图神经网络在一个连通图上可以计算任意图灵机可计算（Turing Computable）函数，若以下四个条件成立：每个节点可以被唯一识别（即存在一个函数，其可根据节点特征或其他数据中的信息，区分图中所有的节点）；图神经网络每一层的消息聚合和更新函数是图灵完备的；图神经网络的层数不少于图的直径；图神经网络的宽度（即图神经网络中节点表征的维度）足够大。与上述利用高阶张量的方法相比，文献 [81] 中的通用逼近性结论依然基于图神经网络的消息传递框架，但额外要求了每个节点必须可被唯一识别，且图神经网络需要足够宽与足够深。有读者可能会疑惑：为什么上述分析中的图神经网络看似没有什么特殊之处，却能有如此强大的表达能力呢？其中一个关键因素在于节点是否可被唯一识别。当每个节点可被唯一识别时，图神经网络的消息传递机制可以更有效地传递信息。然而，对于现实中的图，其经常无法保证节点可被唯一识别，例如在图同构的 WL 测试中，通常假设所有节点均无任何节点特征。在这种情况下，图神经网络的通用逼近性则无法保证。此外，利用节点编号等方式人工设置特征作为节点唯一识别往往是不可行的，因为其无法满足图的置换等变性。

4.4 过平滑与深层图神经网络

上文提到，图神经网络的层数可能对图神经网络的理论表达能力产生重要的影响。此外，在其他深度学习模型中，神经网络的层数往往也相当可观。例如，在计算机视觉任务中，早期的卷积神经网络模型——AlexNet [82] 在 ImageNet 数据集上取得了 16.4% 的 Top-5 误差率，后来的 ResNet [83] 则将该指标继续降低至 3.57%，而卷积神经网络的层数也从 AlexNet 的 8 层增加到 ResNet 的 152 层。受到卷积神经网络等启发，人们同样希望图神经网络通过堆叠更多层来增强表达能力，并使表征获得更丰富的邻居信息。然而，许多研究 [44,84] 发现，经典图神经网络模型并不能像其他深度学习模型一样，通过增加模型层数而提升效果。反之，如果使用深层的图神经网络，模型效果在相应任务上会急剧地下降。例如在文献 [84] 中，作者在一个论文引用图数据集 Cora 上进行了实验，发现当图卷积神经网络的层数逐渐增加时，模型的效果先增加，然后降低：当只有一层图卷积时，模型并不能有效地区分不同类别的节点；当图卷积达到两层时，节点的表征已经有了一定的区分能力；当图卷积达到三层时，节点已经能够区分得很容易了，因此在这样的情况下，节点分类取得了最优的效果；但当图卷积的层数继续增加时，模型的效果会显著地下降。对于这个问题，一些研究者认为其中的主要问题是过平滑，即当图卷积的层数过多时，由于每个节点的表征均聚合了过多的邻居信息，不同节点的表征会变得十分相似，因此不同类别的节点也混在了一起，导致模型的区分度不够。除过平滑外，研究者也对图神经网络无法有效地增加层数问题提出了新的解读，例如文献 [85,86]。

本节将仅关注于过平滑问题和其对应的解决方式。

4.4.1 过平滑问题

对于图神经网络的过平滑问题，在文献 [44] 中，作者从空域的角度给出了一个直观的解释。作者认为，因为图神经网络本质上是在进行节点间的消息传递，即把邻居的信息聚合起来，那么对于任何一个节点来说，其能够聚合的邻居节点的最高阶数为该节点的聚合信息半径。随着图神经网络层数的增加，节点的聚合信息半径也逐渐增加。如果图神经网络的层数过多，那么节点的聚合信息半径就过大，导致每个节点所聚合的信息可以覆盖整个图，这样就使得原本可以在局部具有区分性的节点特征融合了过多的全局信息，从而对于自身局部信息的表征学习能力变差，导致出现过平滑问题。

后续研究，例如文献 [87]，从理论上更详细地分析了为什么当图神经网络的层数变多时会出现过平滑的问题。为了方便介绍，以图卷积神经网络为例，并暂时忽略其中的非线性激活层，但该结论可以进一步推广到 ReLU 非线性激活函数。回忆拥有 K 层线性图卷积的图神经网络，其可以写为

$$\boldsymbol{H}^{(K)} = (\tilde{\boldsymbol{D}}^{-\frac{1}{2}}\tilde{\boldsymbol{A}}\tilde{\boldsymbol{D}}^{-\frac{1}{2}})^K\boldsymbol{F}\boldsymbol{W}, \tag{4-12}$$

式中，$\boldsymbol{W}$ 表示可学习的参数；$\boldsymbol{F}$ 表示节点的特征矩阵。上面公式所表示的图卷积过程可以视作将操作 $(\tilde{\boldsymbol{D}}^{-\frac{1}{2}}\tilde{\boldsymbol{A}}\tilde{\boldsymbol{D}}^{-\frac{1}{2}})^K$ 应用到 $\boldsymbol{F}\boldsymbol{W}$ 每一列。因此，下面考虑单通道图特征上的过平滑现象。对于任何输入特征 $\boldsymbol{f} \in \mathbb{R}^N$，有下面的结论：

$$\lim_{K\to\infty}(\tilde{\boldsymbol{D}}^{-\frac{1}{2}}\tilde{\boldsymbol{A}}\tilde{\boldsymbol{D}}^{-\frac{1}{2}})^K\boldsymbol{f} = \theta_1\boldsymbol{q}_1, \tag{4-13}$$

式中，θ_1 表示一个常数；$\boldsymbol{q}_1$ 是 $\tilde{\boldsymbol{D}}^{-\frac{1}{2}}\tilde{\boldsymbol{A}}\tilde{\boldsymbol{D}}^{-\frac{1}{2}}$ 最大特征值对应的特征向量，且有 $\boldsymbol{q}_1 = \tilde{\boldsymbol{D}}^{\frac{1}{2}}\boldsymbol{1}$，即其仅包含节点的度数信息。下面对上面的结论给出简单的证明，令 $\tilde{\boldsymbol{L}}_{\text{sym}} = \boldsymbol{I} - \tilde{\boldsymbol{D}}^{-\frac{1}{2}}\tilde{\boldsymbol{A}}\tilde{\boldsymbol{D}}^{-\frac{1}{2}}$ 表示与 $\tilde{\boldsymbol{A}}$ 对应的对称归一化拉普拉斯矩阵。由拉普拉斯矩阵的性质，$\tilde{\boldsymbol{L}}_{\text{sym}}$ 的特征值为 $0 = \lambda_1 \leqslant \lambda_2 \leqslant \cdots \leqslant \lambda_N \leqslant 2$，并记其对应的特征向量为 $\boldsymbol{q}_1, \cdots, \boldsymbol{q}_N$。$\tilde{\boldsymbol{L}}_{\text{sym}}$ 的特征值分解可以表示为 $\tilde{\boldsymbol{L}}_{\text{sym}} = \boldsymbol{Q}\boldsymbol{\Lambda}\boldsymbol{Q}^\top$，其中 $\boldsymbol{Q} = [\boldsymbol{q}_1, \cdots, \boldsymbol{q}_N]$ 表示由所有特征向量构成的矩阵，而 $\boldsymbol{\Lambda} = \text{diag}([\lambda_1, \cdots, \lambda_N])$ 是由特征值构成的对角矩阵。利用特征值分解，可以计算出

$$\begin{aligned}\tilde{\boldsymbol{D}}^{-\frac{1}{2}}\tilde{\boldsymbol{A}}\tilde{\boldsymbol{D}}^{-\frac{1}{2}} &= \boldsymbol{I} - \tilde{\boldsymbol{L}}_{\text{sym}} \\ &= \boldsymbol{Q}\boldsymbol{Q}^\top - \boldsymbol{Q}\boldsymbol{\Lambda}\boldsymbol{Q}^\top \\ &= \boldsymbol{Q}(\boldsymbol{I} - \boldsymbol{\Lambda})\boldsymbol{Q}^\top.\end{aligned} \tag{4-14}$$

该式是归一化邻接矩阵的特征值分解。所以，$\tilde{\boldsymbol{D}}^{-\frac{1}{2}}\tilde{\boldsymbol{A}}\tilde{\boldsymbol{D}}^{-\frac{1}{2}}$ 的特征值为 $\tilde{\lambda}_i = 1-\lambda_i$，且有 $1 = \tilde{\lambda}_1 \geqslant \tilde{\lambda}_2 \geqslant \cdots \geqslant \tilde{\lambda}_N \geqslant -1$，其对应的特征向量仍为 $[\boldsymbol{q}_1, \cdots, \boldsymbol{q}_N]$。然后有：

$$
\begin{aligned}
(\tilde{\boldsymbol{D}}^{-\frac{1}{2}}\tilde{\boldsymbol{A}}\tilde{\boldsymbol{D}}^{-\frac{1}{2}})^K &= (\boldsymbol{Q}(\boldsymbol{I}-\boldsymbol{\Lambda})\boldsymbol{Q}^\top)^K \\
&= \boldsymbol{Q}(\boldsymbol{I}-\boldsymbol{\Lambda})^K\boldsymbol{Q}^\top.
\end{aligned} \tag{4-15}
$$

归一化邻接矩阵 K 次方的特征值范围为 $[-1,1]$，并且当且仅当图是二部图时，特征值包含 -1。当图不是二部图时，特征值范围为 $(-1,1]$。此外，当图是连通图时，$\lambda_2 > 0$，所以有 $\tilde{\lambda}_2 < 1$。综上，对于连通的非二部图，有 $1 = \tilde{\lambda}_1 > \tilde{\lambda}_2 \geqslant \cdots \geqslant \tilde{\lambda}_N > -1$。因此有：

$$
\begin{aligned}
\lim_{K\to\infty}(\tilde{\boldsymbol{D}}^{-\frac{1}{2}}\tilde{\boldsymbol{A}}\tilde{\boldsymbol{D}}^{-\frac{1}{2}})^K\boldsymbol{f} &= \lim_{K\to\infty}\boldsymbol{Q}(\boldsymbol{I}-\boldsymbol{\Lambda})^K\boldsymbol{Q}^\top\boldsymbol{f} \\
&= \lim_{K\to\infty}\boldsymbol{Q}\mathrm{diag}([\tilde{\lambda}_1^K, \tilde{\lambda}_2^K, \cdots, \tilde{\lambda}_N^K])\boldsymbol{Q}^\top\boldsymbol{f} \\
&= \boldsymbol{Q}\mathrm{diag}([1,0,\cdots,0])\boldsymbol{Q}^\top\boldsymbol{f} \\
&= \boldsymbol{q}_1\left(\boldsymbol{q}_1^\top\boldsymbol{f}\right) \\
&= \theta_1\boldsymbol{q}_1.
\end{aligned} \tag{4-16}
$$

此外不难验证，$\tilde{\boldsymbol{D}}^{-\frac{1}{2}}\tilde{\boldsymbol{A}}\tilde{\boldsymbol{D}}^{-\frac{1}{2}}\tilde{\boldsymbol{D}}^{\frac{1}{2}}\boldsymbol{1} = \tilde{\boldsymbol{D}}^{\frac{1}{2}}\boldsymbol{1}$，即 $\tilde{\boldsymbol{D}}^{\frac{1}{2}}\boldsymbol{1}$ 为特征值 1 对应的特征向量。

上述结论说明，对于线性图卷积神经网络，当层数加深时，其会不可避免地收敛到仅包含度数信息的表征，因此缺乏足够的表征能力，从而导致过平滑。

4.4.2 解决过平滑的方式

不少研究者提出了许多方案以解决图神经网络的过平滑问题。下面介绍三个代表性的方法——DeepGCN [88]、DropEdge [89] 和 PairNorm [90]。

通过借鉴计算机视觉中卷积神经网络增加模型深度的方法，DeepGCN 提出可以在图卷积神经网络上增加残差连接和稠密连接，以处理图神经网络层数变深时存在的问题。对于每一个图神经网络层，残差连接即将该层节点输入的表征加到输出表征上，与经过消息传递的表征合并，共同作为下一层的输入，这样能使堆叠的多层图神经网络把低层的信息更容易地传播到高层。相应地，在优化过程的反向传播过程中，图神经网络也可以通过残差连接更有效地把梯度传播到低层，从而缓解梯度消失问题。具体来说，假设第 l 层的节点表征为 $\boldsymbol{H}^{(l)}$，经过相应的

残差连接之后，这一层的输出便是

$$\boldsymbol{H}^{(l+1)} = \boldsymbol{H}^{(l)} + \boldsymbol{Z}^{(l+1)}, \tag{4-17}$$

式中，$\boldsymbol{Z}^{(l+1)}$ 表示经过消息传递之后的节点表征。通过残差连接，图神经网络的层数可以得到一定程度的加深。在文献 [91] 中，作者进一步提出，图结构中距离较近的节点应该对当前节点具有更强的消息传递能力，所以修改了残差连接，给前一层的表征赋予更大的权重。

除了残差连接，DeepGCN 提出借助卷积神经网络上的稠密连接方式来缓解过平滑问题。与残差连接不同，稠密连接会考虑之前所有层的表征，以更好地在深层进行消息传递并利用每一层的节点表征信息，与 3.3.3 节介绍的 JK-Net 有异曲同工之处。

DropEdge 则是另一个缓解图神经网络过平滑的方法。与 DeepGCN 设计新的图神经网络架构不同，DropEdge 仿照 Dropout 的思想，通过在训练图神经网络的过程中加入随机性，即随机地忽略一些图上的边，然后在修改之后的图结构上进行消息传递。对于每一层的消息传递，修改的边可以是不同的。由于每次训练过程均有一些边被忽略，导致节点收到邻居信息和更新表征的速度就相应地降低，从而在同样层数的情况下缓解表征的过平滑问题。

PairNorm 则提出借鉴类似于 BatchNorm 的方法以处理图神经网络过平滑的问题。具体来说，PairNorm 提出对于节点最终输出的表征做相应的正则化处理，以避免不同节点的表征过度相似。具体来说，PairNorm 分成两步。首先，执行归一化操作。记归一化前节点 v_i 的表征为 $\boldsymbol{h}_i$，则归一化由下面的公式计算：

$$\tilde{\boldsymbol{h}}_i^c = \tilde{\boldsymbol{h}}_i - \frac{1}{n}\sum_{i=1}^{n}\tilde{\boldsymbol{h}}_i. \tag{4-18}$$

归一化保证所有节点的表征均值为 0。第二步则计算重尺度化：

$$\boldsymbol{h}_i = s\frac{\tilde{\boldsymbol{h}}_i^c}{\sqrt{\frac{1}{n}\sum_{i=1}^{n}\left\|\tilde{\boldsymbol{h}}_i^c\right\|_2^2}} = s\sqrt{n}\frac{\tilde{\boldsymbol{h}}_i^c}{\left\|\tilde{\boldsymbol{H}}^c\right\|_{\mathrm{F}}}, \tag{4-19}$$

式中，s 表示一个由超参数设置的归一化因子；$\|\cdot\|_{\mathrm{F}}$ 表示矩阵的 Frobenius 范数。重尺度化使得表征的方差为一个定值。通过上述两个操作，可以保证每次输出的整体节点表征之间的平均距离不变，从而防止随层数增多，节点的表征变得趋同，即缓解过平滑问题。

4.5 本章小结

本章介绍了图表征学习的理论分析，包括图信号处理、图同构测试、图神经网络表达能力，以及过平滑与深层图神经网络四个方面。理论分析对于理解图表征学习的内在机理起着重要作用，并可以启发图表征学习的后续研究。图表征学习的理论分析仍是一个快速发展的领域，感兴趣的读者可以搜索相关文献更深入地学习。

第2篇 动态开放环境中的图表征学习

如第 1 章所述，许多图数据和其应用场景处于动态开放环境中，因此对图表征学习提出了新的挑战。本篇在经典图表征学习的基础上，介绍更进阶的图表征学习方法，其针对动态开放环境中的不同挑战采用了专门的设计与改进。本篇将介绍以下内容：

- 第 5 章介绍鲁棒图表征学习，以降低噪声和对抗攻击的影响。
- 第 6 章介绍解耦图表征学习，以有效捕捉图数据背后的复杂潜在因子。
- 第 7 章介绍动态图表征学习，以学习随时间动态变化的图数据表征。
- 第 8 章介绍无监督图神经网络和自监督图神经网络，以减少对标签信息的依赖。
- 第 9 章介绍图神经网络的可解释性，以增加对图神经网络决策过程的理解和信任程度。
- 第 10 章介绍自动图表征学习，以增加图表征学习对不同环境的自适应能力。
- 第 11 章介绍元学习与图神经网络，以有效地解决图样本量不足的问题。
- 第 12 章介绍分布外泛化图表征学习，以处理开放环境中训练数据和测试数据非同分布的情况。

第 5 章
CHAPTER 5

鲁棒图表征学习

本章将介绍图表征学习的鲁棒性相关内容。首先，介绍图数据上的对抗样本；然后，介绍图对抗攻击的分类；最后，介绍图神经网络模型上的攻击与防御方法。

5.1 图数据上的对抗样本

如前文所述，图神经网络等图表征学习方法已经成为许多深度学习应用的核心组件，并被应用于药物设计、物理系统模拟等科学应用，以及社交网络虚假新闻检测、自动驾驶决策任务等工业应用中。然而，图表征学习的广泛应用也带来了人们对模型可靠性的迫切需求。在高风险、安全性强相关的领域，无论是科学角度的错误结果还是对人们生活的巨大威胁，错误的预测可能会导致严重的后果。因此，一系列问题自然产生了。经典图神经网络的预测可以被完全相信吗？当图数据存在噪声甚至被恶意操纵时会发生什么？

事实上，在自然语言处理和计算机视觉等研究中，对机器学习模型在数据上存在扰动时的脆弱性（vulnerablity）已经有了比较广泛的研究，即对输入数据的微小变化可能会导致模型产生错误的预测。人类往往无法区分这些被扰动的数据样本，称为对抗样本（Adversarial Examples）[92]。最著名的一个例子是图像分类。在对抗样本的攻击下，尽管神经网络的输入只有非常细微的变化，尤其对人类来说看上去完全相同的两张图像，但是它们会被神经网络归类为完全不同的类，即模型结果会发生显著变化。这些例子说明机器学习模型在存在对抗样本的情况下可能有显著缺陷。

有研究表明，图神经网络同样不可避免地会受到对抗样本的影响[93,94]。研究者发现，攻击者可以通过改变图结构或者节点特征来影响图神经网络在下游任务的性能。如图 5-1 所示，图神经网络的目标是预测节点的类别（颜色），攻击者试图通过操纵图中的边以及节点上的特征来攻击目标节点，使得图神经网络对节点产生错误的预测结果。在这个例子中，节点 8 最初被图神经网络模型正确地分类为紫色节点，然而，当攻击者在节点 8 与节点 3 间加上新的边，并修改节点 8 的特征后，图神经网络模型会将其误分类为绿色节点。图神经网络在对抗攻击下的这种脆弱性引起了人们将它应用于金融系统和风险管理等安全相关任务的极大担忧。例如，攻击者通过构建社交网络中少数虚假的好友关系，有可能使得基于图神经网络的推荐系统给出错误的推荐；在信用预测模型中，模型倾向于假设与高信用用户相连的用户也具有高信用，攻击者通过与少数高信用用户建立虚假链接，很容易就能欺骗信用预测模型并导致产生信用风险。因此，研究图神经网络在存在对抗样本下的鲁棒性便显得至关重要。

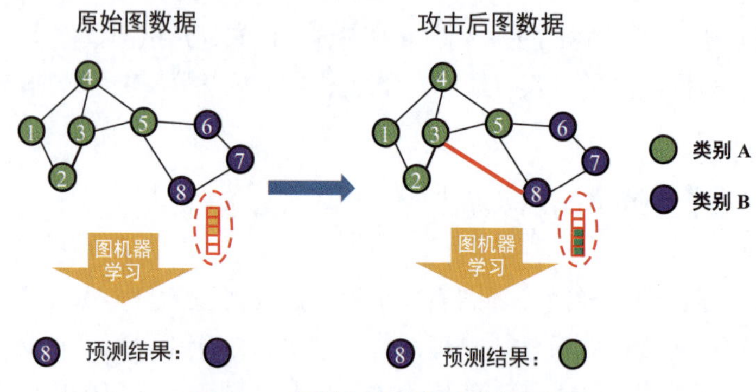

图 5-1　图数据上对抗攻击的例子

一般地，图上针对节点任务进行对抗攻击的目标可以归纳到下列通用的优化形式下，即攻击者通过最小化攻击损失函数来误导目标模型做出错误的决策[95]。

定义 5.1　给定一个图 $\mathcal{G}=(\boldsymbol{A},\boldsymbol{X})$ 和一个节点子集 $\mathcal{V}_t\subseteq\mathcal{V}$，用 y_u 表示节点 u 的标签。攻击者的目标是通过最小化以下的攻击优化目标函数 $\mathcal{L}_{\text{atk}}$，来寻找并生成一个扰动后的图 $\hat{\mathcal{G}}=(\hat{\boldsymbol{A}},\hat{\boldsymbol{X}})$：

$$\begin{aligned}\min_{\hat{\mathcal{G}}}\mathcal{L}_{\text{atk}}(\hat{\mathcal{G}}) &= \sum_{u\in\mathcal{V}_t}\ell_{\text{atk}}\left(f_{\theta^*}(\hat{\mathcal{G}})_u,y_u\right)\\ \text{s.t.}\quad \theta^* &= \arg\min_{\theta}\mathcal{L}_{\text{train}}\left(f_\theta\left(\mathcal{G}'\right)\right),\end{aligned}\tag{5-1}$$

式中，ℓ_{atk} 表示用于攻击的损失函数，例如图神经网络优化的损失函数取负号 $\ell_{\text{atk}}=-\ell_{\text{GNN}}$；$\mathcal{G}'$ 表示 $\mathcal{G}$ 或者 $\hat{\mathcal{G}}$。

此外，为保证人类不会察觉到攻击，可限制图 $\hat{\mathcal{G}}$ 的可能范围。例如，一个常用的限制是

$$\|\hat{\boldsymbol{A}}-\boldsymbol{A}\|_0+\|\hat{\boldsymbol{X}}-\boldsymbol{X}\|_0\leqslant\Delta,\tag{5-2}$$

即限制攻击者只能够修改有限数量的边或节点特征。

5.2 图对抗攻击的分类

由于图结构的特殊性，图像等领域里生成对抗样本的方法往往无法直接在图数据上生成高质量的对抗样本。例如，由于图数据的离散性，很多基于连续数值的梯度方法会失效。图数据上的对抗攻击拥有多种分类，整理如下。

1. 对抗样本的类别

根据攻击者修改的图数据，图上的对抗样本生成可以分为以下几类。

- **修改边的攻击**：攻击者通过加入或删除图上的边来改变现有节点之间的链接关系，从而实现攻击。这类通过边进行对抗样本的攻击也常被称为结构攻击（Structure Attack）。
- **修改点的攻击**：攻击者通过加入或删除图上的节点，并将它们和图上原有的节点连接或隔断，从而改变图的原有拓扑结构完成攻击。
- **修改特征的攻击**：攻击者在保持图的拓扑结构不变的情况下，通过改变节点上的特征来完成攻击。这一类通过节点特征进行对抗样本的攻击也常被称为特征攻击（Feature Attack）。

攻击者在生成对抗样本的同时，需要保持对抗样本在人类眼中的不可察觉性，否则对抗样本会被相对容易地检测出来。图 5-2 展示了一些不同对抗攻击的示意图。

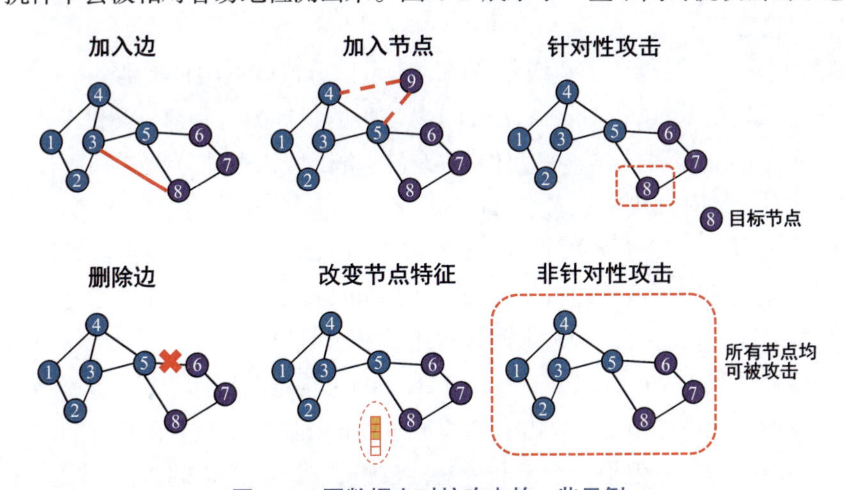

图 5-2　图数据上对抗攻击的一些示例

2. 攻击发生的阶段

图对抗攻击可以发生在两个阶段，即模型的测试阶段和模型的训练阶段。

- **逃逸攻击（Evasion Attack）**：攻击发生在图神经网络模型训练完之后的测试阶段。模型相对攻击者而言是固定的，攻击者无法修改模型中的参数或者模型的结构。对于逃逸攻击，式 (5-1) 中的 $\mathcal{G}' = \mathcal{G}$。
- **中毒攻击（Poisoning Attack）**：攻击发生在图神经网络模型的训练阶段之前。攻击者可以对模型的训练数据"下毒"，使得在中毒的数据上训练出来的模型产生错误。对于中毒攻击，式 (5-1) 中的 $\mathcal{G}' = \hat{\mathcal{G}}$。

图 5-3 举例展示了逃逸攻击和中毒攻击的差别。

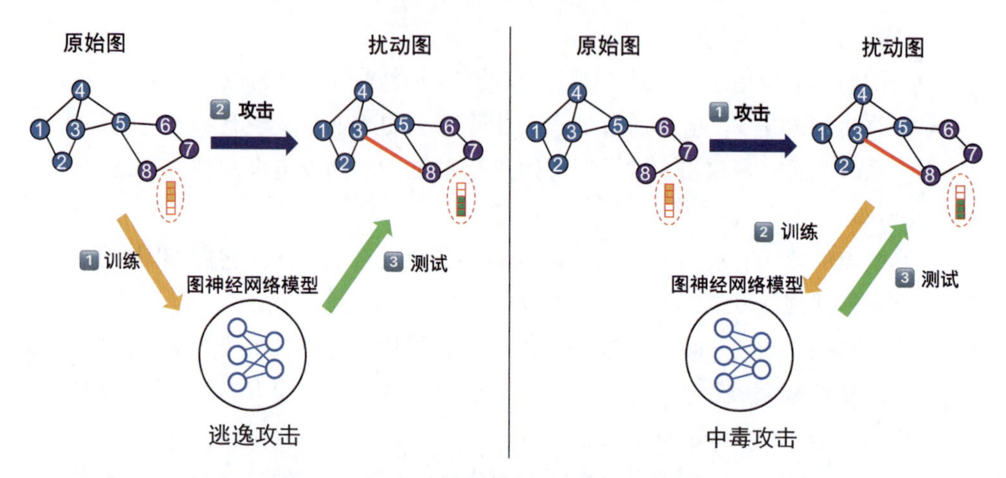

图 5-3 图结构数据上的逃逸攻击和中毒攻击

3. 攻击者的目标

根据攻击者的目标，节点级任务的攻击可以分成以下两种类别。

- **针对性攻击（Targeted Attack）**：攻击的目标为一小部分测试节点，即攻击者试图通过对抗样本来使得图神经网络模型错误地分类这些目标测试节点。对于针对性攻击，式 (5-1) 中的 $\mathcal{V}_t \subset \mathcal{V}_{\text{test}}$ 且往往有 $|\mathcal{V}_t| \ll |\mathcal{V}_{\text{test}}|$。针对性攻击可进一步分为两种：直接攻击（Direct Attack），攻击者直接改变目标节点上的特征或者边；间接攻击（Influence Attack），攻击者通过攻击非目标节点上的特征或者边来间接攻击目标节点。
- **非针对性攻击（Non-targeted Attack）**：攻击的目标为扰乱整个模型，即所有测试集中的节点。攻击者期望通过攻击，使目标模型在所有测试集数据上有较差的预测效果。对于非针对性攻击，式 (5-1) 中的 $\mathcal{V}_t = \mathcal{V}_{\text{test}}$。

上述分类主要关注节点级的任务。对于图级的攻击，例如图分类，同样存在针对性攻击和非针对性攻击。不同的是，针对性攻击旨在使模型为某些给定的图样本预测特定的标签，而非针对性攻击只希望模型的预测结果不正确。

4. 攻击者的知识

当生成对抗样本时，攻击者可以获取不同关于目标模型的信息。根据攻击者所需知识的多少，通常可以分为以下三种情况。

- **白盒攻击（White-Box Attack）**：攻击者可以获得模型所有的信息，包括模型参数、训练数据（例如邻接矩阵和节点特征矩阵等），以及数据标签等。
- **灰盒攻击（Gray-Box Attack）**：攻击者对目标模型只拥有有限的信息，例如攻击者无法访问模型的参数，但是可以访问数据标签，这样攻击者可以利用训练数据来训练一个代理模型（Surrogate Model），从而估计来自目标模型的信息。
- **黑盒攻击（Black-Box Attack）**：攻击者没有权限访问包括模型的参数或数据标签在内的任何信息，而只可以访问邻接矩阵和特征矩阵在内的训练输入，并根据这些信息来黑盒查询输出的预测结果或标签。

表 5-1 总结了三种攻击情况下的信息可访问程度。

表 5-1 三种攻击情况下的信息可访问程度

设置	模型参数	预测结果	训练标签	训练输入
白盒攻击	✓	✓	✓	✓
灰盒攻击		✓	✓	✓
黑盒攻击				✓

5.3 图神经网络模型上的攻击与防御方法

接下来具体介绍两种具有代表性的方法，分别从攻击和防御两个角度，介绍图神经网络如何生成对抗样本，以及在对抗样本存在的情况下如何使得图神经网络模型更加鲁棒。更多的方法可以参阅相关的综述，例如文献 [93]。

5.3.1 图神经网络模型攻击方法

作为图数据上最早研究对抗攻击的方法之一，Nettack [93] 提出通过优化式 (5-1) 中的目标函数来生成包括结构攻击和特征攻击两部分的对抗样本。为了减少优化过程的计算复杂度，Nettack 利用一个线性的图卷积神经网络作为代理模型进行攻击，并且从实验上证明了虽然只使用了一种代理模型，但生成的对抗样本具有一定的可迁移性，即对抗样本能够同样有效地攻击其他的图神经网络模型。此外，仅仅通过式 (5-2) 的约束，即限制对边或者特征更改的次数，不足以保证对抗样本的不可察觉性。因此，Nettack 提出加入对抗样本之后的图应该保留重要的图属性，包括结构上的节点度数分布和特征上的共现性（Co-occurrence）关系。利用上述保持图属性的约束以限制对抗样本的生成过程，Nettack 首先选择满足上述两个约束的一系列潜在对抗攻击候选样本，然后采用贪心算法选择得分值最大的候选样本来修改图，每个样本的得分计算如下：

$$\text{score} = \max_{i \neq y} \ln\left(Z_{u,i}\left(\mathcal{G}'\right)\right) - \ln\left(Z_{u,y}\left(\mathcal{G}'\right)\right), \tag{5-3}$$

式中，$Z_{u,i}$ 表示代理模型预测节点 u 被分类为类别 i 的概率。得分的含义为，攻击者希望优化以提升目标节点 u 在代理模型上被分类错误的概率，即对抗样本的加入会使得目标节点 u 变得更加难以分类。Nettack 通过重复计算上述损失函数并选择对抗样本，直到达到预先设定的扰动次数，即生成了最后的对抗样本及被对抗样本修改后的图。Nettack 实验分析了间接攻击设定下的模型表现，即在实验中限制攻击者只能操纵修改目标节点之外的节点。实验结果表明，在相同的攻击扰动次数预算下，直接攻击模型会比间接攻击模型更为有效。

5.3.2 鲁棒图神经网络模型

另一个同等重要或者说更加重要的问题是，如何在存在对抗样本的情况下提升图神经网络的鲁棒性。由于特征攻击与其他领域的对抗攻击更具相似性，因此这方面的鲁棒性研究更加成熟。相比之下，结构攻击往往更难处理，因为结构攻击与图自身特有的复杂拓扑结构相关联，导致现有的鲁棒性策略很难检测并防御这些攻击。一种思路是先在图结构数据中剔除对抗样本，再把处理后的图结构数据输入图神经网络中训练，即通过数据预处理抵抗对抗攻击。另一种思路则直接通过模型设计提升鲁棒性。后者的一个代表性方法是鲁棒图卷积神经网络（RobustGCN）[96]，其是专为图神经网络及图数据上对抗样本设计的一个鲁棒模型。RobustGCN 的架构如图 5-4 所示。下面详细地介绍 RobustGCN。

具体而言，RobustGCN 采用基于注意力机制的对抗攻击防御方法，旨在通过注意力机制来自适应地区分对抗样本边和有效的边，然后降低图神经网络模型在结构对抗样本边上的权重，以训练更加鲁棒的图神经网络。与普通图神经网络中将节点表征为向量不同，RobustGCN 将节点 v_i 在第 l 个隐层的表征建模为一个高斯分布

$$\boldsymbol{h}_i^{(l)} \sim \mathcal{N}\left(\boldsymbol{\mu}_i^{(l)}, \operatorname{diag}\left(\boldsymbol{\sigma}_i^{(l)}\right)\right), \tag{5-4}$$

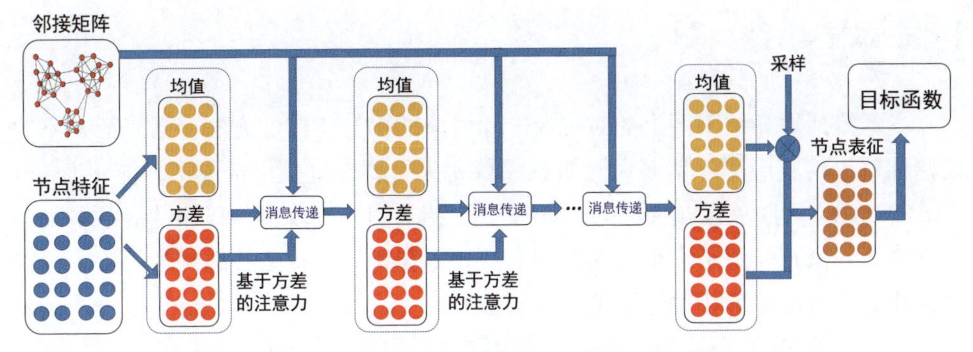

图 5-4　鲁棒图卷积神经网络框架示意图 [96]

式中，$\boldsymbol{\mu}_i^{(l)}$ 表示均值向量；$\boldsymbol{\sigma}_i^{(l)}$ 表示方差向量①，即方差矩阵的对角线元素。利用高斯分布，方差项 $\boldsymbol{\sigma}_i^{(l)}$ 可以吸收节点的不确定性，即方差越大代表该节点表征越可能已经被对抗样本影响，并减少对抗样本对均值的影响。同时，为了防止对抗样本在图上的扩散，应当减少被攻击节点对于其他节点的影响，即较大的方差在消息传递时应当被赋予较低的重要程度。因此，RobustGCN 在更新节点表征时采用基于方差的注意力机制，以降低较高方差节点的影响：

$$\begin{aligned}\boldsymbol{\alpha}_i^{(l)} &= \exp\left(-\gamma\boldsymbol{\sigma}_i^{(l)}\right),\\ \boldsymbol{h}_i^{(l+1)} &= \sum_{j\in\mathcal{N}(i)}\frac{1}{\sqrt{\tilde{D}_{i,i}\tilde{D}_{j,j}}}\left(\boldsymbol{h}_j^{(l)}\odot\boldsymbol{\alpha}_j^{(l)}\right)\boldsymbol{W}^{(l)},\end{aligned}\tag{5-5}$$

式中，$\boldsymbol{\alpha}_i^{(l)}$ 表示节点 i 上被赋予的注意力得分；γ 表示一个可调节的超参数；$\boldsymbol{W}^{(l)}$ 表示可学习参数。由于此时节点的隐层是一个高斯分布，所以 RobustGCN 分别对均值矩阵和方差矩阵计算如下：

$$\begin{aligned}\boldsymbol{\mu}_i^{(l+1)} &= \sum_{j\in\mathcal{N}(i)}\frac{1}{\sqrt{\tilde{D}_{i,i}\tilde{D}_{j,j}}}\left(\boldsymbol{\mu}_j^{(l)}\odot\boldsymbol{\alpha}_j^{(l)}\right)\boldsymbol{W}_\mu^{(l)},\\ \boldsymbol{\sigma}_i^{(l+1)} &= \sum_{j\in\mathcal{N}(i)}\frac{1}{\tilde{D}_{i,i}\tilde{D}_{j,j}}\left(\boldsymbol{\sigma}_j^{(l)}\odot\boldsymbol{\alpha}_j^{(l)}\odot\boldsymbol{\alpha}_j^{(l)}\right)\boldsymbol{W}_\sigma^{(l)}.\end{aligned}\tag{5-6}$$

若假设节点邻居的高斯分布均为独立随机变量，则上述均值矩阵和方差矩阵的更新公式在概率意义上严格成立。此外，通过实验，RobustGCN 进一步验证了在对抗样本攻击下，受攻击的节点确实比正常的节点具有更大的方差，并且 RobustGCN 提出的注意力机制能够降低对抗样本对图神经网络模型带来的负面影响，从而有效地提高图神经网络的鲁棒性。

① 为了简化符号，直接用 $\boldsymbol{\sigma}_i^{(l)}$ 表示方差而非标准差。

5.4 本章小结

本章概括地介绍了图上的对抗攻击和对应的提升鲁棒性方法。图表征学习的鲁棒性对于将其应用于诸多风险敏感领域尤为重要，也是可信人工智能（Trustworthy AI）不可或缺的组成部分。本章仅介绍了图对抗攻击与鲁棒性的基本概念与分类，并分别介绍了一个具体的图对抗攻击与鲁棒性算法。感兴趣的读者可以搜索相关文献或参考相关综述更深入地学习。

第 6 章
CHAPTER 6

解耦图表征学习

对于现实中的图数据，其产生过程背后存在复杂的生成机制，并可能受到多种因素的影响。例如，对于社交网络，一个人的社交关系可能包含家庭、学习、工作和爱好等不同方面；对于推荐系统，一位用户选择购买某件商品，可能考虑到品牌、外形、质量和价格等多种因素；对于一个化学分子，其存在各种不同的性质，并对不同的预测任务产生不同的影响。因此，考虑到节点之间连边关系各有不同，它们的特征也存在差异，如果忽略掉这些影响图结构的潜在因子，就难以提取到图结构的完整信息，从而影响图神经网络与图表征学习的效果。

基于上述原因，一些研究将解耦表征（Disentangled Representation）的思想引入了图神经网络等图表征学习方法中，以帮助图表征学习模型理解节点之间存在交互的多种潜在因子。一般来说，图上的解耦表征旨在通过节点特征、邻居结构等信息，使学习到的表征可以解耦为不同的潜在因子（Latent Factor），不同的潜在因子反映图的不同方面信息，以此指导下游任务。解耦表征有多方面的好处 [97]，例如提高模型的效果、增加模型的可解释性和鲁棒性等。本章将介绍一些代表性的解耦图神经网络模型，其大致可分为三类：基于变分自编码器的解耦图神经网络、基于邻域路由机制的解耦图神经网络，以及基于其他思想的解耦图神经网络。

6.1 基于变分自编码器的解耦图神经网络

基于变分自编码器（Variational Auto-Encoder，VAE）思想的解耦方法是解耦图表征学习的主流思想之一，并可以应用于图生成等任务。

受到非图结构上 VAE [98] 的启发，VGAE（Variational Graph Auto-Encoder）[99] 首先提出图上的变分自编码器。VGAE 通过邻接矩阵 $\boldsymbol{A}$ 和节点的特征矩阵 $\boldsymbol{X}$ 学

习节点的隐层表征 $\boldsymbol{Z}=\{\boldsymbol{z}_i\}_{i=1}^N$，然后通过解码器生成图。具体来说，VGAE 中的节点表征采用了高斯分布

$$
\begin{aligned}
q(\boldsymbol{Z}|\boldsymbol{X},\boldsymbol{A}) &= \prod_{i=1}^{|\mathcal{V}|} q(\boldsymbol{z}_i|\boldsymbol{X},\boldsymbol{A}),\\
q(\boldsymbol{z}_i|\boldsymbol{X},\boldsymbol{A}) &= \mathcal{N}(\boldsymbol{\mu}_i,\operatorname{diag}(\boldsymbol{\sigma}_i^2)),
\end{aligned} \tag{6-1}
$$

式中，$q(\cdot)$ 表示需要学习的变分分布；$\boldsymbol{\mu}_i$ 和 $\boldsymbol{\sigma}_i$ 表示节点 v_i 的均值向量和标准差矩阵对角元素对应的向量，是可学习参数。在编码器上，VGAE 采用了图卷积神经网络，即

$$
\begin{aligned}
\boldsymbol{M} &= \mathrm{GCN}_{\boldsymbol{\mu}}(\boldsymbol{X},\boldsymbol{A}),\\
\log\boldsymbol{\Sigma} &= \mathrm{GCN}_{\boldsymbol{\sigma}}(\boldsymbol{X},\boldsymbol{A}),
\end{aligned} \tag{6-2}
$$

式中，$\boldsymbol{M}=[\boldsymbol{\mu}_1,\cdots,\boldsymbol{\mu}_N]$ 和 $\boldsymbol{\Sigma}=[\boldsymbol{\sigma}_1^2,\cdots,\boldsymbol{\sigma}_N^2]$ 表示由所有节点均值向量和方差向量构成的矩阵。然后，VGAE 采用各个隐层表征的内积作为解码器来生成图：

$$
\begin{aligned}
\Pr(\boldsymbol{A}|\boldsymbol{Z}) &= \prod_{i=1}^{|\mathcal{V}|}\prod_{j=1}^{|\mathcal{V}|} \Pr(A_{i,j}|\boldsymbol{z}_i,\boldsymbol{z}_j),\\
\Pr(A_{i,j}=1|\boldsymbol{z}_i,\boldsymbol{z}_j) &= \sigma(\boldsymbol{z}_i^\top\boldsymbol{z}_j).
\end{aligned} \tag{6-3}
$$

最后，根据已有其他领域变分自编码器的思想，需要引入一个隐层表征 $\boldsymbol{Z}$ 的先验分布 $p(\boldsymbol{Z})$。在 VGAE 中，先验分布取为简单的标准高斯分布，即 $p(\boldsymbol{Z})=\prod_i\mathcal{N}(0,\boldsymbol{I})$。为了使先验分布和学习到的变分分布更加接近，采用 KL（Kullback-Leibler）散度 $\mathcal{D}_{\mathrm{KL}}(\cdot||\cdot)$ 描述它们之间的相似度，并采用变分下界（Variational Lower Bound）作为损失函数来优化模型：

$$
\mathcal{L}=\mathbb{E}_{q(\boldsymbol{Z}|\boldsymbol{X},\boldsymbol{A})}[\log\Pr(\boldsymbol{A}|\boldsymbol{Z})]-\mathcal{D}_{\mathrm{KL}}[q(\boldsymbol{Z}|\boldsymbol{X},\boldsymbol{A})||p(\boldsymbol{Z})]. \tag{6-4}
$$

VGAE 是最早将变分自编码器扩展到图数据的方法，因此其思路也相对直接，即将普通 VAE 的编码器与解码器扩展为适合图结构的图神经网络，然后利用普通 VAE 的原理实现图表征学习的解耦。下面将简单地介绍几个 VGAE 的后续方法。

NED-VAE（Node-Edge co-Disentanglement）[100] 研究了同时具有节点特征和边特征的图结构解耦方法，并提出了一种新的变分方式来解耦影响节点特征、边特征和节点间连边三种类型的潜在因子。对于图 $\mathcal{G}(\mathcal{V},\mathcal{E})$ 和矩阵 $\boldsymbol{E},\boldsymbol{F}$，其中 $\boldsymbol{E}$ 和 $\boldsymbol{F}$ 分别表示边特征和节点特征，NED-VAE 假设影响节点特征、边特征和节点间连边的三种类型的潜在因子为 $\boldsymbol{Z}=(\boldsymbol{z}_e,\boldsymbol{z}_f,\boldsymbol{z}_g)$，其中 $\boldsymbol{z}_e\in\mathbb{R}^{L_1},\boldsymbol{z}_f\in\mathbb{R}^{L_2},\boldsymbol{z}_g\in\mathbb{R}^{L_3}$，

L_1, L_2, L_3 分别表示这三类潜在因子的数量。然后，NED-VAE 设计了节点和边协同的变分自编码器的优化目标，使得推断的后验分布为 $q(\boldsymbol{z}_e, \boldsymbol{z}_f, \boldsymbol{z}_g|\boldsymbol{E}, \boldsymbol{F})$，并假设这三组潜在因子服从单位高斯分布 $p(Z) = p(\boldsymbol{z}_e, \boldsymbol{z}_f, \boldsymbol{z}_g) = \mathcal{N}(0, 1)$。最后，为了达到优化目标，NED-VAE 设计了三种对应的编码器来拟合每个后验分布，以及两种对应的解码器作为图的生成模型。

STGD-VAE（Spatio-Temporal Graph Disentangled VAE）[101] 则进一步考虑到了图结构的时空关系，提出了时空图解耦变分自编码器模型。对于时空图 $(\mathcal{S}_{1:T}, \mathcal{G}_{1:T})$，$\mathcal{S}_{1:T} = \{\mathcal{S}_1, \mathcal{S}_2, \cdots, \mathcal{S}_T\}$ 表示图的几何信息，其中，$\mathcal{S}_t = (\mathcal{V}_t, \boldsymbol{C}_t)$，$\mathcal{V}_t$ 代表了 t 时刻的节点集合，$\boldsymbol{C}_t \in \mathbb{R}^{N\times 3}$ 则是这些节点在空间中的位置坐标集合；$\mathcal{G}_{1:T} = \{\mathcal{G}_1, \mathcal{G}_2, \cdots, \mathcal{G}_T\}$ 代表了时空图的结构信息，其中 $\mathcal{G}_t = (\mathcal{V}_t, \mathcal{E}_t, \boldsymbol{X}_t, \boldsymbol{E}_t)$，$\boldsymbol{X}_t$ 是 t 时刻的节点特征，$\boldsymbol{E}_t$ 则是边特征。STGD-VAE 将影响时空图的潜在因子分为时变因子 $\boldsymbol{Z} = [\boldsymbol{z}_1, \cdots, \boldsymbol{z}_T], \boldsymbol{z}_t \in \mathbb{R}^{L_1}$ 和时不变因子，时不变因子又包括几何因子 $\boldsymbol{f}_s \in \mathbb{R}^{L_2}$、平面图结构因子 $\boldsymbol{f}_g \in \mathbb{R}^{L_3}$ 和空间图结构因子 $\boldsymbol{f}_{\text{sg}} \in \mathbb{R}^{L_4}$，其中 L_1, L_2, L_3, L_4 分别表示各组因子的数量。STGD-VAE 使用四种编码器来拟合各因子的信息，即 $q(\boldsymbol{z}_t|\mathcal{S}_{1:T}, \mathcal{G}_{1:T}), q(\boldsymbol{f}_g|\mathcal{S}_{1:T}, \mathcal{G}_{1:T}), q(\boldsymbol{f}_s|\mathcal{S}_{1:T}, \mathcal{G}_{1:T}), q(\boldsymbol{f}_{\text{sg}}|\mathcal{S}_{1:T}, \mathcal{G}_{1:T})$，采用两种解码器利用解耦的信息生成时空图，即 $p(\mathcal{G}_t|\boldsymbol{z}_t, \boldsymbol{f}_g, \boldsymbol{f}_{\text{sg}})$ 和 $p(\mathcal{S}_t|\boldsymbol{z}_t, \boldsymbol{f}_s, \boldsymbol{f}_{\text{sg}})$，并说明了各个因子间的独立性以及编码器和解码器的复杂度。

6.2 基于邻域路由机制的解耦图神经网络

解耦图神经网络的另一个主流思想是基于邻域路由（Neighborhood Routing）机制。相较于基于 VAE 的方法，邻域路由更加显式地建模了邻居信息。邻域路由机制基于一种直观的假设：如果两个节点存在边，那么它们很可能受到某个相同的潜在因子的影响，且不同潜在因子的影响是相对独立的。于是，邻域路由机制将节点的表征映射到不同的潜在因子构成的表征空间之中，利用聚类等方法学习不同潜在因子的表征，并通过计算各个节点表征与这些因子表征的相似度来判断对于某个节点，一条链接关系由哪个潜在因子产生，以将其作为解耦之后的节点表征。

DisenGCN（Disentangled Graph Convolutional Network）[102] 提出了一种用于学习解耦节点表征的邻域路由机制。DisenGCN 的关键模块是解耦图卷积层，它是一种特殊的消息传递机制，如图 6-1 所示。概括来说，邻域路由机制在解耦图卷积层内部执行，并识别导致节点与其某个邻居节点产生连边关系的潜在因子，通过负责该因子的图卷积通道处理该邻居节点。首先，邻域路由机制通过聚类算法，推断节点及其邻居的潜在因子形成的不同聚类空间，并将节点的表征投影到其潜在因子所对应的空间。然后，解耦图卷积层的每个通道从它所接收的邻居信息进行消息传递。从数学上来说，记解耦图卷积层为 $\mathcal{F}()$。对于节点 v_i 及其邻居节点，解耦图卷积层可以写为一个消息传递机制：

$$\boldsymbol{h}_i^{(l+1)} = \mathcal{F}\left(\boldsymbol{h}_i^{(l)}, \{\boldsymbol{h}_j^{(l)}, j \in \mathcal{N}(i)\}\right), \tag{6-5}$$

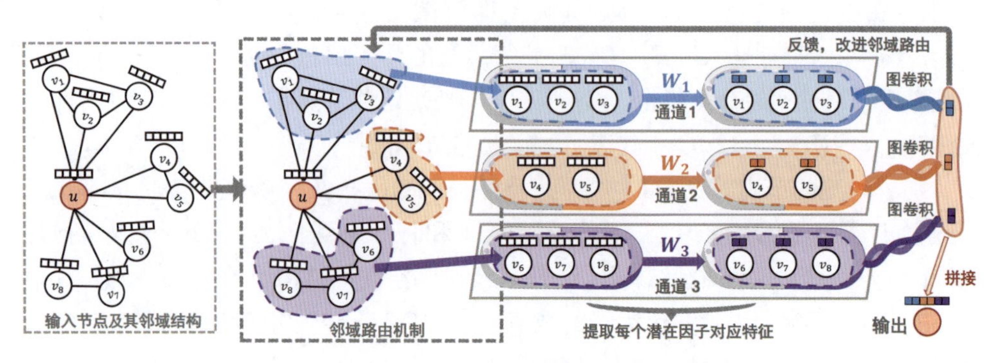

图 6-1　DisenGCN 中解耦图卷积层示意图 [102]

式中，$\boldsymbol{h}_i^{(l)}$ 表示节点的解耦表征。假设图中存在 K 个潜在因子，那么 $\boldsymbol{h}_i^{(l)}$ 由 K 个独立分量构成，即 $\boldsymbol{h}_i^{(l)} = [\boldsymbol{c}_1, \boldsymbol{c}_2, \cdots, \boldsymbol{c}_K]$（为简化符号，省略了 $\boldsymbol{c}$ 的层数上标 l 和对应节点的下标 i），$\boldsymbol{c}_k \in \mathbb{R}^{\frac{d_{\text{out}}}{K}}, 1 \leqslant k \leqslant K$，$d_{\text{out}}$ 是节点表征的总维度。每个分量由一个图卷积通道计算，每个图卷积通道拥有自己的可学习参数。DisenGCN 计算节点在不同因子的投影来寻找图背后的潜在因子。节点 v_i 在第 k 个因子空间的投影如下：

$$\boldsymbol{z}_{i,k} = \frac{\sigma(\boldsymbol{W}_k^\top \boldsymbol{x}_i + \boldsymbol{b}_k)}{\left\|\sigma(\boldsymbol{W}_k^\top \boldsymbol{x}_i + \boldsymbol{b}_k)\right\|_2}, \tag{6-6}$$

式中，$\boldsymbol{x}_i \in \mathbb{R}^{d_{\text{in}}}$ 表示节点 v_i 的特征；$\boldsymbol{W}_k \in \mathbb{R}^{d_{\text{in}} \times \frac{d_{\text{out}}}{K}}$，$\boldsymbol{b}_k \in \mathbb{R}^{\frac{d_{\text{out}}}{K}}$，它们表示第 k 个通道的参数；$\sigma()$ 表示一个非线性激活函数。该式将节点特征投影到了不同潜在因子所在的空间。然而，由于该投影只利用了节点的特征而未考虑图中的结构信息，因此不能简单地将 $\boldsymbol{z}_{i,k}$ 作为节点表征的分量 $\boldsymbol{c}_k$。考虑图结构的关键是如何判断目标节点与每个邻居节点，即每条边对应哪个潜在因子。因此，DisenGCN 为邻域路由机制提出了两条假设：

- **假设 1**：考虑节点邻居的一个子集。如果该子集足够大并且子集中的节点在因子 k 上是相似的，即它们在第 k 个子空间上形成了一个聚类，那么因子 k 很可能是节点与这个子集相连的原因。

- **假设 2**：如果两个节点在因子 k 上是相似的，那么因子 k 很可能是这两个节点产生边的原因。

第一个假设可以鼓励图神经网络从原始表征空间投影出若干个子空间，并在其中寻找若干个最大的聚类，每个类对应一个潜在因子；第二个假设则表明，如果两个节点确实均包含某个潜在因子的信息，则可以确定两者间的边是由该因子形成的。假设 1 和假设 2 分别类似于图嵌入中介绍的二阶邻近度和一阶邻近度。并且，这两个假设也在其他学科中被研究过，例如社会学 [103] 和语言学 [104] 等，因此有较强的合理性。基于这两条假设，下面介绍具体邻域路由的计算方式。给定节点 v_i 和一条边 $(v_i, v_j) \in \mathcal{E}$，令 $\boldsymbol{p}_{j,k}$ 为该条边是由第 k 个因子导致生成的概率，其满足 $\boldsymbol{p}_{j,k} \geqslant 0$，以及 $\sum_{k'=1}^{K} \boldsymbol{p}_{j,k'} = 1$。基于假设 2，$\boldsymbol{p}_{j,k}$ 可被初始化为 $\boldsymbol{p}_{j,k} \propto \exp(\frac{\boldsymbol{z}_{j,k}^\top \boldsymbol{z}_{i,k}}{\tau})$，$\tau$ 是一个超参数，即首先通过前面计算的节点特征投影进行初始化，然后基于假设 1，在每一个子空间通过聚类算法寻找若干最大的聚类。邻域路由机制采用如下的迭代更新机制来计算 $\boldsymbol{p}_{j,k}$ 和 $\boldsymbol{c}_k$：

$$
\begin{aligned}
\boldsymbol{c}_k^{(t)} &= \frac{\boldsymbol{z}_{i,k} + \sum_{j \in \mathcal{N}(i)} \boldsymbol{p}_{j,k}^{(t-1)} \boldsymbol{z}_{j,k}}{\left\| \boldsymbol{z}_{i,k} + \sum_{j \in \mathcal{N}(i)} \boldsymbol{p}_{j,k}^{(t-1)} \boldsymbol{z}_{j,k} \right\|_2}, \\
\boldsymbol{p}_{j,k}^{(t)} &= \frac{\exp(\boldsymbol{z}_{j,k}^\top \boldsymbol{c}_k^{(t)} / \tau)}{\sum_{k'=1}^{K} \exp(\boldsymbol{z}_{j,k'}^\top \boldsymbol{c}_{k'}^{(t)} / \tau)},
\end{aligned}
\tag{6-7}
$$

式中，t 表示迭代的次数；τ 表示一个超参数。下面对更新机制进行更详细的解释。在上述更新过程中，$\boldsymbol{c}_k$ 被视为潜在因子空间中第 k 类（即第 k 个因子）的聚类中心，并通过迭代不断优化每个因子的聚类中心和每条边属于不同因子的概率，$\boldsymbol{p}_{j,k}$ 则作为邻居节点 v_j 构成 $\boldsymbol{c}_k$ 的权重，即类似 k 均值（k-means）聚类算法中的过程。在更新结束之后，最终学习到的分量 $\boldsymbol{c}_k$ 即作为节点 v_i 表征的第 k 个解耦分量。

上述邻域路由机制均由可微的模块构成，因此可以保证端到端的学习。此外，与一般的消息传递图神经网络相同，DisenGCN 只需要节点的特征和图结构作为输入，即可学习节点的解耦表征，并可以通过堆叠多个解耦图卷积层获得更大范围的邻居信息并增强表达能力。

IPGDN（Independence Promoted Graph Disentangled Networks）[105] 在 DisenGCN 的基础上引入了希尔伯特-施密特独立性准则（Hilbert-Schmidt Independence Criteria，HSIC），以增强邻域路由机制中不同潜在因子的独立性。具体来说，IPGDN 将解耦出的不同因子表征的 HSIC 作为优化的额外损失函数，计算方式如下：

$$
\begin{aligned}
\mathcal{L} &= \mathcal{L}_{\text{task}} + \lambda \sum_{v \in \mathcal{V}} \sum_{\boldsymbol{c}_i \neq \boldsymbol{c}_j} \text{HSIC}(\boldsymbol{c}_i, \boldsymbol{c}_j), \\
\text{HSIC}(\boldsymbol{c}_i, \boldsymbol{c}_j) &= \left\| \mathcal{C}_{\boldsymbol{c}_i, \boldsymbol{c}_j} \right\|_{\text{HS}}^2,
\end{aligned} \tag{6-8}
$$

式中，$\mathcal{L}_{\text{task}}$ 表示任务的损失函数；$\boldsymbol{c}_i$ 表示节点 v 最终表征 $\boldsymbol{h}_i^{(L)}$ 的一个分量；$\mathcal{C}$ 表示在一个再生希尔伯特空间（Reproducing Kernel Hilbert Space，RKHS）的协方差函数，用于评价不同变量之间的独立性。通过改变优化目标函数，IPGDN 在不改变图神经网络结构的情况下，可以学习到更加解耦的图表征。由于精确计算 HSIC 的复杂度很高，IPGDN 采用了一种近似的计算方法，以降低复杂度。

DisenGCN 和 IPGDN 仅关注节点层面的解耦，并且假设节点间的边只受一个潜在因子的影响，因此可能忽略了节点间潜在的多个因子的协同作用。FactorGCN [106] 提出考虑同一个节点可能存在多个潜在因子，并以一种图层面的方法进行解耦。FactorGCN 将输入图 $\mathcal{G} = (\mathcal{V}, \mathcal{E})$ 分为 K 个子图 $\mathcal{G}_k, 1 \leqslant k \leqslant K$。对于每一个子图 $\mathcal{G}_k$，对原图中每一条边 $(v_i, v_j) \in \mathcal{E}$ 计算一个值 $E_{i,j,k}$，表示原图中的边关于第 k 个潜在因子的权重系数，并将超过一个阈值的边设为该子图的边。具体来说，权重系数的计算如下：

$$
\begin{aligned}
E_{i,j,k} &= \frac{1}{1 + \exp\left(-\Psi_k(\boldsymbol{h}_i', \boldsymbol{h}_j')\right)}, \\
\boldsymbol{h}_i' &= \boldsymbol{W} \boldsymbol{h}_i,
\end{aligned} \tag{6-9}
$$

式中，$\Psi_k(\cdot)$ 表示一个用于计算注意力得分的函数；$\boldsymbol{h}_i$ 表示节点 v_i 在当前层的表征向量（为了简化符号，此处均省略了代表层数的上标）；$\boldsymbol{W}$ 表示一个可训练的参数，所有潜在因子共享该参数 $\boldsymbol{W}$，但是拥有各自独立的函数 $\Psi_k(\cdot)$。如果仅计算式 (6-9) 而不加入一定的限制，得到的 K 个子图可能拥有相似的结构，而难以区分不同潜在因子的信息。因此，FactorGCN 构造了一个子图分类任务，给每一个子图 $\mathcal{G}_k$ 赋予一个标签 $\boldsymbol{y}_k$，其是关于 k 的独热编码，并使用一个图编码器 $\mathcal{F}_{\text{en}}(\cdot)$ 和一个图池化函数 Readout$(\cdot)$ 学习每个子图的表征，然后将这些表征输入一个分类器 $\mathcal{F}_{\text{cls}}(\cdot)$ 中，计算损失函数并作为整体任务的辅助损失函数来优化 $\boldsymbol{W}$ 和 $\Psi_k(\cdot)$。该过程可以写为

$$
\begin{aligned}
\hat{\boldsymbol{y}}_k &= \mathcal{F}_{\text{cls}}(\text{Readout}(\mathcal{F}_{\text{en}}(\mathcal{E}_k, \boldsymbol{H}'))), \\
\mathcal{L} &= -\frac{1}{K} \sum_{k=1}^{K} \ell\left(\hat{\boldsymbol{y}}_k, \boldsymbol{y}_k\right).
\end{aligned} \tag{6-10}
$$

该辅助任务可以鼓励不同的潜在因子对应的子图存在区分性，从而提高解耦的效果。在解耦出子图之后，FactorGCN 分别在每个子图中进行消息传递并学习

节点表征，并将从不同子图学习到的表征拼接起来作为最终的节点解耦表征。

DGCL（Disentangled Graph Contrastive Learning）[107] 首次研究了在自监督场景下的解耦图表征学习。如图 6-2 所示，DGCL 包含三个关键模块，分别是图数据增强、解耦图编码器和因子级别的对比学习，最终经过训练的模型可以学习图的解耦表征。具体来说，DGCL 首先通过图数据增强的方法得到每一个输入图的正样本，然后将同一训练批次的其他输入图当成负样本，以进行自监督对比学习（关于自监督学习的更多内容，请参阅第 8 章）。其中，图数据增强主要包含四种方式，分别是节点随机删除、边的随机增删、节点特征扰动和子图随机抽取。DGCL 具体采用的方法如下。

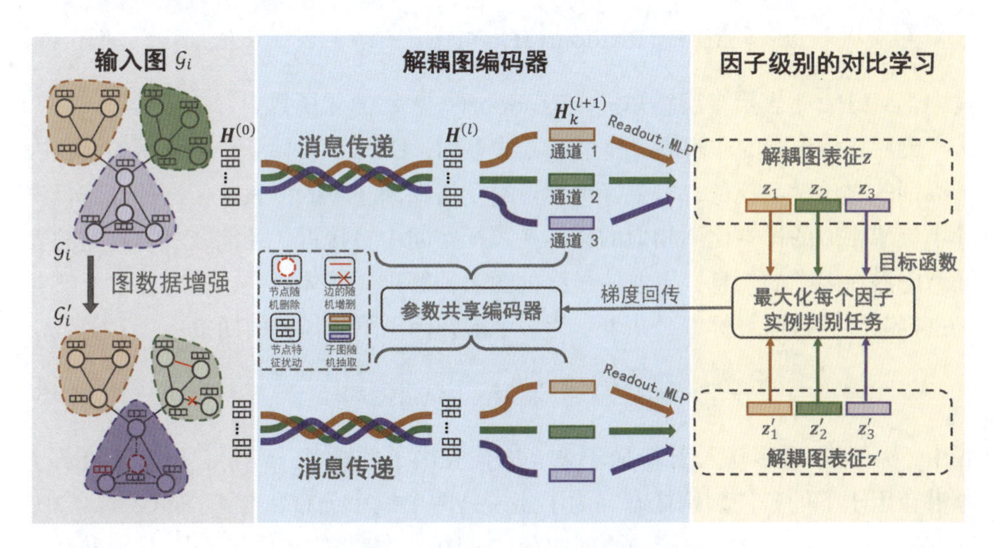

图 6-2　DGCL [107] 模型示意图

- 节点随机删除：给定输入图，随机删除 20% 的节点及这些节点的边，旨在使模型面对缺失数据时仍能有效地预测全图的标签。
- 边的随机增删：给定输入图，随机增加或删除 20% 的边，旨在促使图编码器对边的连接方式具有一定的鲁棒性。
- 节点特征扰动：给定输入图，将图中 20% 的节点特征设置为高斯噪声，旨在通过训练使得模型可以处理缺失部分的特征，而不影响整个图的标签信息。
- 子图随机抽取：给定输入图，使用随机游走采样该图，使得子图中包括输入图中 20% 的节点，旨在通过训练使得模型可以由其部分子图反映出全图的标签信息，而不因采样改变输入图的标签。

然后，解耦图编码器的目标是为每个输入图 $\mathcal{G}$ 输出解耦表征 $\boldsymbol{z}=[\boldsymbol{z}_1,\boldsymbol{z}_2,\cdots,\boldsymbol{z}_K]$，并基于该解耦表征推断出输入图背后的潜在因子。具体来说，对于输入图，

首先应用 l 个普通的消息传递层，并记 $\boldsymbol{H}^{(l)}$ 为第 l 层消息传递之后的节点表征。该步骤使模型可以先学习不同潜在因子间的共性。之后，采用一个解耦图卷积层来学习解耦的图表征，以提取每个潜在因子的信息，并将每个潜在因子信息用单独的通道计算输出表征。解耦的图卷积层可以表示为

$$\boldsymbol{H}_k^{(l+1)} = \mathrm{GNN}_k(\boldsymbol{H}^{(l)}, \boldsymbol{A}), \tag{6-11}$$

式中，$\boldsymbol{H}_k^{(l+1)}$ 表示第 k 个通道的节点表征；$\mathrm{GNN}_k(\cdot)$ 表示包含独立可学习参数的消息传递层。然后，每个通道分别经过一个图池化函数，将所学习的节点表征聚合成一个固定长度的图表征，并且经过一个多层感知机计算表征的最终输出：

$$\boldsymbol{z}_k = \mathrm{MLP}_k(\mathrm{Readout}(\boldsymbol{H}_k^{(l+1)})), \quad k = 1, 2, \cdots, K, \tag{6-12}$$

式中，$\mathrm{MLP}_k(\cdot)$ 表示多层感知机；$\mathrm{Readout}(\cdot)$ 表示池化函数。

最后，与现有的非解耦对比学习方法不同，DGCL 设计了一个全新的潜在因子级别的对比学习任务，以更好地学习每个潜在因子下的图表征。这种自监督设计不仅使相似的样本比不相似的样本在表征空间中更接近，还能鼓励学习到的表征考虑潜在因子的信息，以便使最终的图表征解耦。具体来说，该对比学习任务仍是判断图的自监督标签，并表示为多个潜在因子下子任务的期望：

$$p_\theta(y|\mathcal{G}) = \mathbb{E}_{p_\theta(k|\mathcal{G})}\left[p_\theta(y|\mathcal{G}, k)\right], \tag{6-13}$$

式中，$p_\theta(k|\mathcal{G})$ 表示输入图 $\mathcal{G}$ 属于第 k 个潜在因子的概率；$p_\theta(y|\mathcal{G}, k)$ 表示在第 k 个潜在因子下的条件判别概率。为了建模这两个概率分布，与 DisenGCN 类似，DGCL 引入 K 个潜在因子的原型向量 $\{\boldsymbol{c}_k\}_{k=1}^K$，并将输入图属于第 k 个潜在因子的概率参数化为

$$sp_\theta(k|\mathcal{G}) = \frac{\exp(\phi(\boldsymbol{z}_k, \boldsymbol{c}_k))}{\sum_{k'=1}^K \exp(\phi(\boldsymbol{z}_{k'}, \boldsymbol{c}_{k'}))}, \tag{6-14}$$

式中，ϕ 表示余弦相似度。进一步地，每个潜在因子下的对比学习任务为

$$p_\theta(y|\mathcal{G}, k) = \frac{\exp(\phi(\boldsymbol{z}_k, \boldsymbol{z}_k'))}{\sum_{j=1}^N \exp(\phi(\boldsymbol{z}_k, \boldsymbol{z}_k^{(j)\prime}))}, \tag{6-15}$$

式中，$\boldsymbol{z}_k'$ 表示输入图进行数据增强后的表征，即正样本；$\boldsymbol{z}_k^{(j)\prime}$ 表示除当前图外的所有图进行数据增强后的表征，即负样本。至此，可以完成对潜在因子级别的对比学习任务。

为了进一步促进图表征的解耦，IDGCL（Independence-promoted DGCL）[108] 在 DGCL 的基础上显式地加入 HSIC 正则项，并将潜在因子对比学习和独立性

正则项在统一的框架中联合优化，从而学习更好的解耦图表征。

基于邻域路由机制的解耦图神经网络的目的是学习图或节点的表征，因此可以应用于众多领域。下面简要介绍其中的一些应用。

Hu 等人[109] 将基于邻域路由机制的解耦节点表征用于新闻推荐。作者首先使用两个并行的卷积神经网络来学习新闻的标题和摘要的信息，并将它们拼接起来后输入一个全连接层作为新闻的特征，之后在用户-新闻的二部图上采用邻域路由机制学习解耦表征并用于推荐。

王翔等人[110] 从用户意图出发，探索用户和商品的交互，提出了解耦图协同过滤（Disentangled Graph Collaborative Filtering，DGCF），并以一种图层级的解耦方式来提高模型效果。作者认为，想要更好地推荐，需要更深入地分析用户的购买意图及潜在的原因。对于每一种购买的意图，均会在相当程度上影响用户的购买习惯，而每一种意图的缺失也会严重地影响某一个用户的购买习惯。DGCF 为每一个用户学习其购买意图的分布，并根据这些分布生成意向图，然后对每一个意向图学习节点的解耦表征。

Zhao 等人[111] 则从两个层面分析了商品捆绑推荐中的用户意图并学习解耦表征。作者认为，通过分析用户同时购买的多个商品，可以从全局和局部两个层面得到用户的购买意图和习惯。在全局层面上，主要分析每个商品属于哪种购买意图，以及分析用户的意图偏好；在局部层面上，主要分析商品之间共同购买的内在关联。作者按照购买意图将输入的用户-商品图划分为多个子图，并学习解耦表征。

Mu 等人[112] 将邻域路由的解耦表征用于短语定位（Phrase Grounding）任务，即找到视频中对应短语的视觉物体。作者构建了两种图：短语的场景图（Scene Graph）和视觉的场景图。对于前者，作者首先提取文本中的名词短语作为图的节点，并根据这些名词之间的不同链接关系简单地分类边的形成原因，如修饰、动词连接等。之后，为每一种链接类型构建一个子图，并学习该潜在因子在文本信息上的解耦表征；对于视觉的场景图，则首先提取实体的边界框（Bounding Box），将区域看作图的节点，并根据文本信息得到节点间的边，之后采用与短语的场景图上类似的方法得到图像信息在潜在因子上的解耦表征，并融合两部分信息用于后续的短语定位任务。

6.3 基于其他思想的解耦图神经网络

除变分自编码器和邻域路由机制外，也有一些基于其他思想的解耦图神经网络，下面简要介绍这些方法。

DICE[113]（Disentangling Interest and conformity with Causal Embedding）将因果推断引入了解耦图神经网络。DICE 认为，在推荐系统中，用户与商品产生交互行为背后存在两个重要的原因：一方面是因为用户的兴趣，另一方面是某个商品的流行度带来的从众心理。为了学习用户和商品对在兴趣和从众心理两个方面的解耦表征，DICE 根据因果推断的理论，将该问题拆解为不等式组，并把目标任务拆成四个子任务，加入了两部分表征中的约束项，最后利用因果推断构建正负样本数据集以训练两部分的解耦表征。

DisenKGAT（Disentangled Knowledge Graph ATtention network）[114] 则将解耦表征与知识图谱结合，以提升模型的效果和可解释性。DisenKGAT 将解耦分为微观解耦和宏观解耦。微观解耦即希望解耦表征的每一个部分能够聚合到来自不同潜在因子的信息。为了达到这个目的，DisenKGAT 在知识图谱图卷积中引入了关系感知的聚合机制，即在聚合邻居信息时按照邻居的关系类型赋予一个权重，并仅聚合那些与所关注问题更相关的邻居信息。对于图中的一个节点 u，考虑其类型为 r 的邻居节点 v，其第 l 层消息传递中第 k 个因子的消息向量计算如下：

$$\boldsymbol{m}_{v,k,r}^{(l)} = \phi(\boldsymbol{h}_{v,k}^{(l)}, \boldsymbol{h}_r^{(l)}, \boldsymbol{W}_r), \tag{6-16}$$

式中，ϕ 表示一个消息聚合函数；$\boldsymbol{W}_r$ 表示知识图谱中关系 r 的投影矩阵；$\boldsymbol{h}_{v,k}^{(l)}$ 表示节点 v 在第 l 层对应第 k 个因子的表征；$\boldsymbol{h}_r^{(l)}$ 表示关系 r 的表征。为了融合每一个潜在因子的信息，DisenKGAT 引入了一个注意力得分 $\boldsymbol{\alpha}_{u,v,r,k}$ 来迭代地更新节点的解耦表征：

$$\begin{aligned}
\boldsymbol{\alpha}_{u,v,r,k} &= \frac{\exp(\boldsymbol{e}_{u,r,k}^{\top}\boldsymbol{e}_{v,r,k})}{\sum_{v' \in \mathcal{N}(u)} \exp(\boldsymbol{e}_{u,r,k}^{\top}\boldsymbol{e}_{v',r,k})}, \\
\boldsymbol{h}_{u,k}^{(l+1)} &= \sigma\left(\sum\nolimits_{v \in \mathcal{N}(u)} \boldsymbol{\alpha}_{u,v,r,k}\boldsymbol{m}_{v,k,r}^{(l)}\right), \\
\boldsymbol{h}_r^{(l+1)} &= \boldsymbol{W}^{(l)}\boldsymbol{h}_r^{(l)},
\end{aligned} \tag{6-17}$$

式中，$\boldsymbol{e}_{u,r,k} = \boldsymbol{h}_{u,k}^{(l)}\boldsymbol{W}_r$ 表示节点表征在关系类型子空间上的投影；$\boldsymbol{W}^{(l)}$ 表示更新关系表征的权重矩阵。对于宏观解耦，DisenKGAT 希望每个潜在因子尽量独立，因此引入了额外的辅助损失函数。

KGIN（Knowledge Graph-based Intent Network）[115] 则从知识图谱在推荐系统的应用层面出发，认为之前的方法无法从用户意图的层面描述连边关系，且在聚合邻居信息时也没有利用关系路径中每一跳隐含的关系，因此无法充分利用知识图谱的信息提取潜在因子。为了处理该问题，KGIN 将一组用户-商品对 (u, i)

拆分为用户意图相关的三元组 $\{(u,p,i)|p \in \mathcal{P}\}$，其中 $\mathcal{P}$ 是预设的用户意图的可能集合，并根据三元组构建多个意图相关的图。由于知识图谱中不同关系 r 对意图 p 的影响不同，因此采用注意力机制学习意图对应的表征向量

$$\begin{aligned} \boldsymbol{e}_p &= \sum_{r \in \mathcal{R}} \alpha(r,p)\boldsymbol{e}_r, \\ \alpha(r,p) &= \frac{\exp(\boldsymbol{w}_{r,p})}{\sum_{r' \in \mathcal{R}} \exp(\boldsymbol{w}_{r',p})}, \end{aligned} \tag{6-18}$$

式中，$\boldsymbol{e}_p$ 表示意图 p 的表征向量；$\boldsymbol{e}_r$ 表示关系 r 的表征向量；$\boldsymbol{w}_{r,p}$ 表示可学习的权重。为了增强每个意图的独立性，KGIN 也使用了辅助的损失函数。在得到用户意图的表征之后，KGIN 在聚合邻居信息时进一步学习用户和商品的解耦表征。

DMRGCN（Disentangled Multi-Relational Graph Convolutional Network）[116] 将解耦表征用于计算机视觉中的行人轨迹预测任务。在该任务中，行人被看作节点，每一个行人 n 在每一个时刻 t 都拥有一个位置向量 $\boldsymbol{p}_n^{(t)} = (x_n^{(t)}, y_n^{(t)})$。该任务旨在通过训练集上若干帧的信息来学习行人的运动轨迹，并预测未来若干帧内的行人位置。由于行人运动轨迹常常受到多种因子的影响，比如同一时刻一个小空间范围内只能存在一个人、人的速度存在一定限制等，因此使用解耦表征有助于提高模型的预测能力。具体来说，DMRGCN 将影响行人运动轨迹的主要关系抽象为两种：行人之间的距离关系和行人在某段时间区间内的相对位移关系。然后，DMRGCN 构建了两个子图，以建模这两种关系。但是，在行人较为稠密的环境中，如果按照普通图神经网络的方法，想要得到更加准确的信息，往往需要使用高阶的邻居，且不可避免地会遇到过平滑的问题（该问题已在 4.4 节详细地介绍过）。为了缓解这个问题并提高模型的效果，DMRGCN 提出了一种多尺度的方法，以解耦不同距离区间内的行人信息。DMRGCN 定义了一种多尺度的邻接矩阵 $\tilde{\boldsymbol{A}}^{[k]}$，其计算方式为

$$\tilde{\boldsymbol{A}}_{i,j}^{[k]} = \begin{cases} 1 & \text{如果 } \Upsilon_k \leqslant d_{i,j} < \Upsilon_{k+1} \\ 1 & \text{如果 } i = j \\ 0 & \text{其他} \end{cases}, \tag{6-19}$$

式中，$\Upsilon_k \in \{0, 0.5, 1, 2, 4\}$ 表示尺度因子；$d_{i,j}$ 表示行人 i 和行人 j 之间的距离。之后，多尺度的邻接矩阵被输入图神经网络中计算节点的表征：

$$\boldsymbol{H}^{(l+1)} = \sigma\left(\sum_{k=1}^{K} (\tilde{\boldsymbol{D}}^{[k]})^{-\frac{1}{2}} \tilde{\boldsymbol{A}}^{[k]} (\tilde{\boldsymbol{D}}^{[k]})^{-\frac{1}{2}} \boldsymbol{H}^{(l)} \boldsymbol{W}_k^{(l)}\right), \tag{6-20}$$

式中，$\tilde{\boldsymbol{D}}^{[k]}$ 是与 $\tilde{\boldsymbol{A}}^{[k]}$ 对应的度数矩阵。通过距离尺度解耦不同邻居可缓解过平

滑问题。例如，考虑在一个较为拥挤的场景中，由于行人无法自由移动，在所有节点间的边上计算消息传递会产生大量无效的信息。相比之下，通过自适应聚合尺度范围内的信息，可以有效地学习不同尺度图上的节点表征。

6.4 本章小结

本章介绍了解耦图表征学习。相比于普通图表征学习，解耦图表征学习可以捕捉图背后不同的潜在因子，并学习到更有效且更可解释的图表征。现有的解耦图神经网络大致可以分为三类：基于变分图自编码器的方法通过生成模型学习图解耦表征；基于邻域路由机制的方法通过找到形成边的潜在因子解耦消息传递框架；基于其他思想方法则采用因果分析或利用领域知识等，捕捉图背后的生成因子。

第 7 章
CHAPTER 7

动态图表征学习

许多图数据本身会随时间动态变化。例如，在社交网络中，用户间可能建立新的边、删除旧的边，并会有新用户加入、老用户退出；在交通网络中，交通流量及道路连接情况均会随时间发生变化。相比于静态图，动态图具有额外的时间信息，因此需要建模图数据在时间上演化的模式与规律。根据不同的场景，动态图数据在节点和边特征以及图结构上均可能存在不同的时间信息。为使图表征学习方法能处理动态图，出现了一系列动态图表征学习研究工作。本章将首先介绍动态图数据，随后概括地介绍一些经典的动态图表征学习方法。本章内容主要参考了综述文献 [117]。

7.1 动态图数据

根据数据形式不同，动态图大致可以分为两种：离散时间动态图和连续时间动态图。

离散时间动态图使用一个静态图的序列来表示，记为 $\mathcal{G} = \{\mathcal{G}_1, \mathcal{G}_2, \cdots, \mathcal{G}_T\}$，其中图 $\mathcal{G}_t$ 是一个静态图，被称作动态图 $\mathcal{G}$ 在 t 时刻的快照（Snapshot），T 为快照的数量，也即动态图的总时间长度。采用离散时间表示的动态图，可以很好地结合静态图方法。例如，许多离散时间动态图表征学习方法先对每个快照使用静态图的表征学习方法，然后将每个快照的表征联合起来以处理图的动态信息。离散时间动态图的时间分辨率取决于快照的数量 T，即假设每个快照内的图不会动态变化。若真实图数据是连续的，例如道路网络中的车流量或传感器网络中的信号等，则需要离散化，以得到若干图快照。在离散化时，存在精度与效率的平衡：T 越大，动态图的时间精度越高，但图数据的规模也随之增加且更难以处理，反之亦然。

连续时间动态图则采用一个边的序列表示动态图数据，即 $\mathcal{G}=\{e_1,e_2,\cdots,e_N\}$，$e_i=(u_i,v_i,t_i,\delta_i)$，其中每条边 e_i 包括边的两个端点 u_i,v_i，还包括事件发生的时间戳 t_i，以及事件类型 δ_i。对于仅涉及边增加和删除的动态图，$\delta_i\in\{1,-1\}$，分别表示边的增加和删除；若动态图包括其他类型的变化，例如节点特征的改变或边权重的改变等，也可设计相应的事件类型和图数据表示方式。相对于离散时间动态图，连续时间动态图更容易记录更加细粒度的时间信息，但它的数据处理起来也更复杂。

根据处理动态图数据的类型，动态图表征学习也可以分为离散时间动态图表征学习和连续时间动态图表征学习，下面分别介绍。

7.2 离散时间动态图表征学习

离散时间动态图表征学习的常见做法是，先使用静态图神经网络对每个图快照建模，再结合时间序列模型挖掘图的动态信息

$$
\begin{aligned}
\boldsymbol{Z}_t &= \mathrm{GNN}(\mathcal{G}_t), t=1,\cdots,T,\\
\boldsymbol{H}_t &= \mathrm{Seq}(\boldsymbol{Z}_1,\boldsymbol{Z}_2,\cdots,\boldsymbol{Z}_t),
\end{aligned}
\tag{7-1}
$$

式中，$\boldsymbol{Z}_t$ 表示时刻 t 的节点表征；$\boldsymbol{H}_t$ 表示包含了前 t 个时间快照信息的节点表征；$\mathrm{Seq}(\cdot)$ 表示一个序列模型，例如循环神经网络或者自注意力机制。下面简要介绍符合上述统一形式的离散时间动态图表征学习。GCRN（Graph Convolutional Recurrent Network）[118] 使用图卷积神经网络来建模图的空间信息，然后使用窥孔长短期记忆（Peephole LSTM）神经网络来捕捉图的时间信息；DyGGNN（Dynamic Gated Graph Neural Networks）[119] 分别使用门控图神经网络 [39] 和普通的长短期记忆神经网络建模图的时间信息和空间信息；DySAT（Dynamic Self-ATtention networks）[120] 则使用图注意力网络建模每个快照内的图空间信息，并在跨时间的快照信息处理上使用了自注意力机制建模图时间信息。下面更具体地介绍 DySAT。对于空间的自注意力机制，DySAT 采用了与图注意力网络相同的计算方式，在此不再展开。对于一个节点 v，DySAT 提出的时间自注意力机制计算方式为

$$
\begin{aligned}
\boldsymbol{\alpha}_v^{i,j} &= \frac{\left((\boldsymbol{X}_v\boldsymbol{W}_q)(\boldsymbol{X}_v\boldsymbol{W}_k)^\top\right)_{i,j}}{\sqrt{d}}+\boldsymbol{M}_{i,j},\\
\hat{\boldsymbol{\alpha}}_v^{i,j} &= \frac{\exp(\boldsymbol{\alpha}_v^{i,j})}{\sum_{t=1}^{T}\exp(\boldsymbol{\alpha}_v^{i,t})},
\end{aligned}
\tag{7-2}
$$

式中，$\hat{\boldsymbol{\alpha}}_v^{i,j}$ 表示节点 v 在时间戳 i 对时间戳 j 的注意力得分；$\boldsymbol{X}_v \in \mathbb{R}^{T\times d}$ 表示节点 v 对应的所有时间戳上的节点表征；$\boldsymbol{W}_q, \boldsymbol{W}_k \in \mathbb{R}^{d\times f}$ 表示自注意力的查询（Query）和键（Key）对应的投影矩阵；d 和 f 表示自注意力机制中输入表征和输出表征的维度；$\boldsymbol{M}_{i,j}$ 表示掩码矩阵，满足

$$\boldsymbol{M}_{i,j} = \begin{cases} 0, & i \leqslant j \\ -\infty, & \text{其他} \end{cases}. \tag{7-3}$$

掩码矩阵 $\boldsymbol{M}$ 使得当前时间戳的节点表征信息只能来自过去，而不能来自未来，以符合动态图任务的实际设定，即只能用过去的图预测未来的图数据。基于上述时间自注意力机制，节点 v 的输出表征 $\boldsymbol{Z}_v \in \mathbb{R}^{T\times f}$ 为

$$\boldsymbol{Z}_v = \hat{\boldsymbol{\alpha}}_v \boldsymbol{X}_v \boldsymbol{W}_v, \tag{7-4}$$

式中，$\boldsymbol{W}_v$ 表示自注意力机制的值（Value）对应的投影矩阵。为了进一步捕捉图数据的复杂结构并提高模型的性能，DySAT 对空间注意力机制和时间注意力机制均采用了多头机制。

$$\begin{aligned} &\text{空间多头自注意力机制：} \boldsymbol{X}_v = \left[\boldsymbol{X}_v^{(1)}, \boldsymbol{X}_v^{(2)}, \cdots, \boldsymbol{X}_v^{(n_s)}\right] \qquad \forall v \in \mathcal{V}, \\ &\text{时间多头自注意力机制：} \boldsymbol{Z}_v = \text{Concat}\left[\boldsymbol{Z}_v^{(1)}, \boldsymbol{Z}_v^{(2)}, \cdots, \boldsymbol{Z}_v^{(n_t)}\right] \quad \forall v \in \mathcal{V}, \end{aligned} \tag{7-5}$$

式中，n_s 和 n_t 分别表示空间自注意力和时间自注意力的头数。DySAT 整体的计算流程如下：先利用空间注意力机制对所有快照的图信息做聚合以得到每个时间戳的节点表征，随后使用时间自注意力机制聚合同一节点在不同时间戳的信息，最后利用得到的最终节点表征进行节点分类、链接预测等下游任务。

除了堆叠不同模块分别处理空间信息和时间信息，也有其他研究试图将两者整合在一起并设计新的模型，以同时处理图的时间信息和空间信息。例如，EvolveGCN [121] 将循环神经网络整合到图卷积神经网络中，并随时间变化更新图卷积神经网络的模型参数。EvolveGCN 将这一神经网络层称作演化图卷积单元（Evolving Graph Convolution Unit，EGCU），并包括两种变体：EGCU-H 和 EGCU-O。其中，EGCU-H 表示为

$$\begin{aligned} \boldsymbol{W}_t^{(l)} &= \text{GRU}(\boldsymbol{H}_t^{(l)}, \boldsymbol{W}_{t-1}^{(l)}), \\ \boldsymbol{H}_t^{(l+1)} &= \text{GCN}(\boldsymbol{A}_t, \boldsymbol{H}_t^{(l)}, \boldsymbol{W}_t^{(l)}), \end{aligned} \tag{7-6}$$

式中，$\boldsymbol{W}_t^{(l)}$ 表示图神经网络在时间 t 和第 l 层的参数；$\boldsymbol{A}_t$ 表示图快照 $\mathcal{G}_t$ 对应的邻接矩阵；$\text{GCN}(\cdot)$ 代表一个图卷积神经网络层。EGCU-O 则表示为

$$
\begin{aligned}
\boldsymbol{W}_t^{(l)} &= \mathrm{LSTM}(\boldsymbol{W}_{t-1}^{(l)}), \\
\boldsymbol{H}_t^{(l+1)} &= \mathrm{GCN}(\boldsymbol{A}_t, \boldsymbol{H}_t^{(l)}, \boldsymbol{W}_t^{(l)}).
\end{aligned}
\tag{7-7}
$$

比较上面两个公式可以发现，EGCU-H 的图神经网络参数更新包括节点表征 $\boldsymbol{H}$，而 EGCU-O 仅使用过去的图神经网络参数来预测下一时刻的参数。

上述方法都在欧氏空间中建模图的结构和时序特性。HTGN（Hyperbolic Temporal Graph Network）[122] 则提出，在欧氏空间无法有效地刻画现实动态图中内在的复杂结构和层级性质。针对该问题，HTGN 发现动态图的节点度数分布满足幂律分布（Power-low Distribution），因此提出了在双曲空间（Hyperbolic Space）中建模动态图，以利用双曲几何的指数容量与层级感知特性。HTGN 提出了双曲图神经网络来提取空间信息，再利用双曲循环网络和双曲时间自注意力机制来提取时间信息。

7.3 连续时间动态图表征学习

连续时间动态图表征学习可以分为基于循环神经网络的方法、基于时间点过程的方法和基于时间编码的方法。下面将分别简介其中的代表性方法。

7.3.1 基于循环神经网络的方法

基于循环神经网络的方法的核心思想是利用循环神经网络对时间的建模能力，对连续时间动态图中的边的序列进行建模，并不断地更新节点表征。JODIE（JOint Dynamic user-Item Embedding）[123] 是一个基于循环神经网络的代表性方法，它通过用户和商品的交互图学习节点表征。具体来说，JODIE 使用循环神经网络来计算每个节点在不同时间的表征。在学习用户和物品的表征时，分别使用一个架构相同的循环神经网络，其拥有独立的可学习权重。当一个新的用户-物品交互对 u-i 出现时，其对应的用户节点表征和商品节点表征 $\boldsymbol{h}_u$ 和 $\boldsymbol{h}_i$ 更新如下：

$$
\begin{aligned}
\boldsymbol{h}_{u,t} &= \sigma\left(\boldsymbol{W}_{u,1}\boldsymbol{h}_{u,\bar{t}} + \boldsymbol{W}_{u,2}\boldsymbol{h}_{i,\bar{t}} + \boldsymbol{W}_{u,3}\boldsymbol{h}_{u,i} + \boldsymbol{W}_{u,4}\Delta_u\right), \\
\boldsymbol{h}_{i,t} &= \sigma\left(\boldsymbol{W}_{i,1}\boldsymbol{h}_{i,\bar{t}} + \boldsymbol{W}_{i,2}\boldsymbol{h}_{u,\bar{t}} + \boldsymbol{W}_{i,3}\boldsymbol{h}_{u,i} + \boldsymbol{W}_{i,4}\Delta_i\right),
\end{aligned}
\tag{7-8}
$$

式中，$\boldsymbol{h}_{u,t}$ 表示用户 u 在 t 时刻的表征；$\boldsymbol{h}_{i,t}$ 表示物品 i 在 t 时刻的表征；$\boldsymbol{h}_{u,\bar{t}}$ 表示本次交互之前用户的表征；$\boldsymbol{h}_{i,\bar{t}}$ 表示本次交互之前物品的表征；$\boldsymbol{h}_{u,i}$ 表示这次交互的特征；Δ_u 和 Δ_i 表示用户 u 和物品 i 从上次交互到本次交互的时间间隔，以此来刻画交互频率的影响；不同下标的 $\boldsymbol{W}$ 均为不同的可学习参数。

7.3.2 基于时间点过程的方法

基于时间点过程的方法主要利用概率论中的点过程（Point Process），对连续时间动态图中的时序信息进行建模。DyREP（Dynamic REPresentation）[124] 是一个具有代表性的基于时间点过程的连续时间动态图表征模型。具体来说，DyREP 通过时间点过程建模动态图中的事件，每个事件表示为一个四元组 (u, v, t, k)，其中：u 和 v 是交互的节点；t 为事件发生的时间；$k \in \{0, 1\}$ 表示事件的类型；$k = 0$ 代表图中的结构演化，即图结构发生变化；$k = 1$ 为节点间的动态交互。DyREP 通过时间点过程对两种动态信息同时建模，以更有效地捕捉连续时间动态图的时序信息。记 $\lambda(\cdot)$ 为一个事件发生的条件密度函数，它通过两个函数 $\mathcal{F}(\cdot)$ 和 $\mathcal{G}(\cdot)$ 进行参数化：

$$\lambda_k^{u,v}(t) = \mathcal{F}_k(\mathcal{G}_k^{u,v}(\bar{t})), \tag{7-9}$$

式中，$\bar{t}$ 表示紧邻时间 t 之前的时间。对于 $\mathcal{G}(\cdot)$，其通过节点表征计算得到，即

$$\mathcal{G}_k^{u,v}(\bar{t}) = \boldsymbol{w}_k^{\top} \left[\boldsymbol{h}_u(\bar{t}), \boldsymbol{h}_v(\bar{t})\right], \tag{7-10}$$

式中，$\boldsymbol{h}_u(\bar{t})$ 和 $\boldsymbol{h}_v(\bar{t})$ 表示节点 u 和节点 v 在 $\bar{t}$ 时刻的表征。对于函数 $\mathcal{F}(\cdot)$，其需要保证输出的结果满足为一个概率密度函数。因此，其被设为一个修改过后的 softplus 函数：

$$\mathcal{F}_k(x) = \psi_k \log\left(1 + \exp\left(x/\psi_k\right)\right), \tag{7-11}$$

式中，ψ_k 表示一个动力学参数，允许时间点过程在不同的时间尺度上建模。时间点过程可以对不同事件发生的频率、先后顺序等进行建模。在定义了时间点过程后，接下来介绍节点表征是如何被更新的。DyREP 采用三个更新原则：自我更新，即每个节点在发生事件后需要演化；外源驱动力，即外部事件对节点的影响；局部表征消息传递，即事件发生后，事件对应节点的周围邻居也会受到影响。特别地，对于局部消息传递，DyREP 方法仅考虑二阶邻居。综上，对于节点 v 发生的第 p 个事件，其节点表征更新如下：

$$\boldsymbol{h}_v\left(t_p\right) = \sigma(\boldsymbol{W}_1 \boldsymbol{h}_{\mathcal{N}(v)}(\bar{t}_p) + \boldsymbol{W}_2 \boldsymbol{h}_v(\bar{t}_p^v) + \boldsymbol{W}_3(t_p - \bar{t}_p^v)), \tag{7-12}$$

式中，$\boldsymbol{h}_{\mathcal{N}(v)}$ 表示聚合节点 u 邻居的表征；t_p 表示当前事件的时间；$\bar{t}_p$ 表示紧邻当前事件时间之前的时间；$\bar{t}_p^v$ 表示节点 v 上一个事件的时间；$\boldsymbol{W}_1, \boldsymbol{W}_2, \boldsymbol{W}_3$ 为不同部分的可学习参数。式 (7-12) 中的三项分别对应上面介绍的三个更新原则：第一项对应局部表征消息传递，即考虑邻居的信息；第二项对应自我更新；第三项对应事件的外源驱动力的影响。然而，式 (7-12) 在更新节点表征时，假设节点的

所有邻居权重相同。DyREP 进一步提出了一个基于注意力机制的时序信息聚合模型，以考虑不同邻居的影响。

隐动态图模型（Latent Dynamic Graph Model）[125] 则通过神经关系推断模型（Neural Relational Inference Model）[126] 来扩展 DyREP。它的核心思路是使用神经关系推断模型来编码图上的交互，并生成时间注意力矩阵来改进 DyREP 的注意力机制。

7.3.3 基于时间编码的方法

基于时间编码的方法首先将连续动态图中的时间戳，用时间编码技术嵌入图节点或边的表征，再使用图神经网络处理空间信息。常见的时间编码技术包括位置编码（Positional Encoding）[28]、time2vec [127]、泛函时间编码（Functional Time Encoding）[128] 等。例如，TGAT（Temporal Graph ATtention）[129] 是一个具有代表性的使用时间编码的连续时间动态图表征学习。其将自监督机制与泛函时间编码 [128] 相结合，以捕捉图中的时间信息。

7.4 本章小结

本章介绍了动态图表征学习，其在考虑图拓扑结构的同时建模了动态图的时间信息与图的演化规律。根据动态图数据的不同，动态图表征学习可分为离散时间动态图表征学习与连续时间动态图表征学习。更多动态图表征学习的内容，可参考相关的综述文章，如文献 [130–132] 等。

第 8 章
CHAPTER 8

无监督图神经网络与自监督图神经网络

通常来说，训练图神经网络模型使用的是监督学习方法，因此需要大量已知的标签作为训练数据。然而，监督学习的范式在很多真实世界的图场景中是不适用的，因为图数据上的标签可能难以收集甚至无法获得。因此，如何无监督地训练图神经网络变得十分重要。同时，作为一种形式的无监督学习，自监督学习在很多任务上展现出了强大的性能，包括对于图像、序列等网格数据的表征学习。同样，在图数据上，自监督学习也能够利用大量无标签的数据，学习图结构数据表征。本章介绍无监督图神经网络与自监督图神经网络。除本章内容外，第 12 章将介绍一些更关注于分布外泛化的图无监督学习和自监督学习方法。

8.1 无监督学习的图神经网络

无监督学习的图神经网络部分内容与本书第 2 章内容有一定重叠，即主要通过图重构任务在没有标签时训练图神经网络，并学习输入图数据的表征。根据采用的方法不同，该类方法又可分为图自编码器与变分图自编码器。

8.1.1 图自编码器

自编码器已经被广泛应用到数据的表征学习中，例如图像和自然语言等。将自编码器应用到图领域来学习图表征时，其主要思想是要求模型能够完成对输入图的重构任务，使得图神经网络能够学习到有效的图表征。

GAE（Graph Auto-Encoder）[99] 是图自编码器的一个基础版本。对于一个输入图数据的邻接矩阵 $\boldsymbol{A}$ 和节点特征 $\boldsymbol{X}$，GAE 通过重构邻接矩阵进行学习，具

体的计算方式为

$$
\begin{aligned}
\hat{\boldsymbol{A}} &= g(\boldsymbol{H}) = \sigma\left(\boldsymbol{H}\boldsymbol{H}^{\top}\right), \\
\boldsymbol{H} &= f(\boldsymbol{A}, \boldsymbol{X}),
\end{aligned}
\tag{8-1}
$$

式中，$f(\cdot)$ 表示图神经网络编码器；$g(\cdot)$ 表示解码器，在这里采用简单的表征内积的形式；$\hat{\boldsymbol{A}}$ 表示重构的邻接矩阵。由于 GAE 最初用于学习节点表征并处理链接预测任务，因此它只假定两个相连的节点应该有类似的表征，即一阶相似度。GAE 的目标函数有许多直观的改进。如第 2 章介绍的，SDNE 方法在重构一阶相似度的基础上进一步考虑了二阶相似度，即用每个节点自身的表征重构邻接矩阵对应的一行。GraphSAGE [133] 引入了一个与 GAE 类似的目标函数，但不只考虑图中相连的节点，而是采用随机游走建模图中的高阶邻近度，然后重构随机游走上邻近的节点对。另一个方法 SuperGAT [134] 将 GAE 的目标函数作为训练图注意力网络中的辅助损失，旨在学习表达能力更强的注意力机制。SimP-GCN [135] 采用节点对相似性作为邻接矩阵的替代，以构建一个重构辅助任务。

MGAE（Marginalized Graph Auto-Encoder）[136] 参考去噪自编码器的思想，采用一个自编码器重构多个随机扰动的节点特征矩阵，其目标函数为

$$
\min_{\theta} \sum_{k=1}^{K} \left\| \boldsymbol{X} - f_{\theta}(\boldsymbol{A}, \tilde{\boldsymbol{X}}_k) \right\|^2 + \lambda \|\theta\|_{\mathrm{F}}^2,
\tag{8-2}
$$

式中，$\tilde{\boldsymbol{X}}_k$ 表示第 k 次扰动后的节点特征矩阵；K 表示扰动的数量；θ 表示编码器中的可学习参数；λ 表示决定正则化系数的超参数。

与 GAE 和 MGAE 不同，GALA（Graph Auto-encoder using LAplacian smoothing and sharpening）[137] 引入了一个对称的编码器和解码器架构。受图神经网络编码器起到拉普拉斯平滑作用的启发，GALA 通过拉普拉斯锐化（Sharpening）来设计解码器，即促使每个节点的解码表征与它的邻居不相似，以重构节点特征。

特征掩码（Attribute Masking）[138]，也被称为图补全，是另一种无监督学习策略，其在图自编码器框架下通过重构被掩盖的节点特征来训练图编码器。具体来说，首先编码器计算出节点特征被随机掩盖时的节点表征，然后解码器应用于该节点表征，以重构被掩盖的特征。例如，PretrainingGNN [138] 采用图神经网络作为编码器，解码器则是一个线性映射。当图数据有边特征时，也可以重构被掩盖的边特征。虽然特征掩码没有明确地被命名为图自编码器，但它是通过对输入图的整个或某些部分重构来训练的，因此也可将其归入图自编码器部分。

8.1.2 变分图自编码器

尽管变分图自编码器与 8.1.1 节介绍的自编码器具有类似的编码器-解码器结构，但变分自编码器实际上是一种生成模型，并建立在不同的数学基础上。变分自编码器通过对观测数据的生成机制建模，并假设生成机制里潜在表征的先验分布，在有效地学习图表征上同样展现出了良好的性能。

如第 6 章解耦图表征学习中所介绍，VGAE [99] 是一种最基本的变分图自编码器。与 GAE 类似，它同样重构邻接矩阵，并由一个后验分布推断节点表征

$$q(\boldsymbol{H} \mid \boldsymbol{X}, \boldsymbol{A}) = \prod_{i=1}^{|\mathcal{V}|} \mathcal{N}\left(\boldsymbol{h}_i \mid \boldsymbol{\mu}_i(\boldsymbol{A}, \boldsymbol{X}), \boldsymbol{\Sigma}_i(\boldsymbol{A}, \boldsymbol{X})\right), \tag{8-3}$$

式中，假设每个节点符合独立的高斯分布；$\boldsymbol{\mu}_i$ 和 $\boldsymbol{\Sigma}$ 表示学习到的均值向量和协方差矩阵，由图神经网络编码器实现参数化。解码器则根据节点表征内积来实现：

$$\Pr(\boldsymbol{A}|\boldsymbol{H}) = \prod_{i=1}^{|\mathcal{V}|} \prod_{j=1}^{|\mathcal{V}|} \Pr(\boldsymbol{A}_{i,j}|\boldsymbol{h}_i, \boldsymbol{h}_j) = \prod_{i=1}^{|\mathcal{V}|} \prod_{j=1}^{|\mathcal{V}|} \sigma(\boldsymbol{h}_i^\top \boldsymbol{h}_j), \tag{8-4}$$

式中，$\sigma(\cdot)$ 表示 sigmoid 函数。VGAE 的优化在第 6 章已经介绍过，在此不再赘述。

ARVGA（Adversarially Regularized Variational Graph Auto-encoder）[139] 提出用生成式对抗网络（Generative Adversarial Network，GAN）正则化变分图自编码器。该方法旨在使潜在变量的分布与高斯先验分布更加相似。除编码器和解码器外，ARVGA 还训练了一个生成器（Generator）和一个判别器（Discriminator），其中生成器直接从高斯分布中采样数据，判别器则需要区分数据是由编码器产生的还是由生成器产生的。由于生成式对抗网络的正则化被证明等价于优化潜在变量分布和高斯先验分布之间的 Jensen-Shannon 散度，ARVGA 可以达到与 VGAE 类似的效果，但具有更强的正则化特性。

SIG-VAE（Semi-Implicit Graph Variational Auto-Encoder）[140] 提出将变分图自编码器的推断模型替换为包含多个随机层的层次结构，使潜在变量模型更加灵活。特别地，推断模型由 $p(\boldsymbol{H} \mid \boldsymbol{A}, \boldsymbol{X}) = p(\boldsymbol{H} \mid \boldsymbol{A}, \boldsymbol{X}, \boldsymbol{\mu}, \boldsymbol{\Sigma})$ 给出，其中 $\boldsymbol{\mu}$ 和 $\boldsymbol{\Sigma}$ 是由堆叠的随机层计算的随机变量，每层都注入了噪声。因此，$p(\boldsymbol{H} \mid \boldsymbol{A}, \boldsymbol{X})$ 不再限于高斯分布，从而具有更强的灵活性。

8.2 自监督学习的图神经网络

接下来，介绍自监督学习的图神经网络。首先，介绍自监督学习的训练范式。然后，介绍自监督学习的两类主要方法：对比学习与预测式学习（Predictive Learning)。本小节内容主要参考了相关综述文献 [141]。

8.2.1 训练范式

自监督学习的训练范式包括三种：无监督表征学习、预训练和辅助学习。

在无监督表征学习中，整个训练过程只有无标签的图数据。因此，对于给定图数据的表征学习问题，其可以被写为

$$\begin{aligned} f^* &= \arg\min_{f} \mathcal{L}_{\text{ssl}}(f|\mathcal{P}), \\ \boldsymbol{H}^* &= f^*(\boldsymbol{A}, \boldsymbol{X}), \end{aligned} \tag{8-5}$$

式中，$(\boldsymbol{A}, \boldsymbol{X}) \sim \mathcal{P}$ 表示无标签的数据分布；$\boldsymbol{H}^*$ 表示学习到的节点表征，并用于进一步的下游任务，例如分类、回归、聚类等问题；$\mathcal{L}_{\text{ssl}}$ 是自监督学习的目标函数。因此，无监督表征学习即使用自监督学习训练模型，然后直接输出表征。

预训练范式则通常分为两个阶段。首先，在预训练（Pre-training）阶段，用无标签的图数据训练图编码器 $f(\cdot)$；然后，在微调（Fine-tuning）阶段，将预训练好的编码器作为初始化，继续用含标签的图数据训练。该过程可以写为

$$\begin{aligned} f^*, h^* &= \arg\min_{(f,h)} \mathcal{L}_{\text{sup}}(f, h|\mathcal{P}, \mathcal{Y}, f_{\text{init}}), \\ f_{\text{init}} &= \arg\min_{f} \mathcal{L}_{\text{ssl}}(f|\mathcal{P}), \end{aligned} \tag{8-6}$$

式中，$\mathcal{Y}$ 表示可获得的部分图数据标签；$h(\cdot)$ 表示用于任务的分类或预测器，例如一个全连接层。除了利用没有标签的图数据，无监督预训练模式在微调阶段还可利用部分标签信息，因此效果会更加有保证。

辅助学习（Auxiliary Learning），也被称为联合训练，目标是通过在自监督训练下引入一个辅助任务来提高监督学习的任务性能，即希望同时学习解码器 f 和分类或预测器 h，其中 h 是通过监督学习训练的，f 是通过监督学习和自监督学习联合训练的，可以形式化为

$$f^*, h^* = \arg\min_{(f,h)} \mathcal{L}_{\text{sup}}(f, h|\mathcal{P}, \mathcal{Y}) + \lambda \mathcal{L}_{\text{ssl}}(f|\mathcal{P}), \tag{8-7}$$

式中，λ 表示调节主要任务和辅助任务相对权重的超参数系数。

8.2.2 对比学习

对比学习的研究在自然语言处理和计算机视觉方面取得了进展。受对比学习在这些领域的启发，在图上关于自监督学习的研究同样提出了基于对比学习的框

架，并且是图自监督学习一个最常见的范式。接下来，介绍对比学习的方法。

1. 核心思想

给定训练图数据集，对比学习的目标是学习一个或多个编码器，使相似的图实例的表征相互一致，而不相似的图实例的表征不一致。具体来说，通过应用不同的变换或数据增强，获得训练集中每个图样本的多个视图（View），每个视图反映了同一个图样本的不同侧面。然后，从同一个图产生的两个视图通常被认为是一个正样本对（Positive Pair），从不同图中产生的两个视图被认为是一个负样本对（Negative Pair），样本间的相似性通常由两个表征之间的互信息相关的指标来衡量。因此，现有的图对比学习方法一般可以统一到如下的通用框架中：联合采样视图对（即同一个图的两个视图）和独立采样视图对（即不同图所产生的两个视图），然后学习表征以区分两种视图对。不同图对比学习方法的区别主要体现在三个方面：获得不同视图的方法；不同视图下，图表征的计算方式；给定视图下，区分不同表征的方式。因此，一般来说，一个图对比学习方法的关键组件包括：从每个给定图数据中计算多个视图的变换、计算每个视图下表征的编码器，以及优化编码器参数的目标函数。具体来说，给定一个图的邻接矩阵 $\boldsymbol{A}$ 和节点特征 $\boldsymbol{X}$，它们是从无标签数据分布 $\mathcal{P}$ 中采样的随机变量，对其应用 K 个变换 $\mathcal{T}_1(\cdot),\cdots,\mathcal{T}_K(\cdot)$ 来获得该图数据的不同视图 $\boldsymbol{q}_1,\cdots,\boldsymbol{q}_K$。然后，一组编码器 $f_1(\cdot),\cdots,f_K(\cdot)$ 将相应的视图作为其输入，并计算每个视图中的图表征 $\boldsymbol{h}_1,\cdots,\boldsymbol{h}_K$：

$$\boldsymbol{q}_i=\mathcal{T}_i(\boldsymbol{A},\boldsymbol{X}),\quad \boldsymbol{h}_i=f_i\left(\boldsymbol{q}_i\right),i=1,\cdots,K. \tag{8-8}$$

假定变换后的数据仍是一个图数据，记其为 $\boldsymbol{q}_i=(\hat{\boldsymbol{A}}_i,\hat{\boldsymbol{X}}_i)=\mathcal{T}_i(\boldsymbol{A},\boldsymbol{X})$。但需要注意，在一般意义上，并非所有变换视图生成的数据都是一个新的图或原图的子图。此外，上述 K 个编码器不一定完全独立，即可以采用共享权重的编码器。在训练过程中，对比学习的目标在于训练编码器，使其最大程度地增强从同一个图产生出的不同视图的表征间的一致性。这种一致性通常由一对表征 $\boldsymbol{h}_i$ 和 $\boldsymbol{h}_j$ 间的互信息 $\mathcal{I}(\boldsymbol{h}_i,\boldsymbol{h}_j)$ 来衡量。因此，可以将对比学习的目标写为

$$\max_{\{f_i(\cdot)\}_{i=1}^K}\frac{1}{\sum_{i\neq j}\sigma_{i,j}}\left(\sum_{i\neq j}\sigma_{i,j}\mathcal{I}\left(\boldsymbol{h}_i,\boldsymbol{h}_j\right)\right), \tag{8-9}$$

式中，$\sigma_{i,j}\in\{0,1\}$ 表示是否要在两个表征之间计算互信息。$\boldsymbol{h}_i$ 和 $\boldsymbol{h}_j$ 可以认为是两个随机变量，在正样本间服从一个联合分布，而在负样本间服从两个边缘分布的乘积。为了能够更高效地计算互信息，通常使用互信息的某些估计值 $\hat{\mathcal{I}}(\cdot)$ 来代替上述学习目标。优化结束后，在推断过程中，可以使用单一的训练好的编码器来计算图表征，也可以使用多个视图表征的组合，如线性组合或不同向量的拼接，

作为图的最终表征。

2. 对比学习目标函数

给定一对随机变量 $(\boldsymbol{u},\boldsymbol{v})$，其互信息 $\mathcal{I}(\boldsymbol{u},\boldsymbol{v})$ 可以衡量 $\boldsymbol{u}$ 和 $\boldsymbol{v}$ 共享的信息，具体计算方式如下：

$$\mathcal{I}(\boldsymbol{u},\boldsymbol{v})=\mathcal{D}_{\mathrm{KL}}(p(\boldsymbol{u},\boldsymbol{v})\|p(\boldsymbol{u})p(\boldsymbol{v}))=\mathbb{E}_{p(\boldsymbol{u},\boldsymbol{v})}\left[\log\frac{p(\boldsymbol{u},\boldsymbol{v})}{p(\boldsymbol{u})p(\boldsymbol{v})}\right], \tag{8-10}$$

式中，$\mathcal{D}_{\mathrm{KL}}(\cdot,\cdot)$ 表示 KL 散度。对比学习的目标是使两个随机变量的视图之间的互信息最大化。特别地，编码器一般同时考虑来自一个联合分布的正样本对和来自边缘分布的负样本对，通过对比两者间的表征进行训练。互信息的估计通常基于一个判别器 $\mathcal{D}(\cdot)$ 来计算，该判别器将两个视图的表征映射为两个表征之间的一致性分数。判别器可以是参数化的或非参数化的。例如，在计算一对表征的相似度之前，判别器 $\mathcal{D}(\cdot)$ 可以被实例化为一组投影函数 $g_i(\cdot),\cdots,g_K(\cdot)$，以将表征映射到一个新的隐空间：

$$\boldsymbol{z}_i=g_i\left(\boldsymbol{h}_i\right),i=1,\cdots,K, \tag{8-11}$$

式中，$g_i(\cdot)$ 可以是一个恒等映射、一个线性投影或一个多层感知机。在这种情况下，参数化的 $g_i(\cdot)$ 与编码器 $f_i(\cdot)$ 需要被同时优化，即将式 (8-9) 改写为

$$\max_{\{f_i(\cdot),g_i(\cdot)\}_{i=1}^K}\frac{1}{\sum_{i\neq j}\sigma_{ij}}\left(\sum_{i\neq j}\sigma_{ij}\widehat{\mathcal{I}}_{g_i,g_j}\left(\boldsymbol{h}_i,\boldsymbol{h}_j\right)\right). \tag{8-12}$$

为了在对比学习中计算、估计并最大化互信息，三种典型的互信息下界经常被采用，包括 Donsker-Varadhan（DV）估计 $\widehat{\mathcal{I}}^{(\mathrm{DV})}$、Jensen-Shannon（JS）估计 $\widehat{\mathcal{I}}^{(\mathrm{JS})}$ 和信息噪声对比估计（Information Noise-Contrastive Estimation, InfoNCE）$\widehat{\mathcal{I}}^{(\mathrm{NCE})}$。在这三种方法中，JS 法和 InfoNCE 法通常被用作图中对比学习的目标。对于 DV 估计器，其互信息的下界计算形式如下：

$$\widehat{\mathcal{I}}^{(\mathrm{DV})}\left(\boldsymbol{h}_i,\boldsymbol{h}_j\right)=\mathbb{E}_{p(\boldsymbol{h}_i,\boldsymbol{h}_j)}\left[\mathcal{D}\left(\boldsymbol{h}_i,\boldsymbol{h}_j\right)\right]-\log\mathbb{E}_{[(\boldsymbol{A},\boldsymbol{X}),(\boldsymbol{A}',\boldsymbol{X}')]}\left[\exp(\mathcal{D}\left(\boldsymbol{h}_i,\boldsymbol{h}_j'\right))\right]. \tag{8-13}$$

JS 估计器则通过计算联合分布和边缘分布之间的 JS 散度：

$$\begin{aligned}\widehat{\mathcal{I}}^{(\mathrm{JS})}\left(\boldsymbol{h}_i,\boldsymbol{h}_j\right)=&\,\mathbb{E}_{(\boldsymbol{A},\boldsymbol{X})\sim\mathcal{P}}\left[\log\left(\mathcal{D}\left(\boldsymbol{h}_i,\boldsymbol{h}_j\right)\right)\right]\\&+\mathbb{E}_{[(\boldsymbol{A},\boldsymbol{X}),(\boldsymbol{A}',\boldsymbol{X}')]\sim\mathcal{P}\times\mathcal{P}}\left[\log\left(1-\mathcal{D}\left(\boldsymbol{h}_i,\boldsymbol{h}_j'\right)\right)\right].\end{aligned} \tag{8-14}$$

InfoNCE 是互信息的另一个下界，形式化如下：

$$\widehat{\mathcal{I}}^{(\mathrm{NCE})}\left(\boldsymbol{h}_i,\boldsymbol{h}_j\right)=\mathbb{E}_{[(\boldsymbol{A},\boldsymbol{X}),\boldsymbol{K}]\sim\mathcal{P}\times\mathcal{P}^C}\left[\log\frac{\exp(\mathcal{D}\left(\boldsymbol{h}_i,\boldsymbol{h}_j\right))}{\sum_{(\boldsymbol{A}',\boldsymbol{X}')\in\boldsymbol{K}}\exp(\mathcal{D}\left(\boldsymbol{h}_i,\boldsymbol{h}_j'\right))}\right], \tag{8-15}$$

式中，$\boldsymbol{K}$ 表示从 $\mathcal{P}$ 中独立随机采样得到的 C 个负样本。在实际计算中，对于一个批量 $\mathcal{B}$ 的数据样本点，InfoNCE 可以在近似情况下化简为如下目标函数：

$$\mathcal{L}_{\mathrm{InfoNCE}}=-\frac{1}{C+1}\sum_{(\boldsymbol{A},\boldsymbol{X})\in\mathcal{B}}\left[\log\frac{\exp(\mathcal{D}\left(\boldsymbol{h}_i,\boldsymbol{h}_j\right))}{\sum_{(\boldsymbol{A}',\boldsymbol{X}')\in\mathcal{B}\setminus\{(\boldsymbol{A},\boldsymbol{X})\}}\exp(\mathcal{D}\left(\boldsymbol{h}_i,\boldsymbol{h}_j'\right))}\right], \tag{8-16}$$

式中，$\boldsymbol{h}_i,\boldsymbol{h}_j$ 表示从一个图 $(\boldsymbol{A},\boldsymbol{X})$ 的不同视图得到的正样本对；$\boldsymbol{h}_j'$ 表示从另一个图得到的样本，即 $\boldsymbol{h}_i,\boldsymbol{h}_j'$ 是负样本对。

3. 图视图生成

为了从图数据中生成不同的视图，图对比学习方法通常需要采用不同类型的图变换或图数据增强。现有的图数据变换大致可以分为三类：特征变换、结构变换和基于采样的变换。

第一种，**特征变换**，可以被形式化为

$$\mathcal{T}_{\mathrm{feat}}\left(\boldsymbol{A},\boldsymbol{X}\right)=\left(\boldsymbol{A},\mathcal{T}_X(\boldsymbol{X})\right). \tag{8-17}$$

节点属性掩码是特征变换最常见的方式之一，它用常数或随机值，随机掩盖所有节点的一小部分属性。具体来说，给定输入属性矩阵，节点属性掩码为

$$\mathcal{T}_X^{(\mathrm{mask})}(\boldsymbol{X})=\boldsymbol{X}\odot(\boldsymbol{1}-\boldsymbol{r}_p)+\boldsymbol{M}\odot\boldsymbol{r}_p, \tag{8-18}$$

式中，$\odot$ 表示逐元素相乘；$\boldsymbol{1}$ 表示一个全为 1 的向量；$\boldsymbol{r}_p$ 表示一个参数为 p、取值为 $\{0,1\}$ 的伯努利随机向量，即向量中每个元素有概率 p 取 0，$1-p$ 的概率取 1；$\boldsymbol{M}$ 表示用于替换的掩码值，比如全部取一个常数，或从一个随机分布中采样。除了对比学习，属性掩码也常用于预测式自监督模型的正则化重构。节点属性掩码使编码器可以捕捉到未被掩盖的其他属性与图结构之间的依赖关系，并在学习表征过程中从其他信息中恢复被掩盖的值。

第二种，**结构变换**，可以被形式化为

$$\mathcal{T}_{\mathrm{struct}}(\boldsymbol{A},\boldsymbol{X})=(\mathcal{T}_A(\boldsymbol{A}),\boldsymbol{X}). \tag{8-19}$$

边扰动是一种常见的结构变换方法，即在一个给定的图中随机增加或删除一些边。与节点属性掩码类似，边扰动可以写为对邻接矩阵 $\boldsymbol{A}$ 的掩码：

$$\mathcal{T}_A^{(\mathrm{pert})}(\boldsymbol{A})=\boldsymbol{A}\odot(\boldsymbol{1}-\boldsymbol{R}_p)+(\boldsymbol{1}-\boldsymbol{A})\odot\boldsymbol{R}_p, \tag{8-20}$$

式中，$\boldsymbol{R}_p$ 表示矩阵元素是否被扰动的矩阵，矩阵中每个元素独立采样于一个参

数为 p 的伯努利分布。

第三种，**基于采样的变换**，可以被形式化为

$$\mathcal{T}_{\text{sample}}(\boldsymbol{A},\boldsymbol{X})=(\boldsymbol{A}_{\mathcal{S},\mathcal{S}},\boldsymbol{X}_{\mathcal{S}}), \tag{8-21}$$

式中，$\mathcal{S}\subseteq\mathcal{V}$ 表示采样的一个节点子集；下标表示选取邻接矩阵和节点特征矩阵对应子集的行与列。不同方法的区别主要在于如何选取节点子集。均匀采样和随机丢弃节点是两种最简单的基于采样的变换方法，即在所有节点中随机采样固定数量的节点，或者随机丢弃固定数量的节点，从而构成原图的一个子图。从自我子图（Ego-Subgraph）中采样也是一种基于采样的变换，并在许多自监督图神经网络方法，如 DGI（Deep Graph Infomax）[2]、InfoGraph[142] 和 MVGRL（Multi-View Graph Representation Learning）[143] 中采用。一般来说，从自我子图中采样的方法采用图层面表征和节点层面表征之间的对比，即这些方法认为节点表征是由节点编码器从给定图的自我子图中采样得出的，图表征则由未进行采样的原图得出。考虑一个有 L 个消息传递层的图神经网络，每个节点的表征在计算时只取决于它的 L 阶邻居信息，即对应该节点的 L 阶自我子图，因此节点表征可以视为从原图计算了 L 阶自我子图采样并对子图编码。对于一个图中的节点 v_i，该节点 L 阶自我子图的采样对应的变换可以写为

$$\begin{aligned}\mathcal{T}_i(\boldsymbol{A},\boldsymbol{X})&=\left(\boldsymbol{A}_{\mathcal{N}_L(v_i),\mathcal{N}_L(v_i)},\boldsymbol{X}_{\mathcal{N}_L(v_i)}\right),\\ \mathcal{N}_L(v_i)&=\{v:d(v,v_i)\leqslant L\}.\end{aligned} \tag{8-22}$$

除上述采样方法外，GCC（Graph Contrastive Coding）[144] 提出了随机游走采样，基于从给定节点开始的随机游走来采样子图。具体来说，节点的子集通过迭代的方式采集。在每次迭代中，游走有一定概率访问当前节点的邻居节点，另有一定概率回到起始节点。GCC 认为这种带重启的随机游走采样是以起始节点为中心的自我子图的进一步变换，是比自我子图采样更强的一种基于采样的图数据变换。

8.2.3 预测式学习

除对比学习外，预测式学习也是图自监督学习的一个重要范式。有一些研究者将 8.1 节介绍的基于重构的图自编码器和变分图自编码器也视为一种预测式自监督学习。本节主要介绍除这些内容外的预测式学习方法。

1. 图属性预测

除重构外，预测式学习的一个有效的方法是根据图数据的图属性来设计预测任务，这些图属性往往没有在图数据中显式地提供。常见的用于自监督训练的图

属性包括拓扑属性、统计属性和领域知识相关的属性。下面分别用一个例子，介绍这三类图属性。

S2GRL（Self-Supervised Graph Representation Learning）[145] 将邻接矩阵的重构任务扩展为对两个给定节点之间的 k 阶链接关系的预测任务，即不再只考虑两个节点之间的直接连接。特别地，给定任何一对节点的表征，预测器将按照两个节点的相对距离进行分类，以捕捉图结构所蕴含的信息。

SELAR（SELf-supervised Auxiliary leaRning）[146] 是一种为异质图提供自监督学习的方法。异质图非常常见，例如分子图就是一种包括了多种类型的节点和边的异质图。对于异质图，一条长度为 l 的元路径被定义为如下的序列：

$$t_1, t_2, \cdots, t_l, \tag{8-23}$$

式中，t_i 表示路径中第 i 条边的类型。与普通图中的路径不同，元路径不是一系列节点和边的集合，而是一系列边的类型的集合。因此，每条元路径按照边的类型，为异质图中的路径指定了一个“模板”，对应异质图中一系列的路径，是异质图中一种重要的统计属性。给定异质图中的两个节点和 K 条元路径，SELAR 中的编码器和预测器被训练用来预测这两个节点是否由每条元路径链接，即构造了 K 个二分类任务。除主学习任务外，K 个元路径的预测会被作为 K 个辅助学习任务。

GROVER（Graph Representation frOm self-superVised messEge passing transfoRmer）[147] 采用两个预测式学习任务，在分子图数据上进行自监督学习。第一个任务是上下文属性预测。编码器和预测器被训练来预测给定节点（即分子中的一个原子）的 k 阶邻居内，原子-键-数目的三元组关系。例如，一个三元组“氧原子-双键-2”，即代表该节点的 k 阶邻居内有两个通过双键链接的氧原子。第二个任务是图层面的预测任务，通过领域知识引入自监督学习需要的预测任务。例如，对于分子图，可以构建对一系列官能团组成的模体（Motifs）的分类任务，作为预测式自监督学习的目标。

2. 多阶段图自训练

多阶段自训练（Self-Training）也是一种预测式自监督学习方法。在该方法中，每阶段的预测目标不是输入图中的标签，而是从前一阶段的预测中获得的伪标签，甚至可以是随机分配的图标签。自训练的图神经网络既可以在半监督的场景下应用，也可以作为一种预训练，并针对下游任务进一步微调。在节点分类的半监督学习场景下，多阶段自训练是一种常见的做法，旨在利用少数带标签的节点来指导无标签节点的训练。给定带标签的节点集合和无标签的节点集合，图神经网络首先在带标签的节点集合上训练。训练结束后，图神经网络在无标签的节点上进行预测，具有高置信度的预测标签可认为是这些节点的伪标签，然后将这些伪标签加入带标签的节点集合。之后，在更新过的带标签节点集合上训练一个新的图神经网络，然后重复执行上述操作。

M3S（Multi-Stage Self-Supervised training）[148] 是一种具有代表性的自训练方法，它应用一个聚类模型和对齐机制，在多阶段自训练的基础上生成伪标签。具体来说，在每个训练阶段，对节点表征计算 K-均值聚类，然后将聚类得到的标签与数据的真实标签对齐。当节点聚类得到的伪标签与当前阶段分类器的预测一致时，其会被添加到下一阶段的自训练标签集合中。与基本的多阶段自训练相比，M3S 使用对齐机制作为一种检查机制，因此提供了更有效的自监督信号。

也有研究探索了伪标签自训练的理论依据[149]。其主要基于一种数据分布的扩展假设，即数据中一个概率较低的子集必须扩展到其邻域，该邻域对应相对更大的概率分布。直观地说，具有正确伪标签的样本将被用来对不正确伪标签的样本去噪。基于上述扩展性假设，自训练可以实现较高的精确度。该文献也从理论上证明，在无监督场景下，假设类别的某些排列组合，用任意分配的伪标签训练出的分类器仍然可以达到很高的准确性。

8.3 本章小结

本章介绍了图神经网络的无监督学习和自监督学习。相比于监督学习，无监督与自监督学习可以有效地利用大量无标签的数据样本。图灵奖得主杨乐昆曾做过一个形象的比喻：如果人工智能是一个蛋糕，那么监督学习就是蛋糕上的糖衣，而无监督学习才是蛋糕的主体。在本书写作时，图神经网络与图上的无监督学习和自监督学习仍在快速发展，我们预期其会在未来展现出更加强大的效果，并有助于将图表征学习应用到更多的领域。

第 9 章
CHAPTER 9

图神经网络的可解释性

图神经网络已被广泛应用于社交网络分析、生物化学、金融等领域，但其内在决策过程很大程度仍是一个黑盒，难以被人理解。如果不能解释图神经网络模型，人们对模型的信任度就会降低，从而限制图神经网络在高风险环境中的应用，如自动驾驶、临床诊断、信用评测等。因此，图神经网络可解释性的研究具有重要意义，且对处理开放真实环境至关重要。本章将介绍图神经网络的可解释性。首先介绍图神经网络可解释性的简介与分类，然后介绍一些具体模型，最后介绍对可解释性的评价及其在具体领域的应用。

9.1 简介

本节先介绍可解释性的定义、需要解释的图任务、解释的方式，以及图神经网络可解释性的挑战。

9.1.1 定义

下面介绍可解释性相关的定义。

定义 9.1 可解释性是指观察者能够理解决策原因的程度。

定义 9.2 解释是将一个抽象概念映射到人类可以理解的领域。

因此，图神经网络可解释性研究旨在使图神经网络模型的预测过程透明化且人类可理解。

9.1.2 需要解释的图任务

图神经网络模型常见的图任务主要包括节点级任务、边级任务和图级任务。对于图神经网络的可解释性，大部分模型关注节点分类任务，也有一部分模型关注图分类任务，关注解释边预测任务的模型相对较少。一些解释模型只适用于一类图任务，例如 GNNExplainer [150] 只适用于节点分类任务、XGNN [151] 只适用于图分类任务，也有一些解释模型适用于多种任务，如 SubGraphX [152] 可以被应用于解释任何类型的任务。

9.1.3 解释的方式

目前，图神经网络可解释性的方法主要研究输入图中哪些节点、边或特征对模型的输出结果至关重要，并将这些图中的重要部分作为对图神经网络的解释。因此，图神经网络的解释，即解释模型的输出，通常为突出图中一些节点、边和特征，如图 9-1 所示。同时，由于具有特定模体的子图往往是构建更复杂图的基本模块，所以图神经网络的解释形式也可以是子图。不同的解释形式可以给出不同的可视化，并为算法的使用者提供不同的信息。

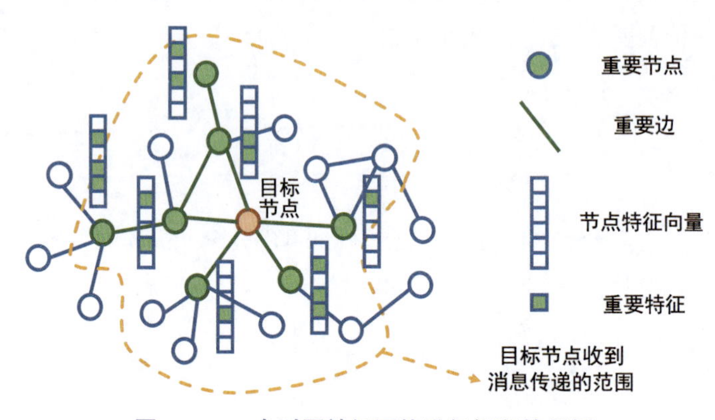

图 9-1 一个对图神经网络进行解释的示例

9.1.4 挑战

除解释深度学习模型的常见挑战外，由于图数据不是类似于图像或视频的网格结构，而是包含了复杂且重要的节点属性和图结构信息，图神经网络领域的可解释性研究比其他领域更具挑战性。首先，在消息传递机制中，同一条边可能在计算图（Computation Graph）的不同层中多次出现，因此难以估计一条边对于模型最终输出结果的贡献。同时，由于节点和边之间存在复杂的相互作用，识别图中重要的子图结构也更加困难。其次，图不如图像或文本直观，因此人类很难识别图之间的共性和不同。然而，由于图神经网络的解释形式通常仍以图的形式呈现，例如上文提到的重要节点、边或子图，这使得评价和理解得到的解释结果也更有挑战。此外，由于图数据来源于不同领域，所以，理解所获得的解释常常需要领域知识，如生物、化学等学科知识。

9.2 可解释方法分类

普通深度学习模型的可解释性研究一般按照解释方法是否构建于原模型而被分为两类：内在可解释，即在决策过程或训练过程中产生解释的模型，例如决策树和线性回归模型；事后可解释，即使用辅助模型为已经训练好的模型生成解释。

进一步地，对图神经网络可解释性的分类方法有不同类别，常见的有以下三种，如图 9-2 所示。

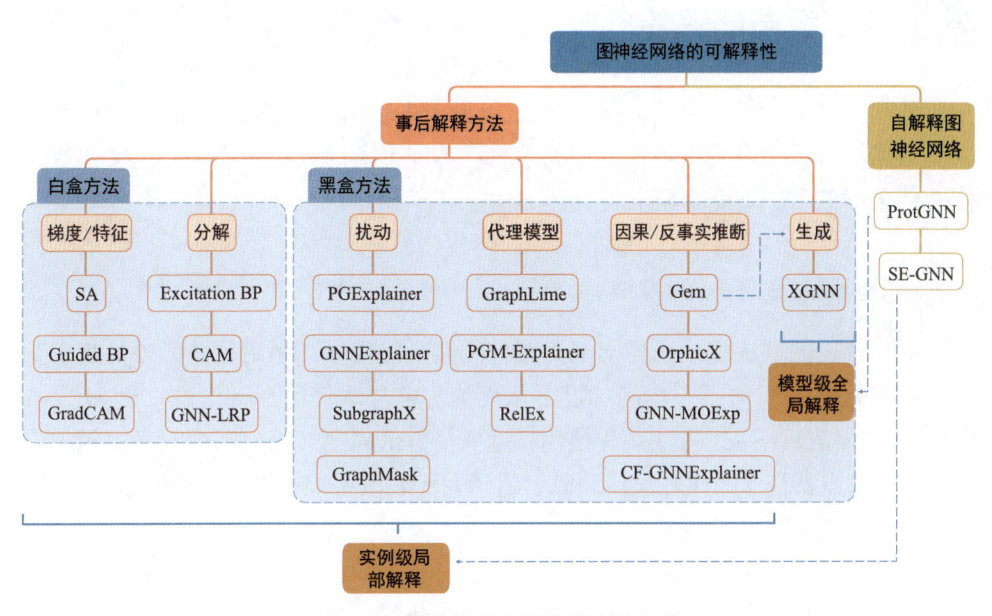

图 9-2 图神经网络的解释方法分类

- 按可解释的范围，分为实例级（Instance-Level）局部解释和模型级（Model-Level）全局解释 [153]。实例级局部解释对每个输入图提供依赖于输入数据的解释，并且按不同解释方法，可以分为基于梯度/特征的方法、基于扰动的方法、基于分解的方法、基于代理模型的方法和基于因果或反事实推断的方法。模型级全局解释不依赖输入，而是提供对图神经网络模型一般行为的高层次解释，主要是基于生成的方法。

- 按可解释方法的起源，可以分为非图神经网络起源的方法和图神经网络起源的方法[154]。非图神经网络起源的方法是从其他深度学习领域延伸扩展而来的方法。图神经网络起源的方法是专门为图神经网络设计的方法。
- 对于事后解释，按解释模型需要的信息，分为白盒方法和黑盒方法[155]。白盒方法需要获取图神经网络的参数和梯度。黑盒方法只需要图神经网络的输入和输出，不需要其参数和梯度。

除了上述三种分类，其他分类方法有：按解释的级别，分为实例级局部解释、组级解释、类级解释；按方法的设计，分为针对特定模型的方法与不针对特定模型的方法[156]等。

下面，按照实例级局部解释和模型级全局解释的分类，具体介绍各类方法的整体思路以及一些具有代表性的图神经网络解释模型。

9.3 实例级局部解释

如前面分类中所介绍的，该类方法为每个图提供依赖于数据的解释，即旨在找到数据中对图神经网络最为关键的信息。不同方法的区别在于如何定义并找到图中的关键信息。下面介绍五类具体方法。

9.3.1 基于梯度/特征的方法

基于梯度的方法将输入样本视为图神经网络的变量，利用反向传播机制来获得图神经网络对于输入样本的梯度，从而为当前样本产生局部解释。例如，SA（Sensitivity Analysis）方法[157]使用梯度的平方值来定义当前图中元素（例如节点、边或节点特征）对于输出的贡献，值越大代表该元素对于图神经网络越重要。

基于特征的方法使用从表征空间到输入空间的映射来评估输入样本各部分的贡献。例如，CAM（Class Activation Mapping）[158]通过加权求和的方式将图神经网络最后一层的节点表征映射到输入空间，映射权重来自用于最终预测的最后一个全连接层，并在输入空间中寻找对输出贡献最大的图中元素作为图神经网络的解释。

9.3.2 基于扰动的方法

该类方法研究对输入图施加不同扰动情况下的输出变化。当对结果重要的输入信息没有被扰动时，预测结果应该与原始预测结果相似；反之，预测结果会有较大的变化。因此，该类方法的一般流程如下：首先，对于给定输入的图，根据需要解释的不同图数据，生成不同的掩码，例如节点掩码、边掩码和节点特征掩码等，从而对应不同的输入；然后，将生成的掩码与输入图组合，例如矩阵或向量的哈达玛积（逐元素乘积），得到改变输入信息后的图数据；最后，将改变后的图输入训练好的图神经网络模型中，得到新的预测，并与原始预测比较，从而评估掩码并更新掩码生成算法。这类算法的主要区别在于三个方面的设计：掩码生成算法、掩码类型和目标函数。下面，具体介绍一个代表性的方法——SubgraphX [152]。

概括来说，SubgraphX 采用蒙特卡洛树搜索（Monte Carlo Tree Search）作为掩码的搜索算法，并利用沙普利（Shapley）值衡量模型效果，最终识别有效的扰动掩码，并用掩码生成的子图解释图神经网络。记 $\mathcal{F}(\cdot)$ 为待解释的图神经网络，并以图分类任务为例进行介绍。对于输入图 $\mathcal{G}$，$\mathcal{F}(\cdot)$ 得到的分类结果记为 y，解释的目标是找到对于模型预测出 y 最重要的子图。考虑 $\mathcal{G}$ 所有可能的连通子图，定义其集合为 $\{\mathcal{G}_1,\cdots,\mathcal{G}_i,\cdots,\mathcal{G}_n\}$，对输入图 $\mathcal{G}$ 的预测 y 的解释定义为

$$\mathcal{G}^* = \underset{\mathcal{G}_i:|\mathcal{G}_i|\leqslant N_{\min}}{\operatorname{argmax}} \operatorname{Score}(\mathcal{F}(\cdot),\mathcal{G},\mathcal{G}_i), \tag{9-1}$$

式中，$\operatorname{Score}(\cdot,\cdot,\cdot)$ 用于评估一个训练好的图神经网络和输入图中子图的重要性；$N_{\min}$ 表示子图大小的上限，以使所得到的解释足够简洁。由于不可能枚举所有可能的子图，因此 SubgraphX 提出利用蒙特卡洛树搜索来有效地探索子图，并找到重要性最高的子图作为解释。记搜索树中的每个结点为 N_i①，N_0 为根结点，代表输入图数据，搜索树中每条边则代表一个剪枝动作 a，因此每个搜索树的结点代表一个子图。对于每个搜索结点和动作的对 (N_i,a_j)，蒙特卡洛树搜索主要记录如下两个变量：$C(N_i,a_j)$，结点 N_i 选择动作 a_j 的次数；$W(N_i,a_j)$，总的奖励函数。在搜索过程中，通过如下目标优化动作的选择：

$$a^* = \arg\max_{a_j} \frac{W(N_i,a_j)}{C(N_i,a_j)} + \lambda\operatorname{Score}(\mathcal{F}(\cdot),\mathcal{G},\mathcal{G}_j)\frac{\sqrt{\sum_k C(N_i,a_k)}}{1+C(N_i,a_j)}, \tag{9-2}$$

式中，$\mathcal{G}_j$ 表示对结点 N_i 剪枝 a_j 后得到的子图，因此 $\operatorname{Score}(\mathcal{F}(\cdot),\mathcal{G},\mathcal{G}_j)$ 表示瞬时奖励；λ 表示一个超参数。上述目标函数通过优化平均奖励和瞬时奖励的一个加权和，以平衡搜索过程中的探索（Exploration）和利用（Exploitation）。在强化学习中，探索是指更多尝试还未采取过的动作，以收集更多有关环境的信息；利用则是最大程度地利用已知信息做出最好的决策，因此两者间的平衡对模型训练非常关键。在一次搜索后，上述两个函数的更新方式为

① 为了区分图数据和搜索树，将搜索树中的点记为“结点”。

$$
\begin{aligned}
&C\left(N_i, a_j\right)=C\left(N_i, a_j\right)+1, \\
&W\left(N_i, a_j\right)=W\left(N_i, a_j\right)+\operatorname{Score}\left(f(\cdot), \mathcal{G}, \mathcal{G}_{\ell}\right),
\end{aligned} \tag{9-3}
$$

式中，$\operatorname{Score}\left(f(\cdot), \mathcal{G}, \mathcal{G}_{\ell}\right)$ 表示该结点搜索出的叶子结点的重要性。模型搜索树中从根结点到叶子结点的一条选定路径，对应于蒙特卡洛树搜索的一次迭代。由于每个结点都可以有多种剪枝的方式，所以，可以通过蒙特卡洛树搜索算法记录每个结点和动作组合的搜索次数和奖励值，以指导搜索过程并减小搜索空间。对于 $\operatorname{Score}(\cdot,\cdot,\cdot)$ 函数，SubgraphX 使用 Shapley 值作为重要性指标。Shapley 值在合作博弈论中用于将博弈总收益公平地分配给不同的博弈参与者。将其应用于图模型解释任务时，可以将图神经网络的预测视为游戏收益，将不同的图结构作为博弈的不同参与者，以此来评估图结构对预测结果的贡献。记 $\mathcal{V}=\{v_1,\cdots,v_N\}$ 为 $\mathcal{G}$ 中的所有节点，并假设 $\mathcal{G}_i$ 中的节点是 $\{v_1,\cdots,v_k\}$，则 $\{v_{k+1},\cdots,v_N\}$ 是 $\mathcal{G}\backslash\mathcal{G}_i$ 中的节点。记一组参与者的集合为 $P=\{\mathcal{G}_i, v_{k+1},\cdots,v_N\}$，其中子图 $\mathcal{G}_i$ 为一个参与者，不在子图中的节点各作为一个参与者。$\mathcal{G}_i$ 的 Shapley 值计算如下：

$$
\begin{aligned}
&\phi\left(\mathcal{G}_i\right)=\sum_{S \subseteq P \backslash\{\mathcal{G}_i\}} \frac{|S|!(|P|-|S|-1)!}{|P|!} m\left(S, \mathcal{G}_i\right), \\
&m\left(S, \mathcal{G}_i\right)=\mathcal{F}\left(S \cup\{\mathcal{G}_i\}\right)-\mathcal{F}(S),
\end{aligned} \tag{9-4}
$$

式中，S 表示参与者组成的集合，也称为一个联盟（Coalition）；$m\left(S, \mathcal{G}_i\right)$ 表示在联盟 S 参与博弈时，另一个参与者 $\mathcal{G}_i$ 的边际贡献；$\phi(\cdot)$ 是 Shapley 值。Shapley 值考虑所有可能组成的联盟，并计算其平均贡献，作为子图 $\mathcal{G}_i$ 的重要性程度。Shapley 值在博弈论中有许多很好的理论性质，感兴趣的读者可以查阅更多的相关资料。为进一步降低计算 Shapley 值的复杂度，考虑到对于一个 L 层的图神经网络，子图 $\mathcal{G}_i$ 中的节点仅会与 L 阶以内的邻居节点相互作用。假设子图 $\mathcal{G}_i$ 的 L 阶邻居有 r 个邻居，假设其为节点 $\{v_{k+1},\cdots,v_r\}$，显然有 $r \leqslant N-k$。记 $P'=\{\mathcal{G}_i, v_{k+1},\cdots,v_r\}$，则可以将式 (9-4) 中的 P 改为 P'，从而减少参与者的数量并降低复杂度。然后，SubgraphX 结合蒙特卡洛采样，从 $P'\backslash\{\mathcal{G}_i\}$ 中采样并计算联盟 S_i 的边际贡献 $m\left(S_i, \mathcal{G}_i\right)$，通过多次采样取平均得到 $\phi\left(\mathcal{G}_i\right)$ 的估计值：

$$
\phi\left(\mathcal{G}_i\right)=\frac{1}{T} \sum_{t=1}^{T}\left(\mathcal{F}\left(S_i \cup\{\mathcal{G}_i\}\right)-\mathcal{F}\left(S_i\right)\right), \tag{9-5}
$$

式中，T 表示总的采样次数。最终，得分最高的子图作为对输入图 $\mathcal{G}$ 的预测 y 的解释。虽然 SubgraphX 主要采用蒙特卡洛树搜索和 Shapley 值对图神经网络进行解释，但该方法也很易于扩展，例如使用其他搜索算法和评分函数。

从另一个角度，基于梯度与基于扰动的方法均可以称为**归因法**，即利用梯度或扰动直接地分析输入图中元素对预测的影响，通过测量输入图中元素在目标决策中的贡献，将贡献权重最高的子图作为解释。

9.3.3　基于分解的方法

该类方法的主要思路是将原始模型的预测分解成若干项，以衡量输入图中特征的重要性，并直接研究模型参数以揭示输入空间和输出空间的预测关系。具体来说，该类方法需要建立一个分数分解规则，然后从输出层开始计算。模型的预测被视为初始的目标得分，然后根据分解规则将得分分配给上一层神经元，重复这种步骤直到输入空间，从而获得节点特征的重要性得分。节点特征的重要性也可以进一步组合起来获得边的重要性、节点重要性或其他图中元素的重要性。此类方法要求分解后的分数总和等于原始的预测分数。不同算法的主要区别在于分数分解规则和解释的对象。目前，图神经网络的代表性的基于分解的解释模型有 LRV（Layer-wise Relevance Visualization）[159]、EB（Excitation Back-propagation）[158] 和 GNN-LRP（Layer-wise Relevance Propagation）[160] 等。

9.3.4　基于代理模型的方法

该类方法通常采用一个简单而且可解释的代理模型，以近似复杂的深层图神经网络模型，从而进行解释。代理模型方法的一般流程如下。给定一个输入图和它的预测结果，首先抽样一个局部数据集来表示目标数据周围的关系。这个局部数据集包含多个相邻数据对象及其预测结果。然后，对这些局部数据集应用不同的代理方法。最后，把从代理模型得到的解释看作对原预测的解释。例如，PGM-Explainer（Probabilistic Graphical Model Explainer）[161] 采用概率图模型来解释图神经网络，主要由数据生成、变量选择和结构学习三部分组成。在数据生成阶段，PGM-Explainer 随机扰动图中几个节点的特征，并引入随机变量表示各节点的特征是否受到扰动，及其对图神经网络预测的影响，通过多次重复得到一个局部数据集。在变量选择阶段，其使用 Grow-Shrink 算法 [162] 选择依赖性最强的变量并剔除不重要的变量，从而减小局部数据集的大小。最后，在结构学习阶段，其利用可解释的贝叶斯网络来拟合过滤后的局部数据集并生成解释。PGM-Explainer 可以同时用于解释节点分类和图分类任务。

9.3.5　基于因果/反事实推断的方法

Gem [163] 从因果角度来解释图神经网络，该因果解释模型建立在格兰杰因果

（Granger Causality）上。对于图数据，Gem 认为：如果边或节点的缺失会降低预测能力，那么这条边或这个节点与其相应的预测之间存在因果关系，并可作为图神经网络模型的解释。然后，Gem 提出了一种近似的计算策略，使模型在因果目标的合理假设下，可以应用于图数据中。具体来说，Gem 首先采用了一个蒸馏过程，基于格兰杰因果筛选出对最终预测结果因果贡献最大的若干条边，并用这些边和其对应的节点形成蒸馏子图；然后，用上一步得到的蒸馏子图训练一个图的生成模型，从而得到用紧凑子图解释图神经网络输出结果的因果解释模型。

基于因果中反事实（counterfactual）理论的方法思想与 Gem 类似，即识别输入图数据中的子结构，其被去掉后不会影响原始图神经网络模型的预测结果，则将其作为对图神经网络模型的解释。

9.4 模型级全局解释

本小节将介绍模型级全局解释。与实例级局部解释寻找数据中特定的子结构不同，模型级解释更加关注图神经网络的高层行为，从更全局的视角对图神经网络模型进行理解。模型级全局解释大致可分为两种：基于生成的事后解释和自解释图神经网络。

9.4.1 基于生成的事后解释

XGNN [151] 是针对图分类模型的一个模型级全局解释方法，主要研究什么样的图模式可以最大化图神经网络的某种预测。具体而言，XGNN 提出训练一个图生成器，使生成的图模式可以被用来解释图深神经网络模型。图生成被建模为一个强化学习问题。在每步中，图生成器预测如何向给定图中添加边并形成新的图，然后根据训练好的图神经网络模型反馈信息，并使用强化学习中的策略梯度（Policy Gradient）训练图生成器。同时，一些规则会被纳入图生成过程，以保证生成图的有效性。实验结果表明，XGNN 能够发现所需的图模式并解释图神经网络模型，并通过生成的图模式，可以验证、理解甚至改进训练好的图神经网络模型。此外，XGNN 是生成模型级全局解释的通用框架，因此可以根据具体数据集和要解释的图神经网络模型，应用任何适合的图生成算法。

9.4.2 自解释图神经网络

自解释图神经网络则在图神经网络模型的设计过程中考虑了可解释性。ProtGNN [164] 利用元学习中原型学习（Prototype Learning）的概念，构建了一个自解释图神经网络模型，可以在模型预测过程中产生解释。该模型主要由图神经网络编码器、原型层和分类层构成，根据一个新输入图数据与原型层中原型向量的相似性来预测。同时，模型提出采用蒙特卡洛树搜索算法来有效地搜索用于原型投影和可视化的子图。此外，其改进版本，ProtGNN+，进一步设计了一个条件子图采样模块，以识别输入图中哪部分与每个原型最相似，从而进一步提高模型的可解释性和效率。实验结果表明，ProtGNN 和 ProtGNN+ 有较好的内在可解释性，同时达到了与现有的图神经网络模型相当的分类效果。

9.5 对解释模型的评价

与其他机器学习模型类似，对于不同的图神经网络解释模型，使用者也需要评价并比较不同的解释模型，即判断解释模型是否能输出可靠并且是需要的解释。接下来，介绍对解释模型的评价。首先，介绍评价所采用的数据集；然后，介绍评价所使用的评价指标。

9.5.1 数据集

对于不同的图神经网络解释方法，要选择合适的图数据集进行评价。为了评价解释模型，数据集中从输入图到输出标签之间的原理是需要能被人类理解的，以便人类评估解释方法是否捕获了这些原理。此外，为了让解释易于理解，所用图数据也应该尽可能是直观的、易于可视化的。在评价解释方法时，常用的数据集有两类：模拟数据集和真实数据集。

1. 模拟数据集

这类数据集主要由人设计一些图的生成机制，例如生成包含不同图模体的数据，并且使输入和标签之间的关系由图模体决定。这样可以把这些图模体作为解释结果的真实值。常见的模拟数据集如下：

- BA-shapes 是含四个类别的节点分类数据集，由 1 个 BA（Barabasi-Albert）随机图作为基图，然后通过随机添加边，在基图上添加包含五个节点的小房子模体。四类节点标签包括一类标签表示在基图中的节点，另外三类标签分别表示节点在小房子模体中的相对位置（上、中、下）。
- BA-community 是含八个类别的节点分类数据集，由两个随机添加边的 BA-shapes 图组合而成，根据节点属于 BA-shapes 图的情况（共两个 BA-shapes 图）和在 BA-shapes 图中的标签（共四类）对其分类。
- Tree-Cycle 是含两类节点的节点分类数据集，由一个平衡二叉树图作为基图，并在基图的任意节点上添加包含六个节点的环状模体，节点标签代表节点是在基图中还是环状模体中。

- Tree-Grids 与 Tree-Cycle 类似，区别在于其添加的模体是网格状的。
- BA-2Motifs 由 BA-shapes 和 Tree-Cycle 组合而成，是一个包含两个类别的图分类数据集。不同的类表示图中的模体类型不同。

2. 真实数据集

由于真实数据集需要是人类可理解的图数据，目前主要包含以下两类。

- 自然语言情感图数据集，例如 Graph-SST2 [165]、Graph-SST5 [165] 以及 Graph-Twitter [166] 等。这类数据由文本序列构成，节点代表词语，边代表词语之间的关系。在这类数据集上，根据不同词语的语义和情感标签，可以研究图神经网络的解释能否识别出具有重要意义的词语，以及词语之间的关系。因为人类可以判断自然语言中的真实情况，所以可以让人类标注其中与情感标签相关的节点和边。
- 分子数据集，例如 MUTAG [167]、BBBP [168]、QED [169]、DRD2 [169]、HLM-CLint [169] 和 RLM-CLint [169] 等。每个分子是一个图，节点表示原子，边表示化学键，标签由领域专家根据相应分子的化学功能标注。在这类数据集上，可以研究图神经网络的解释能否识别出相应分子类别所具有的特定模式，例如官能团等。

9.5.2 评价指标

为了比较各类解释方法，使用合适的评价指标也是至关重要的。常见的评价指标如下。

1. 精度（Accuracy）

计算解释模型输出的解释与真实原因的重合程度，常用的指标有 F1 值和曲线下面积（Area Under Curve，AUC），指标越大，解释模型的效果越好。精度只适用于知道真实原理的数据，例如上小节介绍的模拟数据集和真实数据集。对应的，其局限则是对于无真实值的图数据，无法确定解释模型是否输出了合理的解释。

2. 保真度（Fidelity）

两种研究保真度的方法分别是移除重要的输入数据（例如节点、边、节点特征等）以比较模型性能是否被显著降低；以及移除不重要的数据，比较模型性能是否能保持基本不变。在前者中，保真度的公式计算如下：

$$\text{Fidelity} = \frac{1}{K}\sum_{k=1}^{K}\left(\mathcal{F}_{y_k}\left(\mathcal{G}_k\right) - \mathcal{F}_{y_k}\left(\mathcal{G}_k \backslash \mathcal{G}_k'\right)\right), \tag{9-6}$$

式中，$\mathcal{F}(\cdot)$ 表示目标图神经网络模型；K 表示输入图的数量；$\mathcal{G}_k$ 表示第 k 个图；y_k 表示图 $\mathcal{G}_k$ 的原始预测；$\mathcal{G}'_k$ 表示解释模型输出的解释；$\mathcal{G}_k \backslash \mathcal{G}'_k$ 表示将第 k 个图的解释移除后的图。保真度越大，解释模型的效果越好。

3. 对比性（Contrastivity）

假设模型在作出不同类别的预测时应该强调不同的图特征，则不同类别对应的解释也应该是差异较大的。基于该假设，对比性衡量两种不同类别的图预测的解释之间是否存在差异，并采用汉明距离（Hamming Distance）作为差异的度量。一个好的解释应该有较高的对比性。

4. 稀疏性（Sparsity）

通过计算解释结果所包含特征与输入数据所包含特征的比率得到。在很多情况下，希望解释是稀疏的，即一个好的解释应该只包括重要的部分，而舍弃不重要的部分。

5. 稳定性（Stability）

向图神经网络模型加入噪声前后，衡量解释方法的表现差异。一个好的解释方法应该是稳定的，即当输入数据的微小变化不影响图神经网络模型的结果时，相应的解释也应该尽可能保持不变。

9.6 可解释性的交叉学科应用

图神经网络凭借优越的性能和对关系数据的建模，被广泛应用于多学科领域的各类任务中。相应地，图神经网络的可解释性研究也为图神经网络在交叉学科的应用提供了更深入的理解，并可以增强模型在被应用时的可靠性和信任度。接下来，简单介绍可解释性的应用。

在临床医学领域的数字病理图像中，细胞、组织和斑块等常被建模为生物图，并通过图神经网络进行研究。Jaume 等人[170] 提出了一套基于类别可分性统计的量化指标，使用病理上可测量的概念进行图解释，并用提出的指标评估三类图解释方法，即分层关联消息传递、基于梯度的显著性和图修剪方法，并解释乳腺癌亚型的细胞图表征。针对细胞以及细胞在乳腺癌亚型中的相互作用，CGExplainer[171] 作为一种事后解释方法，可以为每个数据实例获得有效的解释，并强调图中对于诊断起重要作用的节点。

在神经科学领域，Abrate 等人[172] 提出“反事实图”，即与原始图结构相似，但被黑盒图分类器分为不同类别的图，来作为对任何黑盒图分类器做局部事后解释的方法，并提出了一种启发式反事实图搜索策略。最终，作者利用该方法为脑网络分类任务提供了全局的解释。

在化学领域，人们关注于哪些分子结构（官能团）对分子性质有较大的影响。RationaleRL [173] 利用蒙特卡洛树搜索方法，将特殊官能团从被标记的分子中提取出来，并利用这些官能团促进重新设计新的分子，并将搜索出的官能团作为图模型的解释。

在欺诈检测方面，xFraud 模型 [174] 为欺诈检测模型生成解释，其中的解释模型由 GNNExplainer [150] 和边中心性权重组成，以量化不同边对预测的重要性。xFraud 首次定量比较了 GNNExplainer 和人工标记的数据集，并将该数据集用于训练边的中心性权重。利用该解释模型可以验证原始欺诈检测模型的输出结果。

对图神经网络解释方法的应用仍处于发展初期，在金融、药物、法律等其他高风险场景中也存在着许多机遇和挑战。

9.7 本章小结

本章概括性地介绍了图神经网络的可解释性，包括分类、典型模型、常用数据集、评价指标和跨学科应用。图神经网络的可解释性可以提高人类对模型的理解度和信任度，因此具有较高的研究价值和应用前景。感兴趣的读者可以参阅相关综述文献 [153,175] 进行更深入的了解。

第 10 章
CHAPTER 10

自动图表征学习

尽管图表征学习算法取得了极大的成功，但是考虑到图数据的复杂性和图任务的多样性，在开放变化的环境中，为每个数据集和任务单独设计最优的模型仍会消耗极大的人力且缺乏足够的灵活性。此外，由于对图神经网络的研究逐渐增多，图神经网络的架构日益复杂，因此人工设计最优的图神经网络架构变得越来越困难。另一方面，自动机器学习（Automated Machine Learning，AutoML）[176–178]，例如超参数优化（Hyper-parameter Optimization，HPO）和神经网络架构搜索（Neural Architecture Search，NAS）[179] 等方法已经在计算机视觉等领域 [180,181] 取得了优异的成果，可以达到甚至超越人工设计的方法 [182,183]。因此，自动图表征学习的研究应运而生，并在学术界和工业界都受到了越来越多的关注。本章将介绍自动图表征学习的相关内容，并将着重介绍两个方面：图的超参数优化和图神经网络架构搜索。本章内容主要参考了综述文献 [184]。

10.1 自动机器学习简介

下面简单地介绍自动机器学习。自动机器学习，特别是超参数优化和神经网络架构搜索，通常可以被形式化地表述成一个双层优化（Bi-Level Opimization）问题:

$$
\begin{aligned}
&\min_{\alpha \in \mathcal{A}} \mathcal{L}_{\text{val}}\left(\boldsymbol{W}^*(\alpha), \alpha\right), \\
&\text{s.t. } \boldsymbol{W}^*(\alpha) = \arg\min_{\boldsymbol{W}} \left(\mathcal{L}_{\text{train}}(\boldsymbol{W}, \alpha)\right),
\end{aligned} \tag{10-1}
$$

式中，α 表示自动机器学习算法需要优化的对象，例如超参数优化中的超参数、神经网络架构搜索中的神经网络架构；$\mathcal{A}$ 表示待优化对象的可行空间；$\boldsymbol{W}(\alpha)$ 表示机器学习中的可训练参数；$\mathcal{L}_{\text{train}}$ 和 $\mathcal{L}_{\text{val}}$ 分别表示训练集和验证集的目标函数。

简单来说，式 (10-1) 的上层优化旨在从可行空间中优化目标对象，使模型在验证集上达到最优的效果；式 (10-1) 的下层优化则在训练集上优化模型中的可训练参数。由于可行空间通常很大，穷举并评估所有可能的 α 取值在现实中往往是不可行的，因此需要设计合适的自动机器学习方法，建模并探索可行空间。

10.2 图超参数优化

图超参数优化旨在自动化地调优图机器学习算法的超参数。图表征学习中常见的超参数包括消息传递层中节点隐层表征的维度、优化器与学习速率、是否使用批归一化、Dropout 大小、正则项的系数等。由于真实的图数据可能会有数十亿甚至更多的节点和边，在图上评估一次超参数需要大量的时间开销。因此，将超参数优化应用到图表征学习上的一大挑战是扩展性的问题。本节将着重介绍不同图超参数优化方法是如何处理时间效率问题的。由于大多数通用超参数优化将待优化的模型视为一个黑盒，因此许多通用超参数优化方法也可以直接被应用到图上，例如随机搜索（Random Search）、网格搜索（Grid Search）、贝叶斯优化等，但它们可能会遇到上述效率瓶颈，因此效果往往没有本节介绍的专为图模型设计的图超参数优化方法性能更优。接下来，介绍图超参数优化的一些代表性方法。

AutoNE（Automated Network Embedding）[185] 是最早研究图超参数优化效率问题的方法。它的核心思想是首先从原图中采样若干代表性的子图，然后在子图上评估超参数，最后使用一种迁移学习的方法得到关于原始大图上的最优超参数，以此来提升计算效率。具体来说，AutoNE 有三个模块：采样模块、特征提取模块和元学习模块。在采样模块中，先通过节点的标签（在监督学习的场景中）或不同社区结构（在无监督学习的场景中）均匀采样，得到若干起始节点，然后从这些节点出发进行随机游走，以采样出若干个节点的集合。对于采样得到的一个节点集合 $\mathcal{V}_i$，提取该集合中节点之间原本存在的所有边：

$$\mathcal{E}_i = \{(u,v) \mid u \in \mathcal{V}_i \wedge v \in \mathcal{V}_i \wedge (u,v) \in \mathcal{E}\}, \tag{10-2}$$

即 $(\mathcal{V}_i, \mathcal{E}_i)$ 构成了原图的一个子图。然后，AutoNE 使用贝叶斯优化 [186] 分别在采样的子图上优化超参数，并在特征提取模块中使用了一种无监督表征学习模型——NetLSD（Network Laplacian Spectral Descriptor）[187] 提取原图和子图的表征。最后，元学习模块根据子图上超参数优化的结果和子图的表征提取元知识，并传递回原始的大图中。在元学习模块中，AutoNE 假设超参数在一个图上

的表现服从一个高斯过程，即

$$\begin{bmatrix} \boldsymbol{f} \\ f_M(\theta_*, \mathcal{G}_*) \end{bmatrix} \sim \mathcal{N}\left(0, \begin{bmatrix} \mathcal{K}(\boldsymbol{X}, \boldsymbol{X}) & \mathcal{K}(\boldsymbol{X}, \boldsymbol{x}_*) \\ \mathcal{K}(\boldsymbol{x}_*, \boldsymbol{X}) & \mathcal{K}(\boldsymbol{x}_*, \boldsymbol{x}_*) \end{bmatrix}\right), \tag{10-3}$$

式中，$\boldsymbol{f}$ 表示已知样本点，即子图上的超参数和超参数的效果；$f_M(\theta_*, \mathcal{G}_*)$ 表示希望利用元知识预测的样本点，即超参数 θ_* 在图 $\mathcal{G}_*$ 上的效果；$\boldsymbol{X}$ 由超参数和图表征组合而成；$\boldsymbol{x}_*$ 表示测试样本；$\mathcal{K}(\cdot,\cdot)$ 表示核函数，用来估计样本间的相似度。利用采样子图上得到的知识，AutoNE 在原图上只需要极少次数的评估便可以得到令人满意的结果。由于在子图上单次超参数评估的时间花费较少，AutoNE 的总体时间效率很高，保证了算法在大规模图上的可扩展性。

JITuNE（Just-In-time Tuning for Network Embedding）[188] 与 AutoNe 的整体思想类似，但提出用图的粗化来代替 AutoNE 算法的采样过程，以生成一系列不同颗粒度的层次化图。此外，该方法还提出了一个相似度衡量模块，以确保粗化后的图与原始的图足够相似。与采样方法相比，粗化的图可以更好地保留原始图的结构信息。因此，JITuNE 方法认为，粗化图中的最佳超参数可以直接应用到大图中，所以省略了 AutoNE 中的特征提取模块和元学习模块。此外，由于粗化图是按照层次生成的，因此 JITuNE 可以更容易地根据下游任务的时间限制调整粗化的程度。

HESGA（Genetic Algorithm with Hierarchical Evaluation Strategy）[189] 方法使用了分层评价策略以提高图超参数优化效率。具体来说，HESGA 提出通过在几轮训练后中断训练，并比较此时的模型效果与初始性能（即随机初始化权重时的模型效果），计算两者间的性能提升来评估一组超参数的潜力，并用这个指标过滤掉一些没有潜力的超参数组合。对于剩下的超参数组合，则继续采用普通的模型训练得到最终的评估分数。该方法类似于普通超参数优化中的连续减半（Successive Halving）方法。对于超参数组合的探索，HESGA 使用了进化算法，它在每一代中选择最佳的超参数组合并保留在进化算法的种群之中，代际之间则通过遗传和变异操作生成新的超参数组合。

AutoGM（Autonomous Graph Mining）[190] 则关注为各种图表征学习算法提出一个统一的框架，以更好地进行超参数优化。具体来说，AutoGM 发现许多具有代表性的图神经网络符合消息传递框架，并且包含五个重要的超参数：消息传递中邻居的数量、消息传递的次数、聚合函数、维度和非线性激活函数。基于这个统一的框架，AutoGM 采用贝叶斯优化方法来优化这五个超参数。

10.3 图神经网络架构搜索

图神经网络架构搜索旨在自动设计出针对目标问题和数据最优的图神经网络架构，可以有效提升开放环境中图神经网络的架构性能。与其他领域的神经网络架构搜索类似，图神经网络架构搜索主要包括三个方面的设计：搜索空间（Search Space）、搜索策略（Search Strategy）和性能评估策略（Performance Estimation Strategy）。下面将逐一介绍。

10.3.1 搜索空间

搜索空间决定了神经网络架构搜索算法的搜索范围，即式 (10-1) 中的 $\mathcal{A}$。若搜索空间过小或设计不佳，则后续搜索策略将无法得到有效的结果；反之，若搜索空间过大，则会导致搜索算法难以优化而无法找到有效的架构。因此，一个合适的搜索空间需要经过巧妙的设计，同时避免过小或过大。因为图神经网络与其他深度学习模型的设计模式不同，图神经网络架构搜索空间需要专门的设计。图神经网络常见的搜索空间可以分为以下五个类别：微观搜索空间、宏观搜索空间、图池化空间、超参数空间和层数。

1. 微观搜索空间

基于消息传递框架，微观搜索空间定义了节点如何与每层中的其他节点交换消息，是最细颗粒度的图神经网络架构搜索空间。按照消息传递框架，常见的图神经网络微观搜索空间包括如下的操作（Operation）[191,192]：

- 聚合函数：包括求和、求平均值、求最大值，以及多层感知机。
- 聚合权重：详见表 10-1。
- 注意力的头数：当使用注意力机制时可以选择头数，例如 1、2、4、6、8、16 等。
- 合成函数：包括拼接、求和，以及多层感知机。
- 表征维度：例如 8、16、32、64、128、256、512 等。
- 非线性激活函数：包括 sigmoid、tanh、ReLU、恒等映射、softplus、ELU 等。

这些微观搜索空间可以包含主流的图神经网络，如第 3 章介绍的图卷积神经网络、图注意力网络、GraphSAGE、图同构神经网络等作为特例。然而，考虑所有这些操作的所有选项构成了成千上万个可能的消息传递层，因此，在很多时候，根据应用场景或一些先验知识，裁减掉一些搜索空间中的选项，并着重于搜索一些比较重要的操作是一种有效的做法。

表 10-1　图神经网络架构搜索空间中一些典型的聚合权重函数

类型	表达式
常数	$a_{i,j}^{\text{const}} = 1$
图卷积神经网络	$a_{i,j}^{\text{gcn}} = \dfrac{1}{\sqrt{\|\mathcal{N}(i)\|\|\mathcal{N}(j)\|}}$
图注意力网络	$a_{i,j}^{\text{gat}} = \text{LeakyReLU}\left(\text{ATT}\left(\boldsymbol{W}_a\left[\boldsymbol{h}_i, \boldsymbol{h}_j\right]\right)\right)$
对称图注意力网络	$a_{i,j}^{\text{sym}} = a_{i,j}^{\text{gat}} + a_{j,i}^{\text{gat}}$
余弦函数	$a_{i,j}^{\cos} = \cos\left(\boldsymbol{W}_a\boldsymbol{h}_i, \boldsymbol{W}_a\boldsymbol{h}_j\right)$
线性函数	$a_{i,j}^{\text{lin}} = \tanh\left(\text{sum}\left(\boldsymbol{W}_a\boldsymbol{h}_i + \boldsymbol{W}_a\boldsymbol{h}_j\right)\right)$
Geniepath [193]	$a_{i,j}^{\text{gene}} = \tanh\left(\text{sum}\left(\boldsymbol{W}_a\boldsymbol{h}_i + \boldsymbol{W}_a\boldsymbol{h}_j\right)\right)\boldsymbol{W}_a'$

2. 宏观搜索空间

宏观搜索空间更着重于搜索不同消息传递神经网络层之间的连接关系。类似于卷积神经网络中的残差连接和稠密连接（Dense Connection）等，图神经网络层之间并非仅能采用顺序连接（即每一层表征通过其前一层表征计算），而是可以有多种连接方式，并且这些更复杂的连接方式将有助于解决图神经网络的过平滑问题（详细内容已在 4.4 节介绍过）。宏观搜索空间的连接关系可以写为

$$\boldsymbol{H}^{(l)} = \sum_{j<l} \mathcal{F}_{j,l}(\boldsymbol{H}^{(j)}), \tag{10-4}$$

式中，$\boldsymbol{H}^{(l)}$ 表示节点在第 l 层的表征；$\mathcal{F}_{j,l}(\cdot)$ 表示第 j 和第 l 层间的操作，可以是一个图神经网络消息传递层，也可以是零操作（即没有连接）、恒等映射或者多层感知机。因为不同层之间的表征维度可能会发生变化，恒等映射只能在维度没有变化的时候使用。通过设计宏观搜索空间，图神经网络架构搜索可支持架构更复杂的图神经网络，例如 JK-Net 等。此外，若当 $j \neq l-1$ 时，均有 $\mathcal{F}_{j,l}$ 是零操作，则上述宏观搜索空间将退化为一个顺序连接的图神经网络。

3. 图池化空间

在处理图级别的任务时，需要使用 3.4 节介绍的图池化层将所有节点的表征聚合为一个全图表征。为了使池化操作更有效且更灵活，图神经网络架构搜索也可以包含池化操作空间，以搜索最有效的池化操作。Jiang 等人 [194] 提出了一个图池化的搜索空间，包括以下池化操作：

- 按节点求和、平均值或最大值

$$\boldsymbol{h}_{\mathcal{G}} = \mathcal{F}_{\text{pool}}\left(\{\boldsymbol{H}_{v,:}, \forall v \in \mathcal{V}\}\right), \tag{10-5}$$

式中，$\mathcal{F}_{\text{pool}}(\cdot)$ 表示求和、求平均值或求最大值。因此，$\boldsymbol{h}_{\mathcal{G}} \in \mathbb{R}^d$，$d$ 代表节点表征的维度。

- 按维度求和、平均值或最大值

$$\boldsymbol{h}_{\mathcal{G}} = \mathcal{F}_{\text{pool}}\left(\{\boldsymbol{H}_{:,i}, \forall 1 \leqslant i \leqslant d\}\right), \tag{10-6}$$

式中，$\mathcal{F}_{\text{pool}}(\cdot)$ 表示求和、求平均值或求最大值。因此，$\boldsymbol{h}_{\mathcal{G}} \in \mathbb{R}^{|\mathcal{V}|}$。由于图表征的维度取决于图中的节点数，因此，不同大小的图表征维度可能不同。

- 门控池化，即对节点按门控权重求和

$$\boldsymbol{h}_{\mathcal{G}} = \sum_{v=1}^{|\mathcal{V}|} \sigma\left(\boldsymbol{H}_{v,:}\boldsymbol{W}_1 + \boldsymbol{b}_1\right) \odot \left(\boldsymbol{H}_{v,:}\boldsymbol{W}_2 + \boldsymbol{b}_2\right), \tag{10-7}$$

式中，$\boldsymbol{W}_1, \boldsymbol{W}_2, \boldsymbol{b}_1, \boldsymbol{b}_2$ 表示可学习权重；$\sigma(\cdot)$ 表示 sigmoid 函数。

- 在求和时使用注意力权重：

$$\boldsymbol{h}_{\mathcal{G}} = \sum_{v=1}^{|\mathcal{V}|} \boldsymbol{b}_v \boldsymbol{H}_{v,:}, \boldsymbol{b} = \text{softmax}(\boldsymbol{H}\boldsymbol{W}), \tag{10-8}$$

式中，$\boldsymbol{W}$ 表示可学习参数。因此，$\boldsymbol{h}_{\mathcal{G}} \in \mathbb{R}^d$。

- 扁平化操作，即直接将 $\boldsymbol{H}$ 展开为向量，因此，$\boldsymbol{h}_{\mathcal{G}} \in \mathbb{R}^{d|\mathcal{V}|}$。

通过适当的设计，更多的池化方法，如层次池化 [52] 等也可以被添加到搜索空间中。此外，PAS（Pooling Architecture Search）[195] 提出了一个统一的 Top-k 池化：

$$\boldsymbol{s} = \mathcal{F}_{\text{pool}}(\boldsymbol{A}, \boldsymbol{H}), \text{idx} = \text{TOP}_k(\boldsymbol{s}), \tag{10-9}$$

式中，$\boldsymbol{s} \in \mathbb{R}^{|\mathcal{V}|}$ 表示一个得分向量，表示学习到的每个节点的重要程度；$\mathcal{F}_{\text{pool}}(\cdot)$ 表示可搜索的池化函数；idx 表示选中的 k 个节点；$\text{TOP}_k(\cdot)$ 表示选择 k 个最大值下标的函数。池化的结果表示为

$$\boldsymbol{A}' = \boldsymbol{A}(\text{idx}, \text{idx}), \boldsymbol{H}' = \boldsymbol{H}(\text{idx}, :), \tag{10-10}$$

式中，$\boldsymbol{A}', \boldsymbol{H}'$ 和 $\boldsymbol{A}, \boldsymbol{H}$ 分别表示池化前后的邻接矩阵和节点表征。PAS 可以涵盖 Top-k 池化 [53]、SAGPool（Self-Attention Graph Pooling）[55]、ASAP（Adaptive Structure Aware Pooling）[196] 等图池化方法作为特例。

4. 超参数空间

除网络架构外，训练图神经网络用的超参数也对模型结果非常重要。为了实现自动化图表征学习方法，可以先用图神经网络架构搜索学习到最佳架构，再针对该架构使用 10.2 节介绍的超参数优化算法，也可以将两者交替执行 [197]，即先

找到一个图神经网络架构，然后寻找其最合适的超参数，再搜索该超参数下的最优架构，基于该架构重新优化超参数，以此类推。另一种方案是直接将这些超参数合并到图神经网络架构搜索空间中，并直接用神经网络架构的搜索策略来优化超参数。图神经网络中具有代表性的超参数及其搜索空间如下：

- 学习率（Learning Rate）：1×10^{-1}、1×10^{-2}、1×10^{-3}、1×10^{-4} 等。
- 训练轮数（Epoch）：100、200、400 等。
- 批大小（Batch Size）：16、32、64 等。
- 批归一化（Batch Normalization）：是或否。
- 优化器：Adam、RMSProp、SGD 等。
- 丢弃率（Dropout）：一般取 $0\sim0.9$。
- 权重衰减（Weight Decay）：1×10^{-2}、1×10^{-3}、5×10^{-4}、1×10^{-4}、5×10^{-5}、1×10^{-5} 等。

5. 层数

除以上组成部分外，图神经网络还有一个非常重要的选项是消息传递的层数。理论上来说，由于大多数图神经网络在一层消息传递中仅聚合一阶邻居，因此每个节点能够收取消息的范围取决于消息传递的层数。此外，图神经网络的表达能力也与其层数相关。然而，与其他深度学习模型，如卷积神经网络或 Transformer 不同，目前大多数图神经网络的层数一般较少，即存在 4.4 节介绍的过平滑等问题。受这些问题限制，现有的图神经网络架构搜索方法通常预设一个较小的固定层数，以避免层数过多所产生的问题。也有少数方法支持枚举若干层数或者自适应地调整层数。后者的一般思路是，首先预设一个初始层数，然后在搜索过程中增加或减少层数，并比较改变层数时搜索得到的图神经网络架构与原层数时图神经网络架构的效果，然后选择其中较优的架构，将此时的层数作为新的层数预设值，再进行下一轮迭代[198]。

10.3.2　搜索策略

图神经网络架构搜索策略决定了如何在搜索空间里找到最优的图神经网络架构。与其他领域的神经网络架构搜索方法类似，图神经网络架构搜索的搜索策略大致可分为三类：强化学习（Reinforcement Learning，RL）方法、可微分（Differentiable）方法和进化算法（Evolution Algorithm）。

1. 强化学习方法

该类方法使用一个控制器来生成神经网络架构，并通过强化学习来最大化模型性能作为强化学习的奖励函数。例如，如果将图神经网络架构描述为一个序列，可以使用循环神经网络作为控制器，以生成变长度的神经架构描述。强化学习的优化函数则是最大化模型奖励函数的期望，即：

$$\mathcal{J}(\theta_c) = \mathbb{E}_{p(a_{1:T};\theta_c)}[R], \tag{10-11}$$

式中，θ_c 表示控制器的参数；R 表示期望（例如模型在验证集上的性能）；$a_{1:T}$ 表示到目前长度生成的架构描述。与合适的搜索空间和模型性能评估策略相结合，这类方法只需调整控制器输出的操作将其对应于图神经网络的搜索空间，即可较直接地应用于搜索图神经网络架构。

2. 可微分方法

近年来，DARTS（Differentiable ARchiTecture Search）[182] 等可微分搜索算法逐渐流行。与强化学习方法中逐一生成每个架构不同，可微分方法对搜索空间中所有的操作用一个概率混合操作进行联合建模，即构建一个包含所有可能架构的超网络（Supernet），并在超网络上进行优化。具体来说，超网络中的一个混合操作可以形式化地写为

$$\boldsymbol{y} = o^{(x,y)}(\boldsymbol{x}) = \sum_{o\in\mathcal{O}} \frac{\exp(\boldsymbol{z}_o^{(x,y)})}{\sum_{o'\in\mathcal{O}}\exp(\boldsymbol{z}_{o'}^{(x,y)})} o(\boldsymbol{x}), \tag{10-12}$$

式中，$\boldsymbol{x}$ 表示该操作的输入；$\boldsymbol{y}$ 表示该操作的输出；$o^{(x,y)}(\boldsymbol{x})$ 表示一个混合操作；$\mathcal{O}$ 表示候选的操作集；$\boldsymbol{z}^{(x,y)}$ 表示用于控制选择什么操作的可学习参数。通过这种方式，架构中操作的选择和模型的权重可以通过梯度下降方法被共同优化。具体来说，可微分方法常采用下列迭代方式进行优化：

$$\begin{aligned} \alpha &= \alpha - \nabla_\alpha \mathcal{L}_{\text{val}}(\boldsymbol{W}(\alpha), \alpha), \\ \boldsymbol{W} &= \boldsymbol{W} - \nabla_{\boldsymbol{W}} \mathcal{L}_{\text{train}}(\boldsymbol{W}, \alpha), \end{aligned} \tag{10-13}$$

式中，α 表示所有操作对应的可学习概率分布 $\boldsymbol{z}^{(x,y)}$ 的集合；$\boldsymbol{W}$ 表示不同操作中的可学习权重。上述优化过程通过控制其中一个变量（架构或者权重），然后优化另一个变量，并反复迭代以得到最优的权重和概率分布。在优化完超网络之后，可以通过离散化操作在每一个混合操作中选取其中最优的一个操作，即 $\boldsymbol{z}$ 最大值对应的操作，从而生成一个最有效的架构。对于上述方法，由于超网络中所有的参数需要被同时优化，因此整个超网络均需要被储存在显存中，导致显存开销很大。为降低显存开销，有一些技巧被提出，例如 Gumbel-softmax 和 Concrete 分布等，感兴趣的读者可以查询相关文献。

3. 进化算法

受生物进化过程的启发，进化算法是一类常用的优化算法。应用于神经网络架构搜索时，进化算法的主要思想是维护一个种群（Population），种群中的每个个

体对应一个架构，并通过进化过程寻找到最优的个体。例如，可以将随机生成的架构作为初始种群；然后，利用进化过程中的变异（Mutation）和交叉（Crossover）操作生成新的架构。这些架构经过评估和选择后形成新的种群，然后重复上述的过程。在更新种群的过程中，效果最好的架构会被记录下来。经过反复的迭代更新后，即模拟生物的进化过程，得到最终搜索出的架构。不同进化算法的区别在于如何定义变异、交叉等操作，以及如何筛选出新的种群。例如，正则化进化（Regularized Evolution）算法[181]的核心思想是采用一个“老化”机制，即在选择过程中，最老的个体将被移除出种群。

对于图神经网络架构搜索，进化算法同样需要先定义架构的描述，例如与前面介绍的强化学习方法相同，可以将每个图神经网络架构描述为一个序列，然后基于该描述定义变异、交叉等操作。例如，AutoGraph[198]定义变异操作为更换图神经网络微观搜索空间的一个操作。Genetic-GNN[197]则提出了另一个进化算法，通过交替地更新图神经网络的架构和超参数，以找到两者间的最佳组合。

此外，上述三类搜索策略也可以被结合使用，以更好地解决具体应用场景的需求或者更加复杂的优化问题。例如，AGNN[191]提出了一种基于强化学习的保守搜索策略，其在控制器中同时采用循环神经网络和进化算法，并采用强化学习训练控制器。通过每次仅生成略有不同的架构，控制器可以更有效地找到效果较好的图神经网络架构。CEIM（Cross-Entropy method with Importance Mixing）[199]提出结合进化算法和可微分算法来搜索架构。除 CEIM 外，也有许多方法[200-202]采用先通过可微分方法训练超网络，然后基于超网络评估模型性能，并使用标准的进化算法搜索出最好的架构。

10.3.3 性能评估策略

由于架构的搜索空间巨大，枚举所有架构并评估所需要的时间和空间是不可接受的。因此，如何有效地评估模型性能并节省资源消耗，也是图神经网络架构搜索算法设计的一项关键因素。接下来，介绍一些模型性能评估策略，以高效地对比不同的架构。

最简单也是最直接的模型性能评估策略是单独地训练每个架构，然后在验证集上测试它的效果。这种方法可以准确地得到每个架构的性能，是精确度最高的方法。然而，由于训练每个架构均需耗费一定的计算资源，因此对每个架构单独地从零开始训练需要的计算量往往非常大，难以应对大规模图或较大的搜索空间。一个常用的快速评估策略是不完整地训练，即减少训练的轮次或者数据的量，也称为低保真度（low-fidelity）模型性能评估策略。这种方法可以直接地应用到图神经网络架构搜索中，但其无法从根本上解决效率与精度间平衡的问题。

另一种神经网络架构搜索的常见性能评估策略是在不同模型之间共享一些参数，称为参数共享或权重共享[183]。由于参数共享可以减少整体所需要训练的参数数量，例如，若平均每 k 个模型共享一组参数，则整体参数量可下降为原来的 $1/k$，因此模型的性能评估速度可以被提升。最简单的权重共享通过规则定义哪些架构间可以共享权重。例如，对于卷积神经网络，由于已知许多卷积滤波器是一般的视觉特征提取器，因此可以提取出视觉信息中的普遍特征，在卷积神经网络中继承之前架构的权重，尤其是低层卷积滤波器的权重，这是可行且有明确含义的。相比之下，由于图神经网络中权重代表的含义尚不十分明确，因此参数共享时需要更加谨慎。例如，AGNN[191] 提出了图神经网络架构搜索中参数共享的三个约束：相同的权重维度，相同的注意力机制和激活函数，以及在批归一化和跳跃连接中不采用权重继承。

另一类更常见、更主流的参数共享机制是通过前面介绍的超网络，即将所有可能的操作通过一个共享的超网络来进行权重共享，使所有的模型参数可以被联合训练。然后，在每次评估单个架构时，不需要训练该架构，而是直接从超网络中取出对应操作的权重，赋予该架构并进行评估。这样，只需要训练一个超网络而不需要每次单独训练需要评测的架构，因此这种方法也被称为单试（One-Shot）模型。但是，因为超网络中包含所有可能的操作，超网络的训练过程可能会比单个模型的训练过程更加困难。为了进一步加快训练的过程，单路径单试（Single-Path One-Shot）模型被提出[203]，在每次超网络的正向传播和反向传播过程中，输入和输出对之间只有一个选项被激活。此外，若超网络仅用于模型性能评估，而无须直接得到最终的图神经网络架构，则式 (10-12) 中的 $\boldsymbol{z}^{(x,y)}$ 参数也可以被省略，而仅训练不同操作中的参数。例如，单路径单试模型在训练过程中，均匀采样每个操作的选项，以充分优化所有的操作。若超网络训练得当，则它可提供最高效的模型性能评估。在利用超网络作为模型性能评估策略并得到最终架构后，可以选择重新训练该架构的参数，也可以选择继承超网络中的架构参数，作为最终输出。

10.3.4 代表性算法

接下来，结合上述三个方面，具体介绍几种具有代表性的图神经网络架构搜索算法。

GraphNAS[192] 是最早提出在图上考虑神经网络架构搜索的算法之一。GraphNAS 构建了一个微观搜索空间，并由人工预先确定其层数。对于每一层，搜索上述微观搜索空间中介绍的聚合函数、聚合权重、注意力的头数、合成函数、表征维度和非线性激活函数等。GraphNAS 不考虑宏观搜索空间，即采用普通顺序连接的链式结构。除此之外，GraphNAS 还同时搜索了学习率、权重衰减、Dropout 等超参数。其搜索策略则采用通用的强化学习算法，使用一个循环神经网络来生成整个架构和训练所使用的超参数。其性能评估策略则是单独完整地评估每个架构，因此该算法在图神经网络架构搜索上的总体时间开销较大。

SGAS（Sequential Greedy Architecture Search）[204] 提出了一种通用的神经网络架构搜索方法并在图数据集上进行了实验验证，使其同样成为最早研究图神经网络架构搜索的算法之一。SGAS 采用了经典的宏观搜索架构，并通过堆叠单元（Cell）的方式构建了整个神经网络。在单元内部的架构搜索中，其只考虑层与层之间的连接关系和每一层的聚合权重，对于其余的组成元素，例如聚合函数、注意力的头数、非线性激活函数等，都采用人工确定的方式。这样，搜索空间相对于完整的微观搜索空间有了显著的减小。其搜索策略和性能评估策略采用了可微搜索的方法。与经典方法不同的是，SGAS 认为可微搜索的方法在最后对架构的离散化前后会存在一个较大的变化，导致离散化之后的架构性能受损。为了处理这个问题，SGAS 提出在搜索过程中通过贪心模式逐渐离散化超网络中的每个混合操作。

DSS（Dynamic Search Space）[205] 发现如果在图神经网络架构搜索中采用微观搜索空间，则很难使用权重共享策略或超网络，因为搜索的部分过多导致每一层的可选择范围太大，因此难以构建包含所有可能操作的超网络。为了处理这个问题，DSS 提出采用一种可动态调整的搜索空间加入超网络中。整个搜索过程分为多个阶段。在第一阶段开始，从微观搜索空间中随机挑选出少量搜索选项的组合作为整个层的选择范围，然后按照这个范围构建出一个超网络，并采用可微搜索的方法。该阶段搜索结束后，保留超网络中每一层最好的几个选项的组合到下一阶段。在下一阶段开始时，从搜索空间中继续随机挑选若干个选项的组合，利用这些选项的组合与上一阶段保留的选项的组合一起构建出一个新的超网络，并重新采用可微搜索的方法。如此循环往复，最终得到最优架构。

GNAS [206] 提出了一种新的搜索空间。由于消息传递在图神经网络中是最重要的步骤，因此控制消息传递的数量和类型是图神经网络架构搜索的关键。基于上述分析，GNAS 采用一个宏观搜索空间，并以单元为单位进行搜索，可选的操作包括消息传递操作和非消息传递操作（例如多层感知机）。假设每个操作仅接收一个输入（即不考虑残差连接等），则每个单元的计算图会从普通宏观搜索空间的有向无环图（Directed Acyclic Graph，DAG）退化为一棵树。为了更好地控制搜索出的图神经网络的深度，每个单元的树结构限制每条从输入到输出的路径都只能有一个消息传递操作。这样，在一个单元架构内只考虑一阶邻居的信息，而控制单元的数量就可以决定消息传递的阶数。对于搜索策略和性能评估策略，GNAS 采用了可微搜索的方法。

AutoAttend [200] 则考虑到注意力机制已经在图神经网络上取得了很好的效果，因此在图神经网络架构搜索中考虑自动设计注意力机制，即注意力中查询、键、值间的计算方法，如图 10-1 所示。AutoAttend 采用宏观搜索空间，在搜索层之间的连接关系时，每一层可以选择接收之前两个层的节点表征加和并作为输入，或者选择之前三个层的表征计算注意力机制之后作为输入。搜索策略和性能评估策略则采用的是可微分方法。由于注意力机制的特殊性，为了保证可微分搜索中所共享的权重可以更好地代表不同架构的权重，AutoAttend 提出只在满足注意力机制的周边架构也相同的情况下才共享该层的权重。

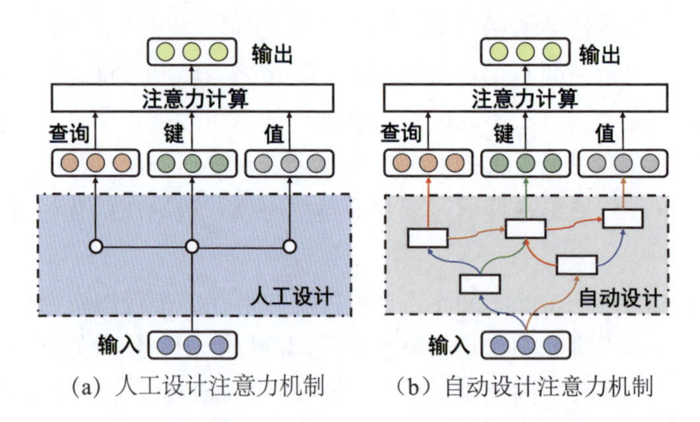

(a) 人工设计注意力机制　　(b) 自动设计注意力机制

图 10-1　人工设计注意力机制与 AutoAttend [200] 自动设计注意力机制对比

GASSO（Graph Architecture Search with Structure Optimization）[207] 则提出了一种可微分的图架构和图结构联合学习方法。目前，绝大多数图神经网络架构搜索方法均假设图结构已经给定，并作为固定的数据作为输入。然而，在一些开放环境的复杂场景和任务中，图结构可能存在缺失、噪声等。为了同时得到最优的图神经网络架构和去噪后的图结构，GASSO 将式 (10-1) 的双层优化改为

$$
\begin{aligned}
&\min_{\alpha \in \mathcal{A}} \mathcal{L}_{\text{val}}\left(\boldsymbol{W}^*(\alpha), \alpha, \mathcal{G}^*\right), \\
\text{s.t.} \quad & \boldsymbol{W}^*(\alpha) = \arg\min_{\boldsymbol{W}} \left(\mathcal{L}_{\text{train}}\left(\boldsymbol{W}, \alpha\right)\right), \\
& \mathcal{G}^* = \arg\min_{\mathcal{G}'} \mathcal{L}_s\left(\boldsymbol{W}^*(\alpha), \alpha, \mathcal{G}'\right),
\end{aligned} \tag{10-14}
$$

式中，$\mathcal{G}^*$ 表示优化后的图结构；$\mathcal{L}_s$ 表示用于学习图结构的目标函数。概括来说，除架构搜索和权重学习外，GASSO 还增加了一项对于图结构的学习。GASSO 提

出如下的平滑目标函数：

$$\mathcal{L}_s = \lambda \sum_{i,j} A'_{i,j} \left\| \boldsymbol{F}_{i,:} - \boldsymbol{F}_{j,:} \right\|_2 + \sum_{i,j} (A'_{i,j} - A_{i,j})^2, \tag{10-15}$$

式中，$\boldsymbol{A}$ 和 $\boldsymbol{A}'$ 表示原图 $\mathcal{G}$ 和优化后的图 $\mathcal{G}'$ 对应的邻接矩阵；λ 表示一个超参数。该目标函数的基本思想是图结构应该尽量平滑，即同质性假设。此外，式 (10-15) 中的后一项约束则防止优化后的图结构与原图结构差别过大。通过优化式 (10-14)，GASSO 即可实现端到端的图结构与图神经网络架构的联合优化。

10.3.5 自动图表征学习开源库

接下来，介绍一个具有代表性的自动图表征学习开源库：AutoGL（Automated Graph Learning）[208]，首个针对图自动机器学习的开源库与工具包。如图 10-2 所示，AutoGL 采用了模块化的设计理念，整体架构可以分为三层：在底层，通过后端的图机器学习工具包，例如 PyTorch Geometric 或 Deep Graph Library，与硬件交互；中间则是一个完整的图自动机器学习解决方案；上层则是支持的图任务，例如节点分类、链接预测、图分类等。对于中间的解决方案，AutoGL 首先使用 AutoGL Dataset 类管理图数据集，包括同构图与异质图等；然后，其使用一个高层的 API，AutoGL Solver 类，控制图自动机器学习的流程，并包括五个重要的功能模块：图自动特征工程、图神经网络架构搜索、图超参数优化、图模型训练和图模型自动集成。作为其中最重要的两个模块，AutoGL 较为系统地支持了各种图超参数优化和图神经网络架构搜索。此外，AutoGL 可以便捷地定制化搜索空间、搜索策略、模型性能评估策略等，以及它们的各种组合，因此可

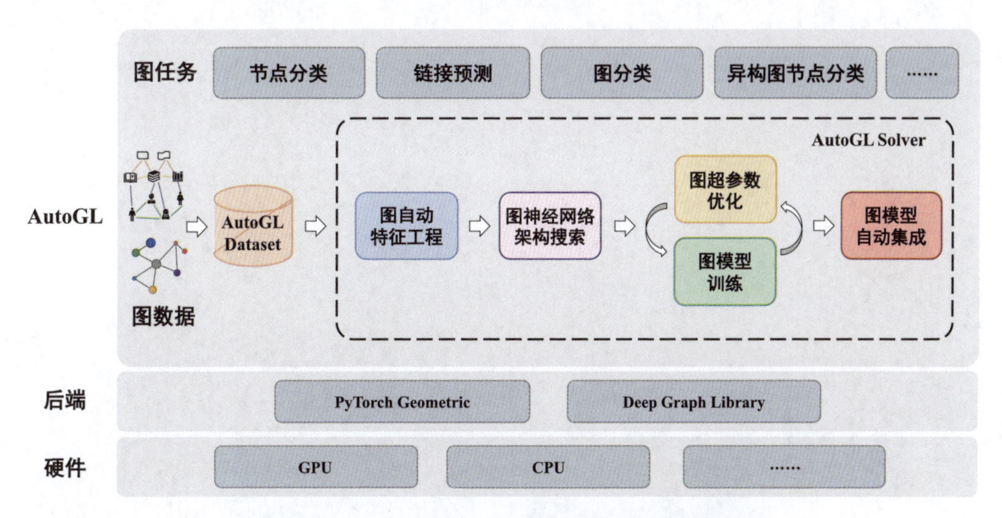

图 10-2　AutoGL v0.3 版本整体框架示意图

以方便地实现并比较不同的图神经网络架构搜索算法。

10.4 本章小结

本章介绍了自动图表征学习，包括图超参数优化和图神经网络架构搜索，以及自动图表征学习的开源库。自动图表征学习对于将图表征学习技术应用于动态开放环境图数据和不同场景下有着较大的潜力，因此也在不断发展中。

第 11 章 CHAPTER 11

元学习与图表征学习

近年来,元学习（Meta-Learning）在许多机器学习领域都取得了优异的效果,特别是在少样本学习（Few-Shot Learning）情况下表现出较好的学习能力。少样本学习是指，对于需要分类的每个类别，分类器只能获得很少的带标签样本。例如，少样本学习中的 N-way-K-shot 设定是指，一共有 N 个类别，每个类别包含 K 个样本。当 $K = 1$ 时，也称为单样本学习（One-Shot Learning）。对于少样本学习与单样本学习，如何用元学习从其他类别的数据中提取共性知识至关重要。本章将介绍图数据上元学习的相关内容。其中，大部分的方法可以被认为是一般元学习方法在图数据上的拓展与应用。本章将首先简单介绍元学习，包括各类具有代表性的元学习方法；然后分类、总结并回顾现有的图上的元学习方法，并介绍它们将元学习和图表征学习相结合的核心思想。本章内容主要参考了图上的元学习的综述文献 [209]。

11.1 元学习简介

元学习是一种机器学习方法，旨在从过去的经验中学习先验知识，以更有效地学习新任务,也就是常说的“学会学习”（Learning to Learn）的方法。元学习主要包括两个步骤:首先,从一系列已知的任务中提取先验知识,该阶段也称为元训练（Meta-Training）；然后，对于新任务，利用先验知识和新任务上的训练集进行学习,例如推断最适合新任务的后验参数,该阶段也称为元测试（Meta-Testing）。和普通机器学习按照数据分为训练阶段和测试阶段不同，元学习首先包括元训练和元测试阶段，这两个阶段考虑了不同的机器学习任务，且每个阶段内部又包含了各自的训练数据和测试数据。元学习假设任务之间存在一些共性，因此可以在不同任务之间提取并传递知识，使得在元训练阶段学习到的模型（即学到的学习方法）可以在新任务上快速适应，达到更好的泛化能力。

元学习是一个广泛的概念，它包含了所有利用过去的学习经验来更加快速地学习新任务思想的方法。现有的元学习方法主要包括如下三类[210]：基于度量（metric-based）的元学习方法、基于模型（model-based）的元学习方法，以及基于优化（optimization-based）的元学习方法。接下来，分别介绍这三类元学习方法的思想，以及一些经典的元学习方法，为后文更好地介绍图上的元学习做铺垫。

11.1.1 基于度量的元学习

基于度量的元学习希望在一个表征空间中找到可用于各种新任务的元知识，然后通过在学习到的表征空间中计算相似度来衡量新任务与已有元知识的相似程度。

孪生神经网络（Siamese Neural Networks）[211] 是一个早期的基于度量的元学习方法，并用于单样本图像分类任务。孪生神经网络是一种学习数据间相似性的模型，它学习一个函数，将输入数据映射到目标表征空间，并希望目标空间中的 L_1 范数接近输入空间中的语义距离。因此，孪生神经网络用两个神经网络分别将两个输入映射到新的空间，学习新空间中的表征，然后通过计算损失函数，评价两个输入间的相似度。原型网络（Prototypical Networks）[212] 是另一个具有代表性的方法。原型网络能够识别训练过程中没有见到的新的类别，而且只需要少量的数据就可以完成分类任务。原型网络旨在学习一个度量空间，并在该度量空间中学习每个类别的一个原型向量，然后计算测试样本到每个类别的原型向量间的距离来进行分类。

11.1.2 基于模型的元学习

基于模型的元学习将模型看作一个黑盒，随着输入数据的改变，模型的内部状态也会发生变化，然后基于模型的状态进行机器学习。以分类任务为例，给定一个任务 $\mathcal{T}_j$ 的训练集 $\mathcal{D}_{\mathcal{T}_j}^{\text{train}}$，对于一个新输入 $\boldsymbol{x}$，其分类的概率分布为 $p_\theta(\boldsymbol{y}|\boldsymbol{x},\mathcal{D}_{\mathcal{T}_j}^{\text{train}}) = f_\theta(\boldsymbol{x},\mathcal{D}_{\mathcal{T}_j}^{\text{train}})$，其中 $f(\cdot)$ 表示一个黑盒模型，θ 为 $f(\cdot)$ 的参数。不同的方法在于如何具体实例化黑盒模型。

元网络（Meta Networks，MetaNet）[213] 是一种基于模型的元学习方法，可以跨任务学习元知识，并允许神经网络从一个单一的样本中学习和总结一个新的任务或概念。MetaNet 包括一个基学习器（Base Learner）和一个元学习器（Meta Learner），其中元学习器还包含一个额外的记忆模块。整个学习过程发生在两个不同的空间，分别称为任务空间和元空间。基学习器在输入的任务空间中学习，而元学习器在与任务无关的元空间中学习，并从不同的任务中抽取元知识。在这之后，许多元学习方法都沿用了 MetaNet 的思想。例如，为了避免元学习的初始模型过于偏向现有任务而无法适应新任务并提高其通用性，Jamal 等人 [214] 提出了一种与任务无关的元学习（Task-Agnostic Meta-Learning）方法。具体来说，该方法提出了一个基于熵的度量，防止模型在分类任务中表现不佳，并对输出类别中具有最大不确定性的无偏初始模型进行元学习。

11.1.3 基于优化的元学习

与前面两种元学习方法不同，基于优化的元学习将元学习问题定义成了一个双层优化问题。在内层优化中，元学习使用一些优化策略（如梯度下降）更新每个任务；在外层优化中，则优化跨任务的性能，即任务知识的传播过程。具体来说，首先回忆监督学习可以表达为如下形式：

$$\boldsymbol{\theta}^* = \arg\min_{\boldsymbol{\theta}} \mathcal{L}(\mathcal{D}, f_{\boldsymbol{\theta}}) = \arg\min_{\boldsymbol{\theta}} \sum_{k=1}^{K} \ell(f_{\boldsymbol{\theta}}(\boldsymbol{x}_k), \boldsymbol{y}_k), \tag{11-1}$$

式中，$\mathcal{D}$ 表示训练集；$\boldsymbol{x}_k$ 表示第 k 个输入数据；$\boldsymbol{y}_k$ 表示第 k 个输入数据的标签；K 表示训练集样本的数量；$f(\cdot)$ 表示目标模型；$\boldsymbol{\theta}$ 表示可学习参数；$\ell(\cdot,\cdot)$ 表示损失函数。相对应地，基于优化的元学习首先从不同的任务中采样一批数据，并找到使这些任务的损失和最小的 $\boldsymbol{\omega}^*$ 作为先验知识，参与到目标任务的训练中，且假设基于该先验知识可以更快地优化目标任务对应的模型参数

$$\begin{aligned} \boldsymbol{\omega}^* &= \arg\min_{\boldsymbol{\omega}} \sum_{\mathcal{T}_i \sim p(\mathcal{T}), \mathcal{D}_i \sim \mathcal{T}_i} \mathcal{L}_{\mathcal{T}_i}(\mathcal{D}_i, f_{\boldsymbol{\theta}_i^*(\boldsymbol{\omega})}, \boldsymbol{\omega}), \\ \boldsymbol{\theta}_i^*(\boldsymbol{\omega}) &= \arg\min_{\boldsymbol{\theta}(\boldsymbol{\omega})} \mathcal{L}_{\mathcal{T}_i}(\mathcal{D}_i, f_{\boldsymbol{\theta}(\boldsymbol{\omega})}, \boldsymbol{\omega}), \end{aligned} \tag{11-2}$$

式中，$p(\mathcal{T})$ 表示任务的分布；$\mathcal{D}_i \sim \mathcal{T}_i$ 表示获取或采样一个任务对应的数据集。然而，直接对上述双层优化问题求梯度是比较复杂且难以优化的。因此，为了求解这一优化问题，许多不同的元学习方法被提出。接下来，介绍一个具有代表性的元学习方法：MAML（Model Agnostic Meta Learning）[215]。MAML 是一种基于优化的元学习方法，或称为基于梯度的元学习，因此与具体模型是无关的，也就是说，MAML 可以适用于不同的机器学习模型，这也是 MAML 应用范围广泛的原因之一。MAML 的主要思想是，假设通过元学习得到了一组可以快速适应新任务的参数 $\boldsymbol{\theta}^*$，则可以将 $\boldsymbol{\theta}^*$ 视为上述优化目标的元知识 $\boldsymbol{\omega}^*$，即将目标函数改写为

$$\boldsymbol{\theta}^* = \arg\min_{\boldsymbol{\theta}} \sum_{\mathcal{T}_i \sim p(\mathcal{T}), \mathcal{D}_i \sim \mathcal{T}_i} \mathcal{L}_{\mathcal{T}_i}(\mathcal{D}_i, f_{\boldsymbol{\theta}_i^*(\boldsymbol{\theta})}),$$
$$\boldsymbol{\theta}_i^*(\boldsymbol{\theta}) = \arg\min_{\boldsymbol{\theta}_i} \mathcal{L}_{\mathcal{T}_i}(\mathcal{D}_i, f_{\boldsymbol{\theta}_i(\boldsymbol{\theta})}), \forall i, \tag{11-3}$$

式中，$\boldsymbol{\theta}_i(\boldsymbol{\theta})$ 表示利用 $\boldsymbol{\theta}$ 作为先验知识，得到每个任务所需要的参数 $\boldsymbol{\theta}_i$。MAML 包含两个阶段。在微调阶段，MAML 根据已有不同任务共享的知识 $\boldsymbol{\theta}$ 和任务梯度方向，通过梯度下降得到任务对应的参数。对于每个任务 $\mathcal{T}_i$，MAML 采用如下方式使 $\boldsymbol{\theta}$ 快速适应为其各自最优的参数 $\boldsymbol{\theta}_i^*$：

$$\boldsymbol{\theta}_i(\boldsymbol{\theta}) = \boldsymbol{\theta} - \alpha \nabla_{\boldsymbol{\theta}} \mathcal{L}_{\mathcal{T}_i}(f_{\boldsymbol{\theta}}). \tag{11-4}$$

上述优化过程实际对应了双层优化的内层优化。在 MAML 的元学习阶段，即外层优化中，则根据每个任务的损失函数和来更新共享的知识 $\boldsymbol{\theta}$：

$$\arg\min_{\boldsymbol{\theta}} \sum_{\mathcal{T}_i \sim p(\mathcal{T}), \mathcal{D}_i \sim \mathcal{T}_i} \mathcal{L}_{\mathcal{T}_i}(\mathcal{D}_i, f_{\boldsymbol{\theta}_i^*(\boldsymbol{\theta})}) = \arg\min_{\boldsymbol{\theta}} \sum_{\mathcal{T}_i \sim p(\mathcal{T}), \mathcal{D}_i \sim \mathcal{T}_i} \mathcal{L}_{\mathcal{T}_i}(\mathcal{D}_i, f_{\boldsymbol{\theta} - \alpha \nabla_{\boldsymbol{\theta}} \mathcal{L}_{\mathcal{T}_i}(f_{\boldsymbol{\theta}})}). \tag{11-5}$$

在式 (11-5) 中，实际只在内层循环计算了一次梯度下降，并可被容易扩展到多次梯度下降的情况，即将式 (11-4) 改为

$$\boldsymbol{\theta}_i^{(c)} = \boldsymbol{\theta}_i^{(c-1)} - \alpha \nabla_{\boldsymbol{\theta}_i^{(c-1)}} \mathcal{L}_{\mathcal{T}_i}(f_{\boldsymbol{\theta}_i^{(c-1)}}), \quad \boldsymbol{\theta}_i^{(0)} = \boldsymbol{\theta}, \tag{11-6}$$

并将若干次梯度下降后的 $\boldsymbol{\theta}_i^{(c)}$ 代入外层优化。

综上，元学习在机器学习领域逐渐发挥着越来越重要的作用。一方面，当新任务的数据缺失、稀疏或者根本无法获得的时候，元学习可以从先验任务中学习，形成知识来快速适应新任务。另一方面，在数据具有长尾效应的时候，元学习也可以先在头部数据上学习，把在头部数据上学习到的知识传递给尾部数据，从而使得尾部数据达到更好的学习效果。元学习还可以很好地解决机器学习中希望模型能够在新数据集或者新的任务上快速适应的需求。

11.2 图上的元学习

现有图上的元学习方法一般可按图数据类型分为两类：第一类是只有一个图的情况，元学习通过观察同一个图中的部分标签（例如节点或边上的标签）来学习并预测其余数据的标签；另一类是存在多个图的情况，元学习通过学习一些含有标签的图来预测其余图的标签，或者通过学习跨多个图的标签来学习处理之前未见过的标签，即应对新出现的类别。图上的元学习已经成功地被应用于不同的

图任务中，并且可以解决少样本图学习问题。大量现有方法关注在图的节点分类问题上，还有一些方法旨在处理链接预测、图分类、网络对齐、关系推理等其他或更一般的图学习任务。接下来，按照不同的图任务来分别介绍现有的图上的元学习方法。

11.2.1　节点分类

下面介绍针对节点分类任务设计的图上的元学习方法。

Meta-GNN [216] 是一个经典的将 MAML 与图神经网络相结合以处理节点分类任务的模型。Meta-GNN 主要包含以下四个步骤：首先，随机初始化模型参数 $\boldsymbol{\theta}$；其次，采样一批元训练任务和数据，并在采样的任务和数据上使用 MAML 进行元训练；然后，在新到来的任务和数据上进行元测试阶段的微调；最后，预测新任务的测试样本。其中，任务采样从训练数据中采样若干个任务的数据点，作为每个任务的训练集和测试集，也称为支持集（Support Set）和查询集（Query Set）。对于每一个任务，计算模型参数为 $\boldsymbol{\theta}$ 时的损失函数，并使用梯度下降得到任务对应的参数 $\boldsymbol{\theta}'_i$。然后，根据所有元训练任务的参数 $\boldsymbol{\theta}'_i$ 更新 $\boldsymbol{\theta}$。考虑节点分类任务的交叉熵损失函数，则每个任务的目标函数和参数更新过程可以写为

$$\begin{aligned}\mathcal{L}_{\mathcal{T}_i}(f_{\boldsymbol{\theta}}) = -\left(\sum\nolimits_{\boldsymbol{x}_i,\boldsymbol{y}_i} \boldsymbol{y}_i \log f_{\boldsymbol{\theta}}(\boldsymbol{x}_i) + (1-\boldsymbol{y}_i)\log(1-f_{\boldsymbol{\theta}}(\boldsymbol{x}_i))\right),\\ \boldsymbol{\theta}'_i = \boldsymbol{\theta} - \alpha_1 \frac{\partial \mathcal{L}_{\mathcal{T}_i}(f_{\boldsymbol{\theta}})}{\partial \boldsymbol{\theta}},\end{aligned} \tag{11-7}$$

式中，$\boldsymbol{x}_i$ 和 $\boldsymbol{y}_i$ 表示任务 i 对应训练集的数据和标签。在计算出所有任务对应的参数后，对共享参数 $\boldsymbol{\theta}$ 的优化可以写为

$$\boldsymbol{\theta} \leftarrow \alpha_2 \frac{\partial \sum_{\mathcal{T}_i \sim p(\mathcal{T})} \mathcal{L}_{\mathcal{T}_i}(f_{\boldsymbol{\theta}'_i})}{\partial \boldsymbol{\theta}}. \tag{11-8}$$

在元测试阶段，对于一个新任务 $\mathcal{T}_t$，首先在该任务的训练集上更新 $\boldsymbol{\theta}$，得到最终该任务的模型参数 $\boldsymbol{\theta}'_t$。若元学习方法捕捉了不同任务间共享的知识，$\boldsymbol{\theta}'_t$ 就可以很好地适应到新任务 $\mathcal{T}_t$ 上。然后，用最终得到的模型 $f_{\boldsymbol{\theta}'_t}(\cdot)$ 在新任务的测试集上进行预测。通过与未使用元学习的图神经网络模型进行比较，Meta-GNN 实验证明了基于梯度的元学习对于少样本节点分类任务有较大的性能提升。

AMM-GNN（Attribute Matching Meta-learning Graph Neural Networks）[217] 则提出了一个基于属性匹配的元学习图神经网络。特别地，其考虑了一种特殊的节点分类任务，即图结构不变，但节点特征会随着任务变化而变化，从而进行分类。为了处理该问题，AMM-GNN 基于 MAML 的框架，利用节点属性及注意力

机制来学习每个任务对应的节点表征，以捕捉每个任务的不同信息，从而学习更有效且可迁移的元知识。AMM-GNN 可以描述不同任务之间固有的特征分布差异，并跨任务学习更有意义的可迁移知识。

MetaTNE（Meta Transformed Network Embedding）[218] 同样研究了节点分类任务中的少样本学习问题，并关注于只有图结构而没有节点特征的情况。具体来说，MetaTNE 采用一种元变换图嵌入框架，该框架由三个模块组成。第一个模块是结构学习模块，根据图结构为每个节点学习一个表征。第二个模块是元学习模块。在训练集中，人工构建少样本的学习环境，以元学习的方式捕捉图结构与节点标签之间的关系并作为先验知识。此外，MetaTNE 引入了一个表征的变换函数，以便将结构对应的节点表征映射为节点分类任务所需的节点表征。第三个模块是优化模块，采用一个简单且有效的调度策略训练上述两个模块，以便在图结构学习和元学习之间保持平衡。

上述几种方法均采用基于优化的元学习方法。GPN（Graph Prototypical Networks）[219] 则是一种基于原型网络的图上的元学习方法，以处理少样本节点分类任务。GPN 旨在学习一个可迁移的度量空间，通过找到该空间中与每个节点表征距离最近的类别原型向量来预测节点的标签。具体来说，GPN 由两部分组成。首先，编码器通过图神经网络学习节点表征，并捕捉图数据的结构和节点特征信息。然后，基于图神经网络的节点评估器估计每个标签所蕴含的信息量，从而学习每个类别的原型向量。

Task-Adaptive Network （TAdaNet）[220] 则是一种任务自适应的元学习方法，利用领域知识图辅助其他任务，例如图像分类的少样本学习。TAdaNet 旨在学习任务对应的嵌入，并将历史任务中的任务知识储存在一个记忆网络（Memory Network）中。基于任务嵌入，TAdaNet 会学习任务感知的参数调整策略，通过调整模型的参数以更好地处理不同的任务。以图像分类为例，TAdaNet 使用给定图像的类别关系构建图数据，通过注意力机制结合邻域信息来为每个分类任务的每个类别生成一个原型向量，通过聚合邻居的信息来丰富知识。

RALE（Relative and Absolute Location Embedding）[221] 则提出利用图中的枢纽（Hub）节点，即图中中心性高的节点，以更好地处理少样本节点分类任务。具体来说，RALE 通过为每个节点分配在任务中的一个相对位置，以捕捉不同任务间的相关性，并进一步通过为每个节点分配在图上的一个绝对位置，以对齐不同的任务，并学习在不同任务中可以迁移的先验知识。

除了少样本图学习，APNet（Attribute Propagation Network）[222] 是一种基于图的零样本学习（Zero-Shot Learning）方法。零样本学习是指对于测试数据上新出现的类别，没有任何标签信息。为处理零样本学习问题，APNet 希望训练一种图上的传播机制，通过在一个由类别构成的图上，优化每个类别的邻居和相关的其他类，以优化零样本每个类别的语义属性空间。其中，类别间的图可以由外部知识所构建，例如 WordNet 等知识图谱，也可以由模型学习得到。具体来说，APNet 模型由如下两部分组成：一个图的消息传递模型，以便为每个类别生成属性向量；一个带参数的最近邻（Nearest Neighbor）分类器，将所有图像按照与图像表征最近的类表征分类。为了在未见过的类别上更好地泛化，APNet 采用了一种元学习策略以训练消息传递机制和最近邻分类器的相似度度量，并通过采样子图和类别的一个子集进行训练。

11.2.2　链接预测

除了上述节点分类任务，也有一些研究关注于链接预测任务中的图的元学习问题。

Meta-Graph [223] 提出了一个基于梯度的元学习框架来处理多个图上的少样本链接预测问题。该方法假设不同图从相同的分布中采样得到，并提出了一种基于变分图自编码器的模型。该模型包括两组参数：用于变分自编码器的全区初始化参数，以及局部的图特征提取参数。Meta-Graph 采用 MAML 方法进行训练，然后对于测试图，仅更新图特征提取参数。

GEN（Graph Extrapolation Networks）[224] 则提出一个图分布外（Out-of-Graph）的链接预测方法，即不仅在已观测和未观测到的节点间进行链接预测，还可以在多关系图中，所有节点在训练时均未被观测到且仅含少量样本的情况下进行链接预测。具体来说，GEN 随机划分给定图中的不同节点，以模拟未见过的节点，并学习了一个归纳式的节点嵌入网络，用于预测观测到的节点和未观测到节点间的边；另一方面，GEN 还学习了一个直推式链接预测网络，用于预测未观测到的节点间的边。对于后者，GEN 还提出了一个随机嵌入层，用来建模未观测到的节点之间链接的不确定性。

11.2.3　图分类

图分类的目标是从图结构数据中提取准确的信息进行分类。针对实际图分类任务的应用，如在生物信息学中标记图数据的稀缺性，一些学者通过少样本学习来缓解这一问题。

Chauhan 等人 [225] 提出基于图的归一化拉普拉斯矩阵为每个图分配一个概率度量，称为图谱度量（Graph Spectral Measure）。然后，基于拉普拉斯矩阵的沃瑟斯坦（Wasserstein）距离，将每个图的标签聚类为超类（Super-class），并通过超类标签构建出一个图，称为超类图（Super-graph）。超类图上的一个节点对应若干种图的普通标签。随后，在超类图上使用一个图神经网络进行消息传递，以更好地提取并利用超类图中包含的潜在类间关系，并更好地区分不同的图标签。在测试阶段，该方法首先预测一个图在超类图上的类别，然后利用另一个图神经网络模型预测其具体的类别。通过不同类之间的图谱度量和超类图的引入，该方法可以更有效地建模类之间的关系，从而使图分类器可以更好地应对少样本学习的场景。

在上述方法的基础上，Ma 等人 [226] 进一步考虑到，训练类和测试类的标签在现实场景中可能不会有较大的重叠，因此上述方法中超类图的构建可能会存在困难。因此，作者提出了一个基于 MAML 的图上的元学习方法进行少样本图分类。具体地，作者针对 MAML 直接用于解决图分类任务中可能遇见的问题，特别是由于不同图数据需要的步长不一致的问题，提出了步自适应模型无关元学习（Adaptive Step MAML，AS-MAML）方法。AS-MAML 使用自适应步控制器来学习元学习器的最优自适应步，将图的嵌入作为元特征，通过元特征和元学习器的训练状态决定 MAML 内层循环应当何时停止。AS-MAML 考虑了图的局部结构，通过快速适应机制有效地捕捉了未观测到的图上子结构的特征，并将其迁移到新任务中。另外，AS-MAML 还为所提出框架提供了定量分析，并给出了图相关的泛化误差上界。

11.2.4 图上一般问题的元学习

除了上述针对节点分类、链接预测和图分类设计的方法，还有一些针对图上一般问题的元学习方法，可以应用于不同任务。

G-Meta [227] 是一个基于图神经网络的图上的元学习方法，可以处理图上一般的问题。它的核心思想是，由于图神经网络的消息传递过程仅在邻域聚合信息，一个 L 层的图神经网络仅考虑每个节点 L 阶邻居内的信息。因此，可以把每个节点都用其局部子图来表示，即每个节点的 L 阶自我子图。利用这种思想，可以构建每个节点对应的图数据样本，然后在不同图数据、图任务或图标签之间利用元学习传递知识，以解决图上的更一般的元学习问题，例如节点分类或链接预测问题，并可处理不同的设定，例如同一个图上不相交的标签集合、多个图上相交的标签集合，以及多个图上不相交的标签集合等。

G-Meta 有四个核心步骤：生成每个点对应的局部子图、使用图神经网络学习每个子图的表征、计算基于原型向量的损失函数，以及利用 MAML 等基于优化的元学习方法进行训练并迁移知识。具体来说，G-Meta 首先对每一个节点都定义了一个局部子图，即将图中所有与中心节点距离小于某个阈值 L 的节点作为局部子图的节点，然后保留这些节点之间的边。不难证明，图神经网络在子图和原图上获得的信息量是相同的。然后，使用图神经网络学习每个子图的表征，并作为对应节点的表征。该步骤可以使用批量计算以减少内存的开销。在元学习阶段，为了学习每个类别的原型向量，G-Meta 采用所有属于该类子图表征的均值，即有：

$$\boldsymbol{c}_k = \frac{1}{N_k}\sum_{y_j=k}\boldsymbol{h}_j, \tag{11-9}$$

式中，k 表示一个类别；N_k 表示类别的样本个数；$\boldsymbol{h}_j$ 表示一个子图 j 的表征；y_j 表示子图的类别。基于学习到的原型向量，计算所有训练集和测试集中子图类别的概率分布。对于一个子图 u，记其概率分布为 $\boldsymbol{p}$，对于类别 k，则有

$$\boldsymbol{p}_k = \frac{\exp(-\|\boldsymbol{h}_u - \boldsymbol{c}_k\|)}{\sum_{k'}\exp(-\|\boldsymbol{h}_u - \boldsymbol{c}_{k'}\|)}. \tag{11-10}$$

在元学习的训练阶段，由于此时不同子图的表征可以看成不同独立样本的表征，因此可以直接采用标准的 MAML 方法训练，在此不再赘述。G-Meta 方法有如下特点：

- 可扩展性：由于 G-Meta 各阶段操作均可以在批量的子图上计算，通过控制子图和批大小，可以实现快速计算并且确保内存开销。
- 归纳学习能力：由于 G-Meta 均在子图层面操作，因此其可以将知识从已观测到的子图迁移到未观测到的子图中。这与普通图神经网络的归纳学习能力是相似的。
- 少样本学习：由于采用了元学习策略，G-Meta 可以处理少样本和单样本的图学习任务。
- 广泛适用性：G-Meta 可以处理不同的任务，例如节点分类、链接预测等，并可以处理上述各种设定（单一图或多个图、标签集合是否相交等）。

由于许多图表征学习方法需要处理多个不同任务，所以能够在任务之间共享知识非常重要。考虑多个任务的学习问题被称为多任务学习（Multi-Task Learning），是一个与元学习密切相关且备受关注的研究领域。SAME（Single-task Adaptation for Multi-task Embeddings）[228] 是一个针对多任务的节点表征学习模型，其通过元学习以适应单个任务，并能够适用于节点嵌入、链接预测和图分类等多任务领域。具体来说，SAME 采用了一个双层的架构：节点嵌入层用来学习图数据的表征，多头注意力层作为输出，以处理不同任务。节点嵌入层作为 MAML 的外层循环，用于处理任务的多头注意力层则作为 MAML 的内层循环。采用上述

元学习方法，SAME 模型避免了因不同任务间可能存在冲突导致的性能损失，并能更好地处理单个任务。

meta-tail2vec [229] 则关注处理图数据表征的尾部节点嵌入问题。由于很多现实中的图数据的节点度数均符合幂律分布，即存在大量节点的度数较少，这些节点也被称为尾部节点。这些尾部节点由于信息量较少，其学习到的节点表征往往质量不高。为了应对该问题，meta-tail2vec 将学习尾部节点嵌入的目标建模为给定少量链接的少样本回归问题。特别地，由于每个节点都位于它自己的局部上下文中，因此 meta-tail2vec 个性化地处理了每个尾部节点的回归模型。为了减少个性化过程的过拟合，meta-tail2vec 提出了一个局部感知的元学习框架，以学习不同尾部节点的回归模型，并将头部节点，即度数较大的节点，视为元训练数据，然后采用 MAML 进行元学习。

11.2.5 其他任务

除了上述常见任务和一般问题的元学习，也有一些研究将图上的元学习应用到一些其他具体任务中，下面进行简单的介绍。

Iwata [230] 提出了针对图中节点响应预测任务的一种主动元学习方法，通过选择需要获取标签的节点，在尽可能少使用标签的情况下提高模型的预测性能。具体来说，该方法使用两个图神经网络作为节点响应任务的预测模型和节点的选择模型。在训练阶段，该模型随机挑选有标签的数据模拟观测到的和未观测到的数据，并采用强化学习挑选需要标记的数据。

图对齐（Graph Alignment），即找到来自不同图数据上节点的对应关系，例如同一个人在不同社交媒体上的账号，是一个常见的图任务。针对图对齐问题，Meta-NA [231] 提出了一个基于图上的元学习方法。该方法将图对齐任务建模成一个单样本学习问题，并采用基于度量的元学习，从一些已知的锚节点（Anchor Node）获得未知节点的先验信息。Meta-NA 通过学习多个不同图的子图，学习到一个统一的度量空间，并在该空间处理跨图的链接预测任务。除了提升性能，Meta-NA 还可以提高泛化能力，减少计算的开销，并且很容易地扩展到多图对齐的场景。

除一般图数据外，一些研究还关注于知识图谱的元学习。MetaR（Meta Relation learning）[232] 是一个处理知识图谱中少样本链接预测问题的元学习方法，旨在仅通过少数几个相关的三元组来预测一个新的关系的三元组。该方法通过学习关系特定的元知识和关于梯度的元知识，使模型更快地学习最重要的知识。Wang 等人 [233] 则研究了少样本知识图谱推理问题，并提出了一个新的元学习框架，以有效地利用任务特定的元信息，例如局部图邻居信息或知识图谱中的推理路径。

具体地，作者使用了一个元编码器，将元信息编码成每个任务的初始化参数，即让推理模块在对不同关系推理的学习时可以有不同的初值，从而更好地适应目标任务。Xu 等人[234] 提出了一种基于动态知识图谱的对话生成方法。具体来说，其将动态知识图谱的三元组形式化为一个对抗攻击问题，并在对话生成的目标函数中希望能快速适应知识图谱的动态变化。作者使用改进的对抗元学习来训练，以快速适应之前未见过的知识。GEML（Graph-Evolving Meta-Learning）[235] 则是一种针对少样本情况下生成医疗对话（medical dialogue）的图上的元学习模型。GEML 使用常识知识图谱，并从已有疾病数据中抽取疾病和症状关系的先验知识，通过学习知识图谱的演化，推断出一个新的疾病对应的症状相关常识，并减少对新的疾病进行训练需要的样本数量。此外，基于上述知识图谱的演化，GEML 可以处理同一疾病展现出的症状在现实世界随时间发生改变或演化的情况。

还有一些研究将图上的元学习应用于图的对抗攻击和鲁棒性研究上。Metattack[236] 是一种针对节点分类任务的攻击方法。其核心思想是将图结构作为超参数，使用元梯度来解决攻击时的双层优化问题。RoMNE（Robust Meta Network Embedding）[237] 则是一种基于元学习的鲁棒图表征学习框架，旨在提高图表征学习模型应对对抗攻击的能力。具体来说，RoMNE 提出了一种基于多种图嵌入的元学习方法，可以快速迁移到新的图嵌入方法中，并且将对抗攻击和防御模型融合进动态对抗训练模型，增强模型的鲁棒性。

11.3 本章小结

本章介绍了图数据的元学习，包括针对节点分类、链接预测、图分类等特定任务设计的图上的元学习方法，以及更加一般的图上的元学习。图上的元学习可以有效地处理样本量较少时的图表征学习问题，因此在处理真实环境中的图数据与图任务上有着广泛的应用前景。

第 12 章 CHAPTER 12

分布外泛化图表征学习

在真实、复杂的环境中，图数据的分布偏移（Distribution Shifts），即训练图数据与测试图数据分布不同，是十分常见且无法避免的情况。图 12-1 展示了图数据上发生的多种类型的分布变化，包括图规模变化、节点特征变化、图结构和节点特征变化等。由于大部分传统图表征学习方法均基于测试图数据和训练图数据同分布的假设，导致这些方法缺乏分布外泛化（Out-Of-Distribution Generalization）能力。因此，研究图上分布外泛化的图表征学习方法对处理真实复杂环境至关重要。本章将介绍分布外泛化的图表征学习。首先，定义分布外泛化图表征学习问题并介绍方法的分类；然后，具体介绍三类不同算法；最后，介绍相关理论分析。本章内容主要参考了相关综述文献 [238]。

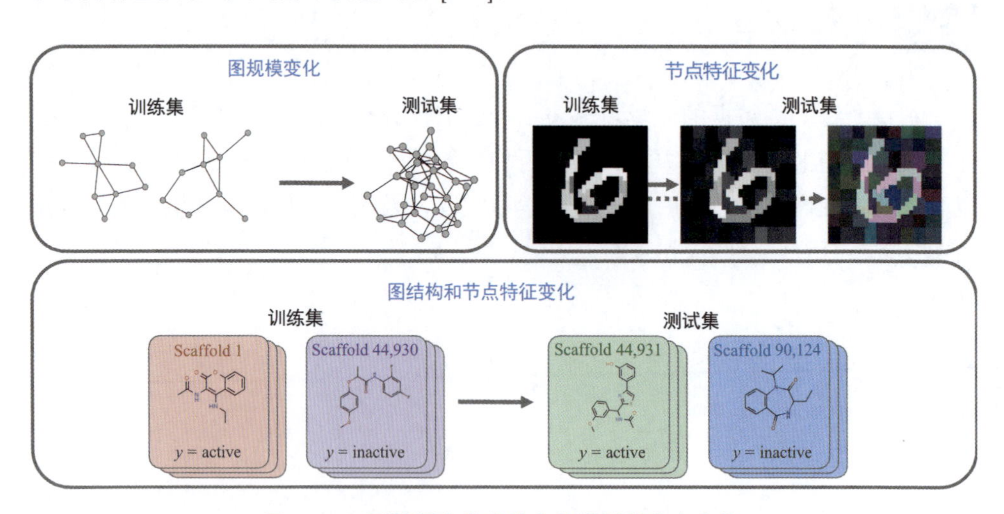

图 12-1　图数据上发生的多种类型的分布变化

12.1 图分布外泛化问题和分类

12.1.1 问题定义

记 $\mathbb{X}$ 为输入空间，$\mathbb{Y}$ 为标签空间。目标是学习一个预测器 $f_\theta : \mathbb{X} \to \mathbb{Y}$，其参数为 θ，可以将输入样本 $X \in \mathbb{X}$ 映射到对应的标签 $Y \in \mathbb{Y}$。不同图任务和不同设定下的输入空间不同，包括节点级、链接级或图级任务。记 $\ell(\cdot,\cdot)$ 为计算模型预测和真实标签之间的损失函数。图分布外泛化问题定义如下。

定义 12.1 (图分布外泛化)　给定从训练分布 $P_{\text{train}}(X,Y)$ 中采样的 M 个样本（节点、链接或图）$\mathcal{D} = \{(X_i, Y_i)\}_{i=1}^{M}$ 作为训练集，目标是学习一个最优的图预测器 f_{θ^*}，其可以对从测试分布 $P_{\text{test}}(X,Y)$ 中采样的数据实现最优的泛化，其中 $P_{\text{test}}(X,Y) \neq P_{\text{train}}(X,Y)$，即：

$$f_\theta^* = \arg\min_{f_\theta} \mathbb{E}_{X,Y\sim P_{\text{test}}}[\ell(f_\theta(X),Y)|\mathcal{D}]. \tag{12-1}$$

$P_{\text{test}}(X,Y)$ 和 $P_{\text{train}}(X,Y)$ 之间的分布变化会导致基于同分布假设的图预测器的效果无法保证，因为直接最小化训练样本的损失函数 $\mathbb{E}_{X,Y\sim P_{\text{train}}}[\ell(f_\theta(X),Y)]$ 无法获得对于测试样本最优的预测器。

实际上，一般机器学习算法的分布外泛化研究也得到了广泛关注 [239]。然而，图表征学习的分布外泛化有一些独特的挑战：

- **图数据的独特性**：图结构的非欧特性导致了图表征学习模型与其他机器学习模型存在明显的区别。因此，直接地将为欧式数据，例如图像和文本设计的分布外泛化算法应用在图上存在重要挑战。
- **图任务的多样性**：图上的问题是多种多样的，包括节点级、链接级和图级任务，以及不同的任务设定、目标和约束，导致分布外泛化更难以处理。
- **图数据分布变化的复杂性**：图上的分布偏移可以存在于单个节点（例如节点特征）和图拓扑（例如图大小或拓扑结构），为分布外泛化研究带来更多的挑战。

12.1.2 方法分类

为了应对分布变化带来的挑战，许多图分布外泛化方法被提出，可大致分为三类。

- **数据层面方法**：这类方法旨在通过改变输入的图数据，即图数据增强，系统地生成更多训练样本以增加训练集的数量和多样性，从而提高分布外泛化能力。

- **模型层面方法**：这类方法旨在提出新的图模型来学习分布外泛化图表征，包括两类代表性的方法——基于解耦的图模型和基于因果的图模型。
- **学习策略**：这类方法侧重于设计新的学习策略，例如设计特定的优化目标和约束，以增强分布外泛化能力，包括图不变性学习、图对抗训练和图自监督学习。

图 12-2 总结了分布外泛化图表征学习方法分类，这三类方法从三个不同的角度处理图分布外泛化问题。此外，表 12-1 总结了这些方法的特点。“任务”表示方法关注的任务类型，包括节点、边、图级别的任务；“分布偏移类型”表示每个方法可以处理的分布偏移类型，包括拓扑（图大小和图结构）和节点特征；“架构无关”表示该方法是否可以用于多种图神经网络架构；“$|\mathscr{E}| > 1$”表示该方法在训练过程中是否需要多个环境。接下来，具体介绍其中的一些方法。

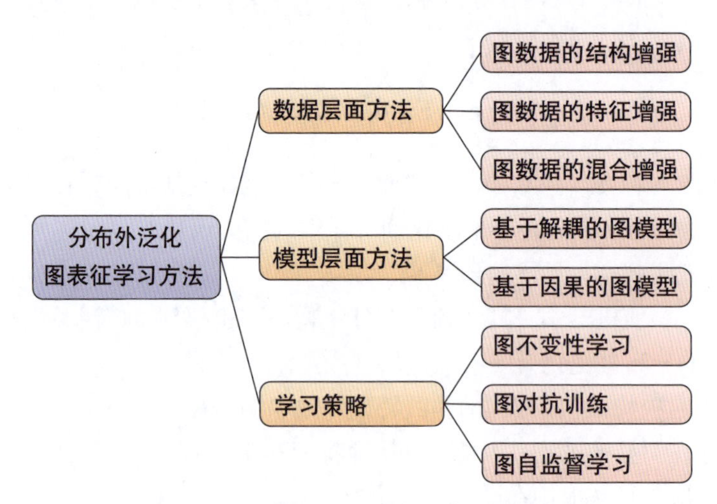

图 12-2　分布外泛化图表征学习方法分类

表 12-1　分布外泛化图表征学习方法

分类	子类别	方法	任务			分布偏移类型			架构	$\lvert\mathscr{E}\rvert>1$
			节点	边	图	大小	结构	特征	无关	
数据层面方法	图数据的结构增强	GAug [240]	✓				✓		✓	
		MH-Aug [241]	✓				✓		✓	
		KDGA [242]	✓				✓		✓	
	图数据的特征增强	GRAND [243]	✓					✓	✓	
		FLAG [244]	✓	✓	✓			✓	✓	
	图数据的混合增强	GREA [245]			✓		✓	✓	✓	
		DPS [246]	✓		✓		✓	✓	✓	
		AdvCA [247]			✓		✓	✓	✓	
		Mixup [248]	✓		✓		✓	✓	✓	

续表

分类	子类别	方法	任务			分布偏移类型			架构	$\lvert\mathscr{E}\rvert>1$
			节点	边	图	大小	结构	特征	无关	
模型层面方法	基于解耦的图模型	DisenGCN [102]	✓				✓	✓		
		IPGDN [105]	✓				✓	✓		
		FactorGCN [106]			✓		✓	✓		
		DisC [249]			✓		✓	✓	✓	
		NED-VAE [100]			✓		✓	✓		
		DGCL [107]			✓		✓	✓	✓	
		IDGCL [108]			✓		✓	✓	✓	
	基于因果的图模型	OOD-GNN [250]			✓	✓	✓	✓	✓	
		StableGNN [251]			✓		✓	✓	✓	
		DGNN [252]	✓				✓	✓	✓	
		CAL [253]			✓		✓	✓	✓	
		DSE [254]			✓		✓		✓	
		CIGA [255]			✓	✓	✓	✓	✓	
		E-invariant GR [256]			✓	✓		✓	✓	
		gMPNN•• [257]		✓		✓			✓	
		CFLP [258]		✓			✓		✓	
		Gem [163]	✓		✓		✓		✓	
学习策略	图不变学习	GIL [259]			✓		✓	✓	✓	✓
		DIR [260]			✓		✓	✓	✓	✓
		GSAT [261]			✓		✓	✓	✓	
		EERM [262]	✓				✓	✓	✓	✓
		DIDA [263]		✓			✓	✓	✓	✓
		SR-GNN [264]	✓				✓	✓	✓	✓
		SizeShiftReg [265]			✓	✓			✓	
		StableGL [266]	✓				✓	✓		✓
	图对抗训练	DAGNN [267]			✓		✓	✓		✓
		GNN-DRO [268]	✓				✓	✓	✓	
		GraphAT [269]	✓				✓	✓	✓	
		CAP [270]	✓				✓	✓	✓	
		WT-AWP [271]	✓		✓		✓	✓	✓	
		OAD [272]	✓				✓	✓	✓	
	图自监督学习	Pretraining-GNN [138]			✓		✓	✓	✓	
		d-PATTERN [273]			✓	✓			✓	
		DR-GST [274]	✓				✓	✓	✓	
		GraphCL [275]	✓		✓		✓	✓	✓	
		RGCL [276]			✓		✓	✓	✓	
		GAPGC [277]			✓		✓	✓	✓	

12.2 数据层面方法

与一般机器学习模型类似，图表征学习模型的分布外泛化能力也在很大程度上依赖训练数据的质量和多样性 [278]。一般来说，训练数据的质量越高且越多样化，模型的泛化能力越强。通过采用适当的图数据增强策略并获得更多的图数据样本，图表征学习方法可以直接在扩充的数据集上训练

$$\min_{f_\theta} \mathbb{E}_{X',Y' \sim \mathcal{D}'}[\ell(f_\theta(X'), Y')], \tag{12-2}$$

式中，$\mathcal{D}'$ 从 $\mathcal{D}$ 增强得来。总的来说，图数据增强方法的策略可以分为三种：**结构增强**、**特征增强**和**混合增强**。实际上，图数据增强与本书第 8 章介绍的无监督学习与自监督学习有很多交叉内容。因此，本节将着重介绍特别关注于分布外泛化的数据增强。

12.2.1 图数据的结构增强

由于结构在图中起着至关重要的作用，一些方法对输入图采用结构增强，以生成更多样化的拓扑结构。这些增强的结构可能涵盖一些原本训练集中未观测到，但在测试集中出现的拓扑结构，从而能帮助模型实现更好的分布外泛化。

GAug（Graph Augmentation）[240] 提出通过可微分的边预测器生成数据增强的图，以提高泛化能力。GAug 发现，边预测器可以有效地建模图的同质结构，从而增加给定图结构中同一类别内的边，并降低不同类别之间的边。这种边的增强不仅有利于预测准确性，而且有利于图模型的泛化能力。GAug 不但能增强训练图数据以更好地训练，还能在测试图中生成新的边。通过对结构去噪并增加新边，GAug 可以提供更丰富的图结构信息，以帮助图表征学习模型泛化。

MH-Aug（Metropolis-Hastings data Augmentation）[241] 进一步从马尔可夫链蒙特卡洛采样的角度提出图数据增强，以灵活地控制数据增强的程度和多样性。MH-Aug 的增强样本从显式设计的目标分布中采样得到，并采用 Metropolis-Hastings 采样算法解决从复杂分布中直接采样困难的问题。与随机图数据增强不同，MH-Aug 方法更加可控且有一定的理论根基。

KDGA（Knowledge Distillation for Graph Augmentation）[242] 发现上述图数据增强方法的负增强问题，即这些方法可能导致数据增强的样本与用于测试的样本之间的分布偏移更加严重，从而影响泛化性。KDGA 是一种基于知识蒸馏技术的图结构增强方法，用于处理上述负增强问题。具体来说，KDGA 采用知识蒸馏中的教师-学生（teacher-student）架构，从增强图数据上训练得到的教师图

神经网络模型中抽取知识，通过部分参数共享在学生模型中利用这些知识，并将这些学生模型用于测试。在同质和异配图数据集上的实验证明了 KDGA 在节点级任务中的有效性。

12.2.2 图数据的特征增强

除对输入图删除或添加边的结构增强外，一些方法通过节点特征增强以增强分布外泛化的能力。

GRAND（Graph RANDom neural network）[243] 是一种简单但有效的特征增强方法。其首先随机地掩盖部分或全部的节点特征作为扰动，然后将扰动后的节点特征通过消息传递层学习节点的表征。由于每个节点的特征都可能被随机掩盖，该方式可以鼓励输入图的每个节点都不过分依赖特定邻域的特征。在同质性假设下，可以认为 GRAND 对每个节点都构建了不同的数据增强。最后，GRAND 通过减少不同增强图中预测性能的方差以增强模型的一致性。

FLAG（Free Large-scale Adversarial augmentation on Graphs）[244] 是另一种简单且可扩展的图数据增强方法。FLAG 提出在训练期间使用基于梯度的对抗扰动，迭代地增强节点特征，同时保持图结构不变。由于其简单和可扩展的设计，FLAG 可以在一些大规模图数据集上进行高效的训练，也可以很容易地融入一般图神经网络的训练过程中。

12.2.3 图数据的混合增强

为了结合结构方面和特征方面的图数据增强，一些方法采用混合增强方式，以更有效地提升分布外泛化的性能。

GREA（Graph Rationalization Enhanced by environment-based Augmentations）[245] 提出了一种基于环境替换的数据增强策略，通过识别输入图中的基本原理（Rationale）从而提升分布外泛化的能力。GREA 作者认为，现有的数据增强方法主要是启发式地修改输入图，不能直接识别图中的基本原理。基本原理是指图中最重要且本质的一部分信息。GREA 通过用另一个图的环境子图替换输入图的环境子图来生成一个增强样本，并鼓励增强样本具有与原输入图相同的标签。考虑到显式的子图编码和解码的复杂性，GREA 在表征空间中分离原始图和增强图的基本原理和环境，并学习两部分的表征。通过准确识别输入图的基本原理，GREA 验证了其分布外泛化的能力。

DPS（Diverse and Predictable Subgraphs）[246] 基于源域（Source Domain）生成多个增强域（或称为环境），并学习增强域和源域之间的语义一致性以提升分布外泛化。与 GREA 类似，DPS 也是一种针对图环境的图数据增强方法。由于分布变化是由不同域之间的不一致性引起的，因此当图预测器在多个域上表现相似时，其可以更有效地泛化到分布外图数据。考虑到收集足够的图数据域通常十分困难，因此 DPS 通过生成增强域来处理图上的域稀缺问题。具体来说，DPS 采用多个子图生成器，将不同的子图输出视为增强域，同时在每个子图中保持图中的关键信息以正确地预测图的标签。为了鼓励增强域的多样性，DPS 提出了一种基于能量函数的正则项来降低不同增强域之间的相似性。通过训练图预测器在不同域拥有相似的预测能力，学习到的图预测器最终可以更好地泛化至数据分布不一致的测试图分布上。

AdvCA（Adversarial Causal Augmentation）[247] 提出了一种针对协变量偏移（Covariate Shift）问题的图数据增强策略。AdvCA 作者分析认为，现有的图数据增强策略受到环境因素限制或因果特征不稳定的影响，因此难以处理数据协变量偏移下的分布外泛化。为了缓解这个问题，AdvCA 提出了图数据增强的两个原则：环境多样性和因果不变性。环境多样性原则鼓励图数据增强推断未知的环境，因果不变性原则则减少了增强图数据与未知测试图数据之间的分布差距。AdvCA 由两个主要模块构成：对抗增强器，用于对抗性地学习图结构和节点特征上的掩码，以增强环境多样性；因果生成器，用于输出捕捉因果信息的掩码。基于这两个原则和相应设计，AdvCA 可以更好地处理协变量偏移下的分布外泛化问题。

此外，**Mixup** 方法及其变体通过对给定样本插值以生成新样本，是一种通用的数据增强方法，并在计算机视觉和自然语言处理等领域展现了有效性。也有不少方法将该思想应用于图数据增强。GraphMix [279] 通过联合训练全连接神经网络和图神经网络，将流形（Manifold）上的 Mixup 策略应用于节点分类任务。全连接神经网络的损失函数使用流形 Mixup 计算，而图神经网络采用普通的损失函数。然后，全连接神经网络和图神经网络之间使用参数共享策略，以将关键节点的表征从全连接神经网络迁移到图神经网络。**Wang 等人** [280] 则提出了一种在嵌入空间中利用图的隐层表征进行插值的 Mixup 策略。**GraphMixup** [281] 采用了一个基于双通路图卷积神经网络的 Mixup 方法，其对一对节点的原始特征进行插值，然后输入双通路的图神经网络层，接下来对每一层的隐层表征执行 Mixup 操作。**ifMixup**（intrusion-free Mixup）[282] 则不针对隐层表征，而是直接在原始图数据上进行插值。由于图数据的不规则性，两个图的节点存在无法对齐的问题，因此 ifMixup 任意给节点分配顺序，并通过节点编号对齐。然而，不同节点的顺序并没有一致的含义，且会导致图同构等潜在的问题。**G-Mixup** [283] 则采用另一个策略处理图的不规则问题。其首先对同一个类的节点估计一个图元（Graphon）。

之后，G-Mixup 在欧式空间中插值不同类别的图元，得到 Mixup 之后的图元，再根据这些增强的图元采样增强的图样本。由于这些方法的思想类似，因此统称它们是基于 Mixup 的方法。

12.3 模型层面方法

除了增强输入图数据以帮助实现更好的分布外泛化，还有一些方法通过设计新的图模型来学习分布外泛化的图表征。通过在模型设计中引入先验知识，这些图表征学习模型可以实现更有效的分布外泛化。模型层面的方法主要分为两类：**基于解耦的图模型**和**基于因果的图模型**。

12.3.1 基于解耦的图模型

第 6 章已经介绍了解耦图表征学习，例如 DisenGCN [102]、IPGDN [105]、FactorGCN [106]、IDGCL [108] 等。这些方法通过区分并学习图数据背后的潜在因子，可以更加关注于对标签有稳定预测力的因子，从而有助于实现更好的分布外泛化。接下来不再复述这些方法，而是介绍一个针对数据分布偏移设计的解耦模型。

DisC（Disentangled Causal substructure）[249] 是一个针对数据分布偏移的解耦图神经网络模型。与解耦潜在因子的方法不同，DisC 旨在解耦输入图中的因果信息和非因果信息。通过将输入图显式地分解为因果子图和偏差子图（即非因果子图），该方法可以在出现严重数据偏移时只利用因果子图进行稳定的预测。具体来说，DisC 首先通过一个参数化的边掩码生成器，将输入图的边分为因果边和偏差边。该掩码生成器的参数在整个数据集的不同图中共享。边掩码生成器希望学习每个边的重要性并提取因果子图和偏差子图。然后，将因果子图和偏差子图输入两个图神经网络中，分别使用因果感知的损失函数和偏差感知的损失函数进行训练，从而学习解耦的表征。接下来，DisC 进一步置换不同图中学习的隐层表征，以生成更多的训练样本。尽管可能同时包含因果信息和偏差信息，新生成样本的因果子图和偏差子图是去相关的。最后，DisC 通过仅关注于解耦的因果子图和标签之间的真实相关性，以实现分布外泛化的预测。

12.3.2 基于因果的图模型

本节介绍基于因果增强分布外泛化能力的图表征学习模型。因果推断（Causal Inference）是实现分布外泛化的一条重要途径。按照因果推断理论，与一般机器学习模型类似，监督式图表征学习模型倾向于利用训练集中存在的统计相关性进行预测。如果该相关性是因果的，即代表了产生数据的真实机制，则其对于数据分布不敏感，并可实现分布外泛化。反之，若该相关性是一种虚假相关性（Spurious Correlation），有时也称为“捷径”（Shortcut），则这种相关性可能会在分布外测试环境中发生变化，导致模型无法实现分布外泛化。因此，如何使模型能够捕捉真实的因果相关性，同时避免虚假相关性的干扰，是基于因果的图模型方法实现分布外泛化的核心问题。基于因果的图模型可以根据采用的因果理论分为三类：混淆变量平衡（Confounder Balancing）、结构因果模型（Structural Causal Model），以及反事实推断（Counterfactual Inference）和格兰杰因果。

1. 混淆变量平衡

因果中的混淆变量平衡理论[284] 旨在通过设计专门的方法去除混淆变量带来的虚假相关性，使模型能够更加关注于因果相关性，从而提升分布外泛化能力。

基于混淆变量平衡思想，**OOD-GNN**（Out-Of-Distribution Graph Neural Network）[250] 针对图分布外泛化问题首次提出了非线性去相关操作。其背后原理在于，去相关操作实际上与混淆变量平衡，即鼓励干预变量和混淆变量之间的独立性，具有相同的效果。具体来说，OOD-GNN 提出利用随机傅里叶特征（Random Fourier Features）学习样本权重以消除图编码器学习的图表征之间的统计相关性。OOD-GNN 可以消除虚假相关性，且方法的运行时间与图数据集的规模呈线性关系。图编码器的参数和图表征去相关的样本权重被迭代地优化，以使学习到的图表征可以在数据分布偏移时更准确地预测。因此，在重加权数据集上训练的图编码器可以更准确地捕捉图表征对标签的因果效应。OOD-GNN 在具有各种分布偏移（包括图大小、节点特征和图结构）的多个数据集上取得了优异的性能，表明其在开放环境中具有更好的分布外泛化能力。

类似地，**StableGNN**[251] 提出利用可微分图池化层来学习图的表征，并基于样本重新加权实现子图表征的去相关。首先，图表征学习模块采用图池化层，将邻域的节点映射到一组聚类，其中每个聚类是原始图的一个稠密连接的子图。然后，StableNet 通过聚合同一聚类中的节点表征来生成聚类的表征，并通过带序的连接操作对齐跨子图的聚类空间。聚类的表征被视作图的高层语义表征。接下来，通过优化样本权重以消除这些高层表征之间的统计相关性，使图编码器可以更关注有区分力的子图和标签之间的因果相关性，从而提升分布外泛化能力。OOD-GNN 与 StableGNN 均关注于图级任务的去相关学习。

DGNN（Debiased Graph Neural Network）[252] 则是一种针对节点级任务的去相关模型。其方法与 StableGNN 相似，可以消除节点上的虚假相关性，并在分布变化下实现稳定的预测。具体来说，DGNN 通过联合优化可微分去相关正则项和加权图神经网络模型，以实现分布外泛化的节点表征学习。可微分去相关正则项旨在学习一组样本权重，从而消除因果节点信息和非因果节点信息之间的虚假相关性。

2. 结构因果模型

结构因果模型是对数据背后生成机制中因果关系的一种显式的建模。但结构因果模型往往无法从数据中获得，只能通过额外知识或者人工先验设计。基于假设的结构因果模型，以下这些方法可以通过各种因果学习的策略增加模型的分布外泛化能力。

CAL（Causal Attention Learning）[253] 从因果的角度分析了图神经网络模型，并构建了由五个变量组成的结构因果模型：图数据、因果特征、捷径特征、图表征和预测变量。基于该结构因果模型，CAL 关注于因果特征和预测变量之间的后门路径（Backdoor Path），其中捷径特征会导致混淆作用。因此，后门路径可能形成虚假相关，即模型使用捷径特征而不是因果特征做出错误的预测，导致数据分布变化下的模型分布外泛化能力差。因此，CAL 在因果特征上使用因果推断中的 Do 算子切断后门路径，即后门调整（Backdoor Adjustment）[285]，以消除虚假相关。通过上述方式，CAL 可以学习因果特征与预测变量之间的真实因果关系，而不受不稳定的捷径特征的影响，从而增强模型在图分类任务上的分布外泛化能力。

DSE（Deconfounded Subgraph Evaluation）[254] 旨在衡量可解释子图对预测结果的因果影响。DSE 的作者认为，由于图上的分布偏移很难被定性地测量，因此对于给定的结构因果模型，通过后门调整将因果子图到标签的后门路径切断非常困难。于是，DSE 引入了因果子图的一个替代变量并利用前门调整（Frontdoor Adjustment）技术消除虚假相关性。基于上述想法，DSE 不采用学习图中的因果子图，而是设计了一个基于条件变分图自编码器的图生成模型，用来生成符合数据分布的代理（Surrogate）。通过前门调整，DSE 可以无偏地估计因果子图和标签之间的关系，并实现更优的分布外泛化能力。

CIGA（Causality Inspired invariant GrAph learning）[255] 进一步将因果部分 C 和非因果部分 S 之间的潜在相互作用分为两种情形：完全信息不变特征（Fully Informative Invariant Features，FIIF）和部分信息不变特征（Partially Informative Invariant Features，PIIF）。两者的区别在于结构因果模型中的因果部分 C 是否包含关于标签 Y 的完整信息，即 FIIF 假设 $(S,E) \perp\!\!\!\perp Y|C$，其中 E 表示环境，PIIF 则不采用该假设。换言之，若满足 FIIF 假设，非因果部分 S 直接受因果部分 C 控制，PIIF 则假设非因果部分 S 由因果部分 C 通过标签 Y 间接控制。这两个结构因果模型在数据分布变化中会对模型产生不同的影响。基于这两种假设，CIGA 将因果部分 C 实例化为一个有稳定预测能力的子图，其中包

括有关标签的因果信息。然后，最大程度地保留不同训练环境之间的类内信息来识别这个关键子图，从而实现分布外泛化。

E-invariant GR [256] 提出了一个称为孪生网络的有向无环图作为结构因果模型，旨在学习图尺寸不变（Size-Invariant）的图表征，使得当训练图和测试图的大小不同时，模型能够有效地泛化。该方法提出的结构因果模型比前面介绍的结构因果模型更加复杂，包括多个变量之间的细颗粒度关系，变量包括图元、训练/测试环境、节点特征、边、图大小等。在该结构因果模型中，训练图由一个图元刻画，图元同时决定了图的标签、结构和属性特征。训练环境由一个未观察到的环境变量表示，该变量代表环境特定的图属性，因此会在训练集和测试集之间发生变化。基于此结构因果模型，E-invariant GR 提出了一种近似满足图尺寸不变的图表征学习模型，并证明学习到的图表征在分布外测试数据与分布内测试数据（即具有与训练数据相同环境分布的测试数据）的效果相当。此外，该方法可以实现仅基于一个训练环境的泛化，例如所有训练图具有相同的大小。

相对于 E-invariant GR 仅仅关注于图大小对图分类任务的分布外泛化影响，**gMPNN••** [257] 进一步研究图神经网络在测试图规模大于训练图规模时，归纳式链接预测任务的分布外泛化能力。具体来说，为了学习图的大小存在分布变化下可以泛化的链接预测器，gMPNN•• 提出了一个结构因果模型来刻画数据的生成过程。首先，证明随着测试图大小的增加，基于满足置换等变性的节点表征的链接预测器将非渐近地收敛到随机猜测。然后，证明基于节点对嵌入的链接预测器可以非渐近地收敛到一个连续函数的嵌入，该连续函数可以实现有效的分布外泛化链接预测。

3. 反事实推断和格兰杰因果

一些图分布外泛化方法受到反事实学习和格兰杰因果的启发。反事实学习处于因果阶梯的最高级别 [285]，旨在回答如下问题：如果已经发生的某事未发生，那么情况会变得怎样？由于这里面的假设与现实世界的事实相反，因此只能在另一个假想的可能世界中进行分析，因此称为反事实推理。格兰杰因果则基于如下假设 [286]：使用某一个信息 X 对 Y 进行预测，如果其比使用除 X 以外的信息对 Y 预测更加准确，则 X 对 Y 有因果效应。下面，分别介绍基于反事实推断和格兰杰因果的分布外泛化图表征学习方法。

CFLP（Counter-Factual Link Prediction）[258] 针对分布外链接预测任务，通过训练基于图神经网络的链接预测器来预测事实链接和反事实链接，从而学习全局图结构与节点间是否存在链接关系之间的因果关系。该方法旨在回答一个反事实问题：如果图结构与观察到的不同，那某一条链接是否仍然存在？通过回答这个问题，反事实链接将用于增强图表征的分布外泛化能力。为了生成反事实链接样本，CFLP 采用因果模型，将节点对的表征视为上下文变量，全局图结构视为一个处理（Treatment）变量，链接是否存在视为结果（Outcome）变量。之后，基于数据增强的链接预测模型可以生成反事实的训练样本，以便从事实和反事实链接中学习节点表征。

Gem[163] 则研究了基于格兰杰因果的图神经网络可解释性，这部分已经在第 9 章介绍过，此处从分布外泛化的角度简单地回顾。Gem 旨在学习一个图解释器，其可为原始输入图输出一个因果解释图，且该解释器可以在数据分布变化时泛化。基于格兰杰因果的思想，Gem 认为，如果由于某个节点或边的缺失，图神经网络的预测性能会显著下降，则该边或节点对图神经网络的预测存在因果关系。然后，Gem 采用蒸馏子图的方式学习该因果子图，并进一步结合了各种图规则，例如连通性检查，以鼓励获得的解释是有效且可被人类理解的。Gem 可以为图神经网络提供因果可解释性和分布外泛化的预测。

12.4 学习策略

除了图数据增强和图模型，一些方法还通过设计优化目标函数和约束，即从学习策略角度实现图分布外泛化。基于学习策略的方法大致可以分为三类：图不变性学习（Graph Invariant Learning）、图对抗训练（Graph Adversarial Training）和图自监督学习（Graph Self-Supervised Learning）。

12.4.1 图不变性学习

下面介绍基于图不变性学习的分布外泛化方法。不变性学习旨在挖掘并利用不同数据分布中特征和标签之间的不变关系，同时忽略变化的虚假相关性，以在分布变化下实现有理论保证的分布外泛化[239]。不变性学习可以认为是因果学习思想的一种弱化。当评估因果关系非常困难或无法验证因果中的强假设时，不变性学习可以通过学习不变的特征来增强分布外泛化能力。因果特征一定满足不变性，但不变特征不一定是因果的。不变性学习假设用于预测的样本信息包括两部分：与标签的关系在不同环境中稳定的不变部分，以及与标签的关系在不同环境中可能发生变化的变化部分。仅利用不变信息预测可以有效地增强模型的分布外泛化能力。图不变性学习方法可以细分为两类：不变性优化和显式表征对齐。

1. 不变性优化

这类方法建立在不变性原理上以处理图分布外泛化问题。不变性原理假设数据内部具有一定的不变性，因此在多个环境中识别并利用这种不变性即可实现分布外泛化。其形式化定义如下。

假设 12.1 (不变性假设) 对于输入样本 X，其中存在一部分不变信息 $\Phi^*(X)$，使得 $\forall e, e' \in \text{supp}(\mathscr{E}), P^e(Y|\Phi^*(X)) = P^{e'}(Y|\Phi^*(X))$，其中 $\mathscr{E}$ 表示所有可能环境的变量，supp 是支持集。

直观来说，该假设认为，数据中存在一部分不变信息 $\Phi^*(X)$，它与标签的关系在不同环境中是一样的，因此利用不变信息即可以在不同环境中泛化。这部分信息也经常被称为输入样本 X 的不变基本原理。在不变性优化方法中，测试图数据和训练图数据之间的分布变化被归因于环境变量 e 的变化。因此，不变性优化的目标可以写为

$$\min_{f_\theta} \max_{e \in \text{supp}(\mathscr{E}_{\text{train}})} \mathcal{R}(f_\theta|e), \tag{12-3}$$

式中，$\text{supp}(\mathscr{E}_{\text{train}})$ 表示训练环境的支持集；$\mathcal{R}(f_\theta|e) = \mathbb{E}_{X,Y\sim P^e}[\ell(f_\theta(\Phi^*(X)), Y)]$ 表示 f_θ 对环境 e 的损失函数。在这里，假设模型仅根据不变信息 $\Phi^*(X)$ 预测。需要说明的是，由于 $\Phi^*(X)$ 并非在图数据中被直接标注出来，因此如何寻找不变信息也是模型学习的重要部分。此外，通用的不变性优化方法往往要求显式的环境划分和多个训练环境，而对于图数据，环境变量大多是隐变量，因此通用的不变性优化方法无法直接用于图表征学习。下面，具体介绍基于图不变性优化的方法。

GIL（Graph Invariant Learning）[259] 提出捕捉分布变化下，与标签之间具有稳定预测关系的不变子图结构，以实现图级任务的分布外泛化。如前所述，图不变性学习的一个主要挑战是图的环境标签通常无法获得或收集成本很高，导致难以获得图数据的多个环境划分。因此，GIL 研究没有显式的环境划分时的图不变性学习。具体来说，GIL 联合优化了三个相互促进的模块，包括不变子图识别模块、环境推断模块和不变性学习模块。首先，不变子图识别模块是一个基于图神经网络的子图生成器 $\Phi(\cdot)$。给定输入图 $\mathcal{G}$，它旨在识别不变子图 $\Phi(\mathcal{G})$，并将图的其余部分，即不变子图的补集，作为变化子图，记为 $\mathcal{G}\backslash\Phi(\mathcal{G})$。然后，环境推断模块对数据集中的变化子图 $\mathcal{G}\backslash\Phi(\mathcal{G})$ 进行聚类，以推断潜在环境变量 $\mathscr{E}_{\text{infer}}$。该做法的直观思想是，由于不变子图捕捉了与标签之间具有稳定预测关系的图结构信息，因此变化子图反过来捕捉了不同分布下的变化特性，即环境相关的特征，因此可以用变化子图聚类得到环境。最后，不变性学习模块在识别出的不变子图 $\Phi(\mathcal{G})$ 和推断出的环境 $\mathscr{E}_{\text{infer}}$ 下优化所提出的最大不变子图生成器准则，以学习分布偏移下能够分布外泛化的图表征。GIL 的理论分析表明，图上的分布外泛化问题可以等价为寻找 GIL 中的最大不变子图生成器，因此 GIL 模型具有一定的理论支撑。

DIR（Discovering Invariant Rationale）[260] 提出在干预（Intervention）分布下发现图中的不变子图 $\Phi(\mathcal{G})$（即不变基本原理），并增强处理图级任务的分布外泛化能力。与 GIL 类似，DIR 也不假设环境的先验信息，即不需要数据集中显式的环境划分。具体来说，DIR 使用图神经网络作为子图生成器，将输入图拆分为分布偏移下的不变子图和变化子图，并分别通过编码器学习子图的表征。然后，DIR 提出分布干预器，通过干预变化子图的表征以创建多个干预分布，将不同的干预分布作为多个环境。最后，在不变子图的表征和变化子图的表征上的两个分类器联合预测输入图样本，从而最小化跨不同环境的损失函数。通过这种策略，DIR 可以捕捉在不同分布中稳定的不变基本原理，同时过滤掉对于分布外泛化不稳定的虚假相关。

GSAT（Graph Stochastic ATtention）[261] 提出利用注意力机制构建图神经网络，以学习不变子图 $\Phi(\mathcal{G})$ 并处理图级任务的分布外泛化问题。GSAT 的不变子图学习基于信息瓶颈（Information Bottleneck）概念 [287]，通过将随机性引入注意力机制并将注意力机制形式化为信息瓶颈，从而约束输入图到预测变量的信息流。在训练阶段，在不变子图上注入的随机性可以被自动减少，而在变化子图上注入的随机性将被保留。此外，GSAT 还约束输入图数据的信息量。最后，GSAT 可以输出可解释和分布外可泛化的子图，并证明在一定假设下这些子图不包含虚假相关的模式。此外，GSAT 还可以与预训练模型结合以进一步提高性能。

除针对图级任务的分布外泛化方法外，**EERM**（Explore-to-Extrapolate Risk Minimization）[262] 旨在处理节点级任务的数据分布偏移，并可以在一些合理假设下保证分布外泛化能力。首先，考虑到图上节点的非独立同分布性质，EERM 提出将图转化成每个节点的自我子图的集合，以仿照图级别任务定义节点级任务的分布外泛化问题。然后，EERM 采用一个环境生成器以生成环境，通过最小化环境生成器生成的多个训练环境的损失函数均值和方差，来优化图神经网络模型，同时通过策略梯度方法最大化方差损失来训练环境生成器。EERM 文献还推导出了模型的分布外误差上界。

DIDA（Disentangled Intervention-based Dynamic graph Attention networks）[263] 是第一个在更复杂的时空分布变化下研究动态图分布外泛化的方法。前述方法通常只关注节点特征或图结构上存在的分布变化，即图的空间分布变化，而不能用于空间信息和时间信息同时存在分布变化的复杂动态图场景。具体来说，DIDA 首先设计了一个解耦的时空注意力网络，以捕捉动态图背后的不变模式和变化模式，并通过解耦注意力消息传递机制，使得每个节点能够有效地建模其所有邻居的历史信息。然后，DIDA 提出了一种时空干预机制，通过跨邻居和时间采样并重组变化模式和不变模式，来创建多个干预分布，从而消除变化模式和标签之间的虚假相关性。由于变化模式和不变模式在节点之间高度耦合，直接在子图上实施干预会导致计算量很大。因此，DIDA 在解耦时空注意力网络学习到的表征上实施干预过程，而非在原始图结构和特征上实施干预过程。最后，DIDA 采用不变性正则项以最小化多个干预分布中预测的方差。DIDA 可以捕捉和利用具有与标签间稳定预测能力的不变子图，以便在时空分布变化下进行更有效的分布外泛化预测。

2. 显式表征对齐

这类方法的核心思想是显式地对齐多个环境或域之间的图表征，以学习环境不变的图表征并实现分布外泛化。图表征对齐通过引入正则项以最小化跨多个环境的差异，可以形式化为

$$\min_{f_\theta} \mathbb{E}_{X,Y}[\ell(f_\theta(X),Y)] + \ell_{\text{reg}}(\mathscr{E}), \tag{12-4}$$

式中，$\ell_{\text{reg}}(\mathscr{E})$ 表示采用的考虑环境的正则项目标函数。用于计算正则项的多个环境 $\mathscr{E}$ 通常也是数据中未知的，因此只能在训练过程中获得。

SR-GNN（Shift-Robust Graph Neural Network）[264] 提出通过显式地最小化有偏差的训练数据与测试图数据的分布差异，以提升图神经网络处理归纳式节点分类任务的分布外泛化能力。SR-GNN 通过在有标签节点上使用有偏采样，使采样得到的样本分布更接近于图的独立同分布样本的分布，以同时处理深层和浅层图神经网络中出现的偏差问题。具体来说，SR-GNN 通过对图神经网络模型的隐层施加正则化来处理分布偏移问题。度量不同分布之间差异的正则化可以采用最大均值差异（Maximum Mean Discrepancy）或中心矩差异（Central Moment Discrepancy）。然后，对于线性图神经网络模型，例如 SimplifiedGCN [61]，SR-GNN 采用样本重新加权策略使得训练样本对图数据具有代表性，并通过核均值匹配（Kernel Mean Matching）学习最佳的样本权重。

SizeShiftReg [265] 旨在训练可以从较小规模图泛化到较大规模图的图神经网络。其采用与 SR-GNN 类似的思想，即不设计新的图神经网络，而是提出一种可以用于任意图神经网络的正则化，以增强模型在图的大小发生分布变化时的泛化能力。SizeShiftReg 引入图粗化策略以在训练数据上模拟图大小的分布变化，并且提出一个正则化项鼓励图神经网络能够进行分布外泛化。对于一个给定的训练图，其通过最小化中心矩差异，以减小图神经网络在原始训练图和粗化图学习到的节点表征分布之间的差异。通过这种训练方式，图神经网络可以在不同粗化的图以及大小未知的测试图上实现更好的分布外泛化。

StableGL [266] 尝试捕捉环境不变的节点性质并显式地平衡多个环境，以实现分布变化下的分布外泛化。给定一个输入图作为训练环境，模型的目标是训练

一个图神经网络，其可以在多个测试环境中取得较高的平均性能并保持较低的方差。更具体来说，StableGL 方法有偏地选择输入图以构建多个训练环境。从局部视角来看，由于图中的一个节点受其他邻居节点的影响，该方法提出通过重加权邻域聚合过程来捕捉稳定的节点性质。从全局视角来看，不同环境中的预测误差在有偏训练中逐渐分化，最终导致跨环境的预测性能不稳定。因此，StableGL 通过减小不同训练环境之间的预测性能的差距来显式地约束训练过程。与 SR-GNN 和 SizeShiftReg 采用复杂的度量函数不同，该方法的正则项直接最小化多个环境中训练损失函数的方差。

12.4.2 图对抗训练

接下来，介绍用于分布外泛化的图对抗训练方法。对抗训练已被证明可以提高模型的鲁棒性以及用于生成式对抗网络等。这里主要关注于提高分布外泛化能力的图对抗训练方法。

DAGNN（Domain Adversarial Graph Neural Network）[267] 是一种通用的图分布外泛化算法，受编码器和域分类器之间的极小极大博弈（Minimax Game）启发来学习域不变的图表征。特别地，DAGNN 采用两个目标函数：最小化编码器对源域数据的分类损失函数及区分源域和目标域数据的损失函数。这种图对抗训练策略可以有效地利用域信息，从而学习分布外泛化的分类器。DAGNN 主要关注于由自然语言处理构成的文本图，因此可以获得数据中的域划分。

GNN-DRO [268] 采用分布鲁棒性优化（Distributionally Robust Optimization）处理分布外泛化的半监督节点分类任务。分布鲁棒性优化是一种常见且通用的分布外泛化算法。对于图神经网络模型，该方法假设所有数据分布于以观测数据分布为中心的一个 Wasserstein 球中，然后通过最小化 Wasserstein 球中的最大损失函数进行训练，即模拟测试分布的最坏情况以提升泛化性。

上述两个方法侧重于将现有的通用分布外泛化方法扩展到图数据上。除此之外，还有一些方法更多地考虑了图本身的特性。**GraphAT**（Graph Adversarial Training）[269] 同样旨在通过图上的对抗训练来提高模型的泛化能力。当在目标样本上生成对抗性扰动时，GraphAT 最大化目标样本与其相连接样本预测的差异，使对抗性扰动尽可能地干扰图的平滑性。对于预测器，GraphAT 最小化图对抗正则项来更新模型的参数，即减少被扰动的样本与其相连接样本预测的差异。为了降低复杂度，GraphAT 基于反向传播采用了一种对抗性扰动的线性近似。通过对抗性生成的扰动，GraphAT 可以增强模型的鲁棒性和泛化能力。

CAP（Co-Adversarial Perturbation）[270] 考虑了训练过程的损失情况（Loss

Landscape）。CAP 的作者观察到，图神经网络的模型权重和特征很容易陷入损失情况的局部最优，因此提出了 CAP 优化方法，交替地拉平权重和特征对应的损失情况，以避免陷入局部最优并提高泛化能力。CAP 方法采用了一个协同对抗训练的目标，即最小化模型权重和节点特征在区域内的最大训练损失函数。为了进一步解决协同对抗训练的效率问题，CAP 将训练目标解耦并设计了交替的对抗性扰动更新：一步训练图神经网络，另一步通过对抗性扰动防止图神经网络陷入局部最优。

WT-AWP（Weighted Truncated Adversarial Weight Perturbation）[271] 同样考虑局部最优对分布外泛化能力的影响。由于梯度消失问题，直接将现有的对抗性权重扰动方法用于训练图神经网络效果不佳。因此，WT-AWP 将对抗性权重扰动的损失作为额外的正则化项，和普通的损失函数（例如分类任务的交叉熵损失）联合训练图神经网络。此外，WT-AWP 还去除了图神经网络最后一层的扰动，以便更细致地控制训练过程。除设计训练策略外，WT-AWP 还推导出了图分类任务的分布外泛化界。

OAD（Online Adversarial Distillation）[272] 采用在线对抗知识蒸馏技术帮助分布外泛化。与上述在训练过程中采用对抗训练的方法不同，OAD 采用对抗训练来处理知识蒸馏中的问题。有研究发现，知识蒸馏技术可以提升模型的分布外泛化能力。受此启发，OAD 提出使用教师-学生模型，并以在线方式训练一组具有全局知识和局部知识的学生图神经网络，通过迁移教师图神经网络的知识，提高学生网络的分布外泛化能力。为了学习局部知识中的复杂结构，OAD 采用了对抗循环学习来对齐学生模型间的表征。OAD 方法不仅参数较少，而且在处理图分布偏移问题上更有效。

12.4.3 图自监督学习

下面介绍用于分布外泛化的图自监督学习方法。如第 8 章所介绍，自监督学习可以在没有数据标签的情况下学习图表征。此外，自监督学习还可以增强图表征学习的泛化能力，原因如下。一方面，自监督学习鼓励模型捕捉输入图数据中的关键信息，同时在一定程度上避免监督学习中拟合标签中的“捷径”信息，从而实现更好的泛化。另一方面，自监督学习可以将语义相近的图数据映射到相似的表征，因此一些分布外测试数据在映射后可能会更接近训练数据的分布，从而降低了数据分布偏移的影响。由于第 8 章已经介绍了许多图自监督学习方法，接下来仅介绍关注于提高图分布外泛化能力的图自监督学习方法。

在第 8 章介绍过，**Pretraining-GNN** [138] 提出了针对节点级和图级的预训练方法。在节点层面，Pretraining-GNN 采用了两种自监督学习方法：针对图结构的上下文预测和针对节点特征的属性掩码。在全图层面，其采用图结构相似度预测和监督学习（如果数据集中有节点标签）。Pretraining-GNN 的总体策略则是先采用节点级自监督预训练，再采用图级预训练。Pretraining-GNN 文献发现，这些自监督学习方法可以提高图神经网络的分布外泛化能力。

d-PATTERN[273] 则提出通过自监督学习 d-模式的表征来提升图神经网络从小图泛化到大图的能力。尽管图神经网络的消息传递机制使其可以自然地应用到不同大小的图上，但是对于图神经网络在图尺寸上的分布外泛化能力在很大程度上是未知的。因此，d-PATTERN 首先形式化了一种称为 d-模式的局部结构，其将节点度的概念扩大为一个中心节点的 d 阶邻域内的多重集，即描述了节点及其 d 阶邻居的信息。然后，d-PATTERN 证明，若测试集和训练集之间的 d-模式分布有差异，则图神经网络学习到的参数可能陷入局部最优而无法泛化。为了提升图神经网络在图规模上的分布外泛化能力，d-PATTERN 提出了一种自监督代理任务，旨在从小图和大图中学习有效的 d-模式表征，从而能够泛化。

DR-GST（Distribution Recovered Graph Self-Training）[274] 是一个图自训练框架，可以在没有分布变化的情况下恢复原始带标签的数据集。具体来说，DR-GST 首先表明，如果每个伪标签节点都被适当的加权，则自训练框架的损失函数在分布变化和整体分布下是相等的，即此时数据的分布偏移不会对模型造成影响。但由于加权的系数难以求解，DR-GST 用信息增益代替权重，信息增益则分别通过 Dropout 变分推断和 DropEdge 变分推断来估计。然后，DR-GST 使用提出的信息增益加权损失函数，从而恢复有偏的数据分布并使得图神经网络更加关注于信息增益高的节点。总体来说，DR-GST 从信息增益的角度处理了数据分布偏移问题，并提出了一个损失函数的校正策略来提高伪标签的质量。因此，DR-GST 可以为更多无标签的节点分配伪标签并使得伪标签节点的分布与带标签节点的分布更相似，从而有助于分布外泛化。

GraphCL（Graph Contrastive Learning）[275] 则是一个代表性的基于对比学习的自监督学习方法。预测式对比学习需要通过手工设计代理任务，因此依赖于启发式设计，且可能会限制所学习到图表征的通用性。考虑到该问题，GraphCL 采用对比学习，使图表征在输入图四种类型的变换下保持一致。GraphCL 实验验证了其在分子性质预测和蛋白质功能预测上的泛化能力。

RGCL（Rationale-aware Graph Contrastive Learning）[276] 提出发现图中的基本原理作为对比学习的图数据增强，以进一步提高分布外泛化能力。RGCL 的作者认为，内在随机性使之前对比学习方法存在潜在的语义丢失问题，从而难以捕捉有效的信息并降低了表征的通用性。针对该问题，RGCL 的模型设计包括两个模块：基本原理生成器和对比学习器。基本原理生成器决定图中哪些部分被显示或被隐藏，并产生含有足够判别信息的基本原理。对比学习器则利用基本原理感知的数据增强来进行图分类。因此，RGCL 可以防止随机数据增强的语义丢失问题，并学习具有更好泛化能力的基本原理进行预测。

GAPGC（Graph Adversarial Pseudo Group Contrast）[277] 是为图神经网络设计的测试时自适应（Test-Time Adaptation）方法，即在测试时使用对比学习损失函数作为自监督目标。分布外泛化的测试时自适应方法吸引了一定关注，并且基于自监督的方法展现出了一定的有效性。考虑到图自监督学习方法中简单的数据增强，例如随机掩盖节点或边，可能会导致图数据中与标签相关的关键信息丢失，因此 GAPGC 通过生成相对可靠的伪标签，避免由数据增强产生的错误样本。GAPGC 提出可学习的对抗性数据增强器和组伪标签，以增强自监督任务与主任务之间的相关性，从而提升主任务的性能。GAPGC 还进行了理论分析，从信息论的角度说明 GAPGC 可以帮助分布外泛化。

12.5 理论分析

本节介绍图表征学习中关于分布外泛化的一些理论分析，其中的主要思路是基于不同统计学习理论推导图表征学习模型的泛化界。

Scarselli 等人[288] 基于 VC 维（Vapnik-Chervonenkis Dimension）推导了图神经网络的泛化界。作者发现，图神经网络的 VC 维上界与循环神经网络的上界相当，并说明图神经网络的泛化能力会随着节点的数量而提升。**Verma 和 Zhang**[289] 推导了单层图卷积神经网络的算法稳定性和泛化界，发现其主要与图卷积滤波器的最大绝对特征值相关。因此，若单层图卷积神经网络的卷积滤波器稳定，则其可以有效地泛化。**Garg 等人**[290] 基于拉德马赫（Rademacher）复杂度研究了图神经网络在图分类上的泛化能力。该分析显式地考虑了图神经网络聚合函数的局部置换不变性，并且推导出的泛化界比 VC 界更紧。**吕绍高**[291] 同样为具有单个隐层的图卷积神经网络推导了 Rademacher 界，并且关注在节点分类任务上，因此只需要采用一个固定的邻接矩阵。**廖仁杰等人**[292] 则研究了图分类任务上图神经网络的 PAC-Bayes（Probably Approximately Correct Bayesian）泛化界，并进一步改进了上述基于 Rademacher 复杂性的界，使泛化界关于最大节点度数和最大隐层维度的关系更紧。此外，**马家祺等人**[293] 则基于 PAC-Bayes 泛化界分析了图神经网络在非独立同分布节点级任务的节点子群（Subgroup）上的泛化能力，并进一步讨论了算法的公平性。

上述方法主要基于通用的机器学习理论。考虑到图神经网络等图深度学习方法，**杜少雷等人**[294] 提出图神经正切核（Graph Neural Tangent Kernel，GNTK）来分析图神经网络在图分类任务上的泛化界。GNTK 等价于一个无限宽的随机初始化的图神经网络，因此模型预测结果仅取决于两个图之间由核函数算出的相似度，并且可以解析地求解。在拥有图神经网络表达能力的同时，GNTK 继承了核方法的优点，例如易于训练、可证明的理论保证等。基于 GNTK，**Xu 等人**[295] 进行了单层图神经网络泛化能力的理论分析，并研究了图神经网络架构和经典图算法（例如动态规划方法）的对齐，以分析图神经网络的分布外泛化能力。此外，**Zhang 等人**[296] 证明对于仅含一个隐层的图神经网络，若存在一个完美符合数据集的真实模型，使用适当的张量初始化和加速梯度下降就可以学习到该真实模型。

大多数前述方法都假设图数据和标签可以以任意方式生成，而这个假设在实际数据中往往无法被满足。因此，一些研究进一步考虑了具体图数据的泛化界。**Baranwal 等人**[297] 假设图数据由上下文随机块模型（Contextual Stochastic Block Model）生成，并研究了这种情况下图神经网络的分布外泛化能力，推导出了一个隐层的图卷积神经网络在节点二分类任务上的泛化界。**Maskey 等人**[298] 假设图数据由图元模型采样得到，并分析了消息传递图神经网络在图分类任务上的泛化界。作者证明，该界随消息传递图神经网络的复杂性增加而增加，随训练样本和图中平均的节点数增加而降低。

12.6 本章小结

本章介绍了分布外泛化的图表征学习方法和理论，包括数据层面方法、模型层面方法和学习策略等。图表征学习的分布外泛化对有效地应用于真实复杂环境十分关键，并且该方向的研究处于刚刚起步阶段，仍存在许多未解决的问题，无论在研究与应用上都有大量值得继续深入探索的空间。

第3篇 图表征学习的应用

本篇将介绍图表征学习的一些典型应用，包括推荐系统、交通预测、自然语言处理和组合优化问题。动态开放环境在上述图表征学习的应用中也广泛存在，并为图表征学习的建模带来了更大的挑战。由于不同方法处理动态开放环境的差异较大，且很多的方法仍然在不断发展，所以本篇将偏向介绍一般性的图表征学习应用，而非仅限于动态开放环境的影响。此外，由于图数据的广泛存在及其对关系数据的通用建模能力，图表征学习的应用远不限于上述方面，感兴趣的读者可以查阅相关文献。

第 13 章 CHAPTER 13

推荐系统

随着电子商务和社交网络的快速发展，推荐系统已经成了很多平台中不可缺少的工具。推荐系统在工业界具有很广泛的应用，例如可以被应用在在线购物平台（如亚马逊、淘宝）、音乐和视频网站（如 YouTube、Netflix、抖音、快手）等。推荐系统可以帮助用户解决海量信息下的信息过载问题，即在商品的海洋中发现用户真正感兴趣的商品。为了实现有效的推荐，如何从用户的历史行为（点击、观看、阅读、购买等）中准确地建模用户的偏好，成了一个高效推荐系统的核心。

当前，推荐系统主流的建模范式是基于表征学习的方法，通过将用户和商品表示为在同一个隐空间中的连续向量（也被称为嵌入），从而基于向量的相似性实现商品的推荐。无论是在学术界的研究还是工业界的应用中，推荐系统都广泛采用了深度学习的模型来捕捉非线性的、重要的用户和商品之间的关系，并且通过不同模态的深度学习模型，利用大量的外部信息，包括上下文信息、文本信息、视觉信息等，辅助推荐任务。

在这些深度学习的方法中，图表征学习因为在图结构数据上拥有强大的表征能力，毫无疑问地成了有吸引力的推荐系统模型之一。图结构的数据在推荐系统中非常常用：用户和商品之间的交互关系可以直接从交互数据中生成二部图，即用户和商品构成节点，用户和商品的交互构成边；用户之间的关系可以由用户和商品间的关系进一步构建（例如共同购买关系），或从社交网络中获取，即每个节点表示一个用户，边表示用户之间的关系；商品之间的关系同样可以由用户和商品间的关系构建（例如经常被一起购买的商品），或从语义信息（例如同一商家、同一品牌、地点相近等）、知识图谱等获取，即节点表示商品相关的信息，边表示商品之间的关系。得益于图表征学习的建模能力和推荐系统中广泛存在的图结构数据，图表征学习在推荐系统中具有重要的应用，并实现了有效的性能增益。本章将着重介绍图表征学习在推荐系统上的应用。本章内容主要参考了相关综述文

献 [299]。

如图 13-1 所示，图神经网络在推荐系统中的应用可以根据推荐的类型分为两种：通用推荐及序列推荐。对于每种类型的推荐，又可以根据不同类型的图结构信息进行细分。通用推荐通常假设推荐系统中的用户偏好是不随着时间的推移而改变的，即用户保持了相对固定的偏好特征。在这种情况下，利用图表征学习的推荐研究主要围绕三个方面展开：利用用户-商品交互二部图、利用用户-用户社交网络、利用商品-商品知识图谱。对于序列推荐，相比于通用推荐，更多地考虑了用户行为的时间序列信息，因此可以让用户行为的偏好建模更接近于真实的情况，从而取得更好的效果。图表征学习在序列推荐上的应用范式主要是根据用户和商品的交互序列构建一个序列图，然后利用图表征学习方法去捕捉相应的序列转移模式，以取得更好的效果。根据使用图数据的不同，序列推荐上的图表征学习同样也可以分为：利用序列信息、利用用户-用户社交网络、利用商品-商品知识图谱三种类型。下面，详细地介绍每个类别的具体方法。

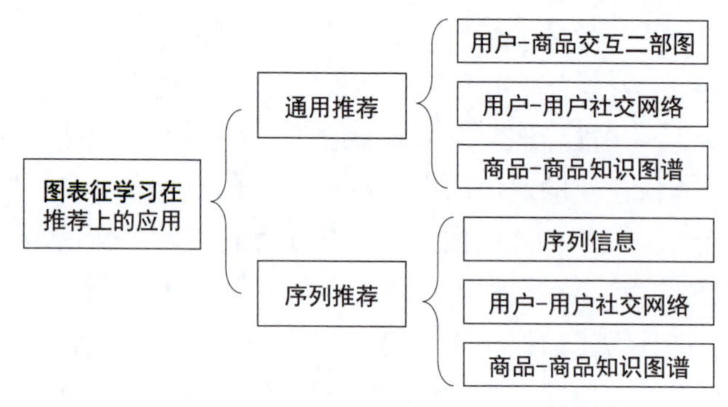

图 13-1　图表征学习在推荐系统中的应用分类 [299]

13.1 通用推荐

通用推荐的核心是利用用户和商品的交互信息来建模用户的偏好和商品的特征，从而学习并预测每个用户长期喜爱的、静态的推荐列表。除直接利用用户和商品的交互信息外，还可以利用外部辅助的信息，包括用户和用户之间的社交网络信息以及商品和商品之间的知识图谱信息。这些数据都可以构成图结构：用户和商品的交互数据是一个二部图，社交网络是用户和用户之间的图，知识图谱则是商品和商品之间的图。将其描述为图结构后，就可以自然地利用图表征学习方法编码图上的信息。下面，分别介绍如何在这三种类型的图上进行表征学习。

13.1.1 用户-商品交互二部图

基于用户和商品交互二部图的推荐有很长的历史和许多经典的方法，例如协同过滤（Collaborative Filtering）和矩阵分解等。相比于这些方法，图神经网络等新的图表征学习方法通过聚合邻居信息迭代更新节点的表征，可以利用对用户发生过交互关系的商品来不断地更新、增强用户的表征，同时利用与商品交互过的用户来不断地更新商品的表征，通过反复迭代来实现信息的传播过程，从而有效地建模用户和商品之间交互的高阶关系。

给定用户和商品的二部图，用于推荐的图表征学习主要需要解决如何进行信息传播的问题，包括以下步骤：

- 图结构的构建。图结构对于信息的传播以及用户和商品的表征十分重要。当用户和商品的交互包含多种类型的关系时，需要把图表征学习应用到异质的二部图中，或者把异质图转化为同构图。此外，由于推荐系统中的图数据规模往往较大，例如可能有上百万甚至上亿个用户和商品，如何通过采样以增加图表征学习的计算效率也是一个重要的问题。
- 用户和商品的消息聚合。给定用户和商品的交互二部图，可以采用不同的图神经网络的函数聚合邻居信息。在聚合消息时，对于用户来说，需要区分不同重要性的商品；而对于商品来说，也有必要区分不同购买行为的用户。
- 迭代更新。当得到用户和商品的邻居以及高阶信息之后，需要对信息进行传播，并不断更新信息。
- 学习用户和商品的表征。在图结构上进行用户商品二部图结构的信息迭代更新之后，需要学习每个节点，即用户和商品的表征。

对于上述四个步骤，不同模型采用不同的策略，下面依次介绍。

1. 图结构的构建

最简单和直观的方法是直接使用用户和商品的二部图，然后利用图神经网络更新节点信息[300-304]。但这些方法存在两个问题：首先，用户和商品的二部图结构不一定能最优地建模用户和商品之间的交互关系；其次，当用户和商品二部图的节点数量较少时，这些方法的计算效率是可以接受的，但是对于很多大型推荐系统，用户和商品的总节点数可能数以亿计，在如此大规模的情况下，在大图上进行信息传播、更新用户以及商品的表征可能存在效率问题。

对于第一个问题，即在原始的图结构上可能并不能最优地学习用户和商品的表征，Multi-GCCF（Multi-Graph Convolution Collaborative Filtering）[148] 在原始的用户和商品交互二部图的基础上计算二阶邻居之间的边，从而获得两个新的图，即用户-用户和商品-商品的图。通过这样的方式，用户、商品之间的相似度信息可以被显式地整合到用户和商品的交互关系图中。然后，Multi-GCCF 在两个图上分别进行消息传递并学习节点的表征。但是，Multi-GCCF 没有考虑到用户行为背后的意图。通常来说，在推荐系统中，驱动用户行为的背后存在着众多难以观测到的用户意图。如果不能准确地建模这些意图，那么推荐的结构就可能不准确。考虑到该问题，DGCF（Disentangled Graph Collaborative Filtering）[110] 使用第 6 章介绍的解耦思想，在用户-商品二部图之外引入了虚拟节点，虚拟节点代表用户的意图，并同时把原始用户和商品交互的二部图分解成每个意图下的子图，每个子图代表基于该意图发生的用户和商品的交互行为。另外，在独立性约束下，不同意图下的子图信息传播独立，从而学习出解耦的用户和商品表征。

对于第二个问题，即效率问题，有一些基于采样的方法来使得表征学习可以被应用于大规模的用户-商品交互图上。例如，PinSage [305] 是一个被成功部署在社交网络 Pinterest 的图神经网络推荐方法，它的核心思想是在邻居节点中进行随机游走，从而获得每个固定大小的邻居，然后再进行图神经网络的消息传递。IG-MC（Inductive Graph-based Matrix Completion）[306] 使用目标用户和目标商品及其邻居传播信息，该方法构建出的图可以减少对原始大规模图结构的依赖，从而提升效率。

2. 用户和商品的消息聚合

对于图神经网络等图表征学习方法来说，消息聚合是十分重要的步骤，其决定了中心节点可以收集多少信息。一种最直接的方法是采用平均值来聚合邻居信息：

$$\boldsymbol{m}_u^{(l)} = \frac{1}{|\mathcal{N}(u)|} \sum_{v \in \mathcal{N}(u)} \boldsymbol{W}^{(l)} \boldsymbol{h}_v^{(l)}, \tag{13-1}$$

式中，$\boldsymbol{m}_u^{(l)}$ 表示节点 u 在第 l 层通过消息聚合后得到的邻居信息；$\boldsymbol{h}_v^{(l)}$ 表示节点 v 在第 l 层的表征；$\boldsymbol{W}^{(l)}$ 表示可学习参数。但求平均值的方法无法考虑推荐系统中商品的重要性。例如，某些商品可能会被大量购买，所以其邻居就会非常多，而有些商品可能较为小众，所以其邻居的信息非常少。如果采用同等的方式对待邻居的聚合信息，可能会影响推荐的准确性。所以，可以根据邻居的重要性，相应地归一化聚合的消息。例如，可以按照图卷积神经网络的做法，采用节点的度数来表示邻居在聚合中的重要性。回忆图卷积神经网络的消息聚合可以写作：

$$\boldsymbol{m}_u^{(l)} = \sum_{v \in \mathcal{N}(u)} \frac{1}{\sqrt{|\mathcal{N}(u)|\,|\mathcal{N}(v)|}} \boldsymbol{W}^{(l)} \boldsymbol{h}_v^{(l)}. \tag{13-2}$$

需要说明，若像 PinSage 一样采用随机游走的邻居采样策略，则在随机游走过程中已经隐式地考虑了节点的度数信息，因此在进行邻居聚合时，需要同时考虑采样与消息聚合函数的影响。

虽然式 (13-2) 中的聚合函数考虑了节点度数对聚合信息的重要性，但其忽略了每一条边对所连接两个节点的影响。特别地，一个用户所交互的所有商品并不能完全相同地反映用户的偏好，而真正反映用户兴趣的商品在更新用户表征时应该被赋予更大的权重（对于商品亦然）。基于这种假设，NGCF（Neural Graph Collaborative Filtering）[307] 采用了如下的聚合函数：

$$\boldsymbol{m}_u^{(l)} = \sum_{v\in\mathcal{N}(u)} \frac{1}{\sqrt{|\mathcal{N}(u)|\,|\mathcal{N}(v)|}} \left(\boldsymbol{W}_1^{(l)}\boldsymbol{h}_v^{(l)} + \boldsymbol{W}_2^{(l)}\left(\boldsymbol{h}_v^{(l)} \odot \boldsymbol{h}_u^{(l)}\right)\right), \tag{13-3}$$

式中，后一项的逐元素乘积可以认为是一种简单的注意力机制，赋予与当前用户节点表征相似的邻居更大的权重。NIA-GCN（Neighbor Interaction Aware Graph Convolutional Network）[303] 则认为现有的邻居聚合方法并不能保留节点邻域里的关键信息，因此提出了基于节点对的邻居聚合方法，显式地捕捉邻居之间的交互关系。NIA-GCN 同样采用了逐元素的乘积，以在两个邻居之间建模用户-用户/商品-商品之间的关系。

上述方法只能刻画一种特定的交互类型，例如购买关系。然而，用户在推荐系统里面的交互类型往往是多种多样的，比如用户可能浏览、点击、关注、不喜欢一件商品等。为了充分挖掘用户与商品之间多种丰富的交互关系，MBGCN（Multi-Behavior recommendation with Graph Convolutional Networks）[308] 设计了层次化的邻居聚合策略，首先对每个类型的交互关系进行邻居聚合，然后再层次化地融合不同交互背后所对应的邻居信息，从而更准确地建模了用户和商品，提高了推荐的性能。

3. 迭代更新

在得到了聚合的邻居信息后，需要根据邻居信息更新中心节点的表征，主要包含以下几种方法。一种方法可以直接把聚合后的邻居信息作为中心节点更新后的表征 [110,309,310]。这种方法的优势是计算非常简洁，缺点是可能忽略了商品本身的特性或者用户本身的偏好，导致节点表征完全被邻居信息所控制，因此可能带来一定程度的性能损失。另一种更常用的方法是同时融合中心节点之前的表征及聚合的邻居信息，即与图神经网络的消息传递框架相同，例如可以采用线性组合、逐元素相加等操作作为更新函数，以得到更新后的节点表征。例如，可以令

$$\boldsymbol{h}_u^{(l+1)} = \sigma\left(\boldsymbol{W}^{(l)}\left(\boldsymbol{h}_u^{(l)} + \boldsymbol{m}_u^{(l)}\right) + \boldsymbol{b}^{(l)}\right), \tag{13-4}$$

式中，σ 表示非线性激活函数，可以是 ReLU、LeakyReLU、sigmoid、tanh 等；$\boldsymbol{h}_u^{(l)}$ 表示用户 u 在第 l 层的表征；$\boldsymbol{W}^{(l)}$ 和 $\boldsymbol{b}^{(l)}$ 表示可学习参数。与直接相加或相

乘相比，式 (13-4) 引入了非线性操作，从而使得模型具有处理邻居信息和中心节点信息非线性交互的能力。需要说明的是，有些研究指出这种非线性操作带来的性能增益并不可观，而一些情况下去掉非线性操作可以带来效率上的提升 [300, 301]。但总的来说，这些操作对于推荐系统是重要的可选择项。

4. 学习用户和商品的表征

在得到迭代更新后的节点表征之后，最终需要生成用于推荐的表征。一些方法直接使用最后一层图神经网络的输出作为节点的最终表征进行推荐 [302, 304, 309, 310]。这种做法的优势是简单且效率高，但由于图神经网络不同层所表示的信息可能是不同的，因此如果只使用最后一层的表征，那么可能会丢失一部分有利于推荐的用户或商品信息，从而造成推荐性能的下降。特别地，如 4.4 节介绍，当图神经网络的层数较深时，往往存在着过平滑问题，因此如果只使用最后一层的节点表征，其包含的大多是节点邻居的信息，而丢失了节点本身的属性。为解决该问题，有一些方法提出集成图神经网络之前每一层的表征 [300, 308]，即类似 3.3 节介绍的 JK-Net 架构。具体来说，可以将之前每一层的表征逐元素相加，或对之前每一层的表征取平均值，作为用户和商品的最终表征。另外，还可以在取平均或求和时，考虑不同层的不同权重。通过这些方式，可以让用户节点和商品节点的最终表征充分包含自身固有属性及周围邻居的信息，从而最大程度地利用图表征学习建模用户商品二部图并提高最终的推荐性能。

13.1.2 用户-用户社交网络

社交网络的出现极大地增强了人们对于用户之间关系的研究。因此，许多推荐系统也引入了社交网络的信息，称为社交推荐（Social Recommendation）[311–315]。这些方法利用用户在社交网络上的关系来辅助建模用户偏好，其基本假设是，在社交网络上距离较近的用户会具有相似的兴趣偏好，例如相互连接的节点会对彼此的兴趣造成影响，称为社会影响理论（Social Influence Theory）。这一假设在社交网络中广泛成立。此外，社交网络的引入可以缓解用户与商品交互二部图过于稀疏的问题，从而帮助当用户与商品的交互关系不足时辅助用户的建模，即一种用户偏好表征增强的方法。

研究传统的推荐系统会发现，通过引入用户的直接邻居可以帮助用户偏好的建模。但是在推荐系统中，如果只考虑用户的直接邻居而忽略用户的高阶邻居，对于用户偏好的建模可能不准确，从而影响推荐的性能。但另一方面，如果显式地构造出用户的所有高阶邻居，则会导致出现效率问题。因此，图神经网络自然成了一种重要工具，在不需要显式构造节点高阶邻居的同时，有效地建模用户和用户之间的社交网络，以增强推荐的性能。

将图神经网络用于用户-用户社交网络主要需解决如下两方面的问题。一方面是社交网络中用户之间的相互影响。例如，网络中的邻居是否具有相同的影响力？如果具有相同的影响力，该如何建模？如果具有不同的影响力，那么如何区分不同邻居的影响？另一方面是不同信息的集成。因为引入了额外的社交信息，社交网络所表示的是用户和用户之间的关系，而用户和商品之间的关系则是二部图。这两种关系属于不同的类型。当这两种关系同时存在时，如何高效、准确地处理用户-用户、用户-商品之间的关系同样是一个重要的问题。下面，从这两个方面介绍基于用户-用户社交网络的通用推荐。

1. 社交网络中用户之间的相互影响

通常来说，在社交网络中，用户周围的好友关系是多种多样的，相互之间关联的密切程度也互不相同。对于社交网络中的某个用户，其往往与自己的亲人、朋友等联系较为紧密，因此这些好友关系也对于自身的兴趣偏好具有较大的影响。另一方面，社交网络还存在一些临时认识的、较为陌生的好友，这些偶然建立的好友关系往往并不会显著地影响彼此的兴趣偏好。如果将不同密切程度的好友关系建模为相同程度的影响，那么对于最终表征的建模和推荐的性能就有很大的影响。因此，如何赋予图神经网络识别不同好友关系对应密切程度的能力是一个重要问题。一种方法是采用注意力机制来区分邻居节点的不同重要性。注意力机制通过学习注意力得分的方式加权节点的邻居，即对影响较大、关系较为密切的用户赋予较大的注意力得分，对于关系较为疏远的邻居赋予较小的注意力得分。在注意力机制的帮助下，图神经网络可以更好地聚合邻居的信息并提升推荐的准确率。

2. 两种信息的集成

为了有效地融合二部图和社交网络的信息，增强用户偏好表征的建模，需要考虑如何将这两种图数据有效地融合在一起。针对该问题，主要有两种主流的方法。第一种方法是先分别在两个图上进行信息传播，然后再聚合在一起。这种方法的优势是简单且高效。第二种方法则将两个图结合成一个大的异质网络，然后在异质网络上使用异质图表征学习。下面简要介绍这两种方法。

对于第一种方法，由于在社交网络和用户商品交互二部图上采用的是不同的图表征学习模型，因此它们可以具有各自的模型、架构、参数等。例如，假设在社交网络中，只有二度以内的好友对该用户具有影响，而在用户商品-交互二部图中需要考虑更高阶的关系，那么可以使用两层的图神经网络来建模社交网络，而采用更深层的图神经网络建模用户-商品交互二部图。分别得到两个空间下的用户表征之后，再使用一个模型结合两部分信息。例如，DiffNet（Diffusion Neural

Network）[315] 采用加和的方式来聚合两个空间中的表征。为进一步考虑两个空间的非线性特性，GraphRec [316] 采用了多层感知机来聚合两个空间中得到的用户表征，以有效地处理来自社交网络和用户交互关系二部图的复杂非线性关系，从而增强表征的准确性。

将社交网络和用户商品交互二部图整合到一个大的异质图则可进一步考虑两个空间中的信息融合，以便在信息传播的同时建模社交网络中的高阶影响，以及用户在推荐系统中的兴趣偏好。例如，DiffNet+ + [317] 设计了一个多注意力机制来更新用户的节点表征。这里的注意力机制被同时应用在社交网络和用户-商品交互二部图中，以同时更新用户之间关系的表征和用户兴趣的表征。另外，由于这两种关系背后所反映的兴趣偏好可能存在差异，因此 DiffNet++ 还利用了一个注意力机制来融合这两个表征，以实现更优的推荐性能。

13.1.3 商品-商品知识图谱

前面主要介绍了如何建模用户之间的社交关系以缓解用户-商品交互二部图的稀疏性问题，并增强用户兴趣表征的建模。与之类似，同样的思路可以被应用在商品建模中，即通过知识图谱引入额外的商品之间的关系信息，从而更好地建模商品的表征。知识图谱的引入可以增强推荐系统对不同商品之间相关性的建模，并改善推荐的性能。此外，通过引入知识图谱并在其上刻画商品购买的历史行为，在一定程度上可以增加推荐系统的可解释性，即回答“为什么用户购买了某一件商品”的问题。

然而，推荐系统引入知识图谱同样也带来了一些挑战，其中最核心的问题是：如何学习知识图谱中的商品表征？之前已经有一些方法关注于学习一般知识图谱中的节点表征 [318–321]，但是这些方法通常更侧重于建模知识图谱中节点的语义相关性。因此，它们更适合于自然语言处理等任务，而不一定可以直接适用于推荐系统。另外一些方法 [322–324] 设计了元路径来处理知识图谱对应的异质图表征学习问题。但是在这些方法中，元路径的设计对于推荐系统的影响非常大，而设计出一个好的元路径往往需要很多的领域知识以及专家经验。当元路径设计得不好或者不全时，相应的节点表征学习同样会受到影响，最终影响推荐的性能。

下面介绍一些专门把图表征学习引入知识图谱从而辅助推荐的方法。这些方法主要旨在解决两个问题：如何构建输入图结构，以及如何解决知识图谱所带来的图异质性。

1. 输入图结构

对于第一个问题，最直接的方法是把图表征学习应用到原始的知识图谱上 [325]。但是，由于知识图谱所包含的节点数量经常过于庞大，直接引入会忽略用户和商品交互时用户表现出的特定兴趣，从而不能很好地建模用户的兴趣表征。另一方面，直接在知识图谱上进行图表征学习会引入一些噪声，因为常见的知识图谱由文本等数据构造，而非为推荐系统所设计，因此存在大量与推荐系统无关的信息。这些额外信息非但不能帮助推荐系统改进推荐效果，反而可能会影响推荐的准确性。

为了处理这个问题，IntentGC（Intention Graph Convolution）[326] 通过优化知识图谱的图结构来改进上述问题。具体来说，IntentGC 引入辅助节点，把一个含有两种类型节点（用户和商品）的知识图谱上的一阶相似度转化为商品-商品图上的二阶相似度，从而简化了相应的图结构。为了更加关注于与用户商品交互相关的知识图谱节点，还有一些方法尝试自动化地抽取目标用户或者目标商品所关联的知识图谱的子图。例如，AKGE（Attentive Knowledge Graph Embedding）[327] 通过知识图谱嵌入方法进行预训练，并得到知识图谱预训练的节点表征。基于该表征，计算两个节点之间的欧式距离并保持目标用户和目标节点之间的最短路径。ATBRG（Adaptive Target-Behavior Relational Graph network）[328] 在知识图谱中搜索了与商品交互的多层邻居，然后恢复目标商品和目标用户间的链接路径。Ripplet [329] 则在知识图谱的子图中传播用户兴趣，选择用户购买历史中的商品作为初始节点，然后层层地以该节点为中心向外扩散，模拟水波的扩散过程，从而模拟用户的兴趣在知识图谱中的传播过程。

2. 图异质性

由于知识图谱中包含的是商品和商品之间的关系，与用户和商品的交互关系不同，因此在每一种类型的图上进行信息传播时，应该考虑在不同空间的信息传播过程，并聚合这两种空间上的表征。

例如，KGCN（Knowledge Graph Convolutional Networks）[325] 在将知识图谱和用户-商品二部图结合为一个大的异质图后，采用内积来计算商品和知识图谱上关系的相似程度。记知识图谱上的一个三元组为 (u, r, v)，其中 u 表示头节点，r 表示关系，v 表示尾节点，KGCN 的消息聚合函数如下：

$$\boldsymbol{m}_u = \sum\nolimits_{(u,r,v)\in\mathcal{N}(u)} (\boldsymbol{h}_u^\top \boldsymbol{h}_r)\boldsymbol{h}_v, \tag{13-5}$$

式中，$\boldsymbol{h}$ 表示节点和关系的表征向量；$\boldsymbol{m}$ 表示消息向量。通过式 (13-5)，知识图谱中与用户表征更加相似的关系对应的节点会将更多信息传播到中心节点上，即该类型关系对用户的兴趣更加重要。KGAT [330] 进一步将图注意力机制扩展到知识图谱，利用注意力得分更好地刻画用户兴趣在知识图谱中的传播过程。具体来说，KGAT 的消息聚合计算如下：

$$\boldsymbol{m}_u = \sum_{(u,r,v)\in\mathcal{N}(u)} \alpha_{u,r,v}\boldsymbol{h}_v,$$
$$\alpha_{u,r,v} = (\boldsymbol{W}_r\boldsymbol{h}_v)^\top \tanh\left(\boldsymbol{W}_r\boldsymbol{h}_u + \boldsymbol{h}_r\right), \tag{13-6}$$

式中，$\boldsymbol{W}_r$ 表示关系 r 对应的可学习投影矩阵。

13.2 序列推荐

相比于通用推荐，序列推荐会根据用户最近的行为对下一时刻或者之后若干时刻的行为做出预测。因为考虑了相应的时间顺序，因此序列推荐有时能够生成更准确的推荐结果。对于序列推荐，一个基本的假设是，离当前时间越近的购买行为会对当前的购买行为具有更大的影响。基于这种假设，刻画用户购买序列中的时间信息就变得十分重要。图表征学习用于序列推荐大致也可按照图数据分为三个类别：序列信息、社交网络及知识图谱。接下来，着重介绍考虑序列信息的图表征学习序列推荐方法。

13.2.1 序列信息

当将图表征学习用于序列信息建模时，主要有三方面问题需要解决：图构建、信息传播和序列偏好。

1. 图构建

为了把图表征学习应用于序列推荐，如何把一个用户和商品的交互序列转化成图数据的形式，是首先要处理的问题。对于通用推荐，用户和商品的交互关系本身就可以建模为一个二部图。但是对于序列推荐，还需要考虑商品的顺序信息。例如，有一些方法通过有向图来刻画用户购买商品的时间顺序 [331–333]，即上一时刻购买的商品指向当前时刻购买的商品，进而指向下一时刻购买的商品。因此，这些方法需要使用能够建模有向图的图表征学习来处理序列推荐问题。然而，虽然这种构建图的方式简单，但是也同样存在潜在的问题。对于推荐系统中的大多数用户，其所交互过的商品数量相比于所有商品往往是非常少的，因此如果只把每个用户的购买序列构建成一个图，这个图会变得非常稀疏，无法让图表征学习充分地挖掘商品和商品之间的共同特性或者序列关系。因此，一些方法尝试在序列构建的有向图的基础上进一步丰富图结构，以增强图表征学习的性能。例如，MRIG（Multi-Relational Item Graph）[334] 采用了其他类型的行为序列，例如点击、浏览等，将其加入需要被推荐的行为序列，从而丰富了相应的序列信息。A-PGNN（Personalized Graph Neural Networks with Attention mechanism）[335] 将用户的历史序列引入当前的序列，从而丰富商品和商品之间的链接关系。另外，DGTN（Dual-channel Graph Transition Network）[336] 假设相似的序列会体现相似的模式，因此它将不同用户、不同时间的相似序列整合为一个图。以上这些方法都是在初始的序列构建出来的图上增加了额外的信息，从而避免单个序列构建出来的图所带来的稀疏性问题。

除了引入额外的信息丰富每个序列的图结构，还有一类方法是调整当前的图结构。例如，MA-GNN（Memory Augmented Graph Neural Network）[337] 假设当前所购买的商品不只受到前一个购买商品的依赖，因此抽取之前购买的三个商品并在这些商品之间添加边，即考虑购买序列的高阶结构。由于用户在同一时刻也许不会购买多个基于相似兴趣的商品，只在一个购买序列内的商品之间增加边会忽略掉当前商品和之前较远时刻购买商品之间的关系。SGNN-HN（Star GNN with Highway Networks）[338] 引入了虚拟节点作为序列的中心，它连接到当前序列的所有节点，从而保持同一序列中距离较远的商品间的关系。此外，SGHH-HN 还将该虚拟节点的向量表征视为整个序列的表征，因为它和序列中的每个节点都交换了信息。使用这些方法，用户购买序列所构建出来的图结构得以被优化，从而有利于图表征学习在优化后的图结构上进行信息传播，使得学习的表征能够更准确地反映每个节点的特性。

2. 信息传播

在构建好序列对应的图数据后，为了捕捉序列中的信息，需要设计合适的信息传播机制，以建模用户兴趣随着时间的转移模式。一些方法通过调整图神经网络的框架，直接在有向图上进行信息的传播和聚合，例如使用循环神经网络去聚合邻居节点的信息和当前节点的信息 [331,338]。相比于采用平均、求和等聚合方法，循环神经网络能够更好地决定序列中的哪些信息应该被保存，哪些信息应该被丢弃，同时具备更好的表征去噪能力。FGNN（Full Graph Neural Network）[332] 采用注意力机制区分邻居节点的重要性。为了进一步考虑商品的顺序信息，LESSR（Lossless Edge-order preserving aggregation and Shortcut graph attention for Session-based Recommendation）[339] 提出了一种保持商品顺序的图构建方法，并且按照序列顺序使用循环神经网络聚合邻居节点，其所使用的聚合邻居节点的方式可以由下列公式表示：

$$\boldsymbol{m}_{i,k}^{(l)} = \mathrm{GRU}^{(l)}\left(\boldsymbol{m}_{i,k-1}^{(l)}, \boldsymbol{h}_{i,k}^{(l)}\right), \tag{13-7}$$

式中，$\boldsymbol{h}_{i,k}^{(l)}$ 表示序列 i 中交互的第 k 个商品；$\boldsymbol{m}_{i,k}^{(l)}$ 表示聚合序列中 k 个邻居后的消息向量；$\mathrm{GRU}(\cdot)$ 表示门控循环单元。

3. 序列偏好

在传播并聚合邻居信息后，需要学习节点和商品的表征，以用于最终的推荐任务。考虑到大部分图神经网络采用较少的迭代次数，并不能有效地捕捉长距离的商品间依赖关系，因此只采用聚合完所有序列信息的表征无法保证得到最优的推荐结果。此外，大多数的图构建方法都把用户和商品的交互序列转成了图，从而丢失了序列信息。为了处理这些问题，SGNN-HN [338] 通过注意力得分计算最后一个商品和之前所有商品之间的关系，并得到整个序列的全局表征。GC-SAN（Craph Contextualized Self-Attention Network）[340] 在图神经网络产生的商品表征上，再堆叠多层自注意力机制，从而增强图神经网络捕捉长距离依赖的能力。GCE-GNN（Global Context Enhanced Graph Neural Network）[341] 在图神经网络中引入了位置编码，以反映商品之间的相对顺序，从而更高效地建模商品序列中的位置信息。

13.2.2 社交网络

13.1.2 节已经讨论了使用社交网络的通用推荐。将社交网络用于序列推荐时，其思想也是类似的，即用户的序列偏好会与其在社交网络中关系密切的朋友保持相似，然后基于该假设进行社交网络和序列信息的联合建模。例如，DGRec（Dynamic Graph Recommendation）[342] 首先使用长短期记忆神经网络从用户和商品的交互序列中抽取用户的动态兴趣，接着使用图神经网络迭代更新之前抽取的序列用户表征，从而模拟用户兴趣在社交网络上的传播扩散过程。由于引入了额外的社交网络信息，DGRec 可以学习更准确的用户表征，因此可以实现更好的推荐效果。

13.2.3 知识图谱

13.1.3 节已经讨论了如何使用知识图谱增强通用推荐任务。对于序列推荐，也可以采用类似的思想，引入额外的知识图谱信息，从而更好地建模商品之间的关系。当序列数据较为稀疏时，通过引入商品之间的语义信息，可以丰富商品之间的关系，从而提高推荐的效果。例如，ISRec（Intention-aware Sequential Recommendation）[343] 使用了常识知识图谱来建模序列推荐中用户意图的转移过程。ISRec 利用自注意力机制，提取用户和商品交互序列的表征，进而将商品的表征映射到用户意图空间，并使用图神经网络在用户的意图空间建模意图的结构化转移。ISRec 通过从商品序列特征中捕捉用户意图，并使用图神经网络建模意图的转移，从而更加准确、真实地模拟了用户在推荐系统中购买意图随时间的演化情况，因此取得了更好的推荐效果。

13.3 本章小结

本章介绍了图表征学习技术如何被应用到推荐系统中以提高推荐的性能。无论是在学术界还是在工业界，将图表征学习技术应用到推荐系统都仍然是一个受到广泛关注的话题，并不断发展出更多、更新的方法，感兴趣的读者可以查阅更多的文献。

第 14 章
CHAPTER 14

交通预测

在智慧城市的发展中，图表征学习也发挥了独特的作用。面对当代复杂的城市需求，传统的城市发展策略已经不能满足当今的社会发展。因此，智慧城市也成为全球各大城市不约而同的发展方向。美国交通部在 2015 年提出了“智慧城市挑战”，向全球征集城市问题的解决方案；欧盟也在自己的主页上把智慧城市列为重要策略之一。在中国杭州，“城市大脑”已经被用来分配不同的城市资源。智慧城市的目的之一就是利用大数据的优势以及强大的计算能力，合理分配有限的城市资源，从而达到效率利用的最大化。而作为智慧城市重要的一部分，智慧交通旨在智能分配已有的交通资源，从而达到更合理的利用。而智慧交通的核心在于预测。只有准确地判断未来的交通走势，相关部门才能提前布局、合理调度和利用资源，从而提升资源的利用效率。

由于其重要性，交通预测并不是一个新的问题。在传统方法中，交通预测问题一直被看作时间序列的经典应用之一。由于车辆不能凭空出现，所以过往的道路信息可以预测未来的信息。以交通流量为例，如果某个节点过往及前 1 个小时的车流量都在 100 辆左右，下一个小时流量出现 1000 辆的概率就相对小了很多。基于这些信息，可以用过往的信息预测未来。经典的时序预测模型有差分整合移动平均自回归（AutoRegressive Integrated Moving Average，ARIMA）模型、向量自回归（Vector Autoregressive）模型等，但这些模型只能提取到过往数据的线性特征，而对于非线性特征无法有效地建模。其次，这些模型对所有的节点都一视同仁。然而，在现实生活中，不同节点之间的影响与距离远近、周边道路、建筑类型等都有相关性。因此，交通预测需要更加有效的模型。

随着图表征学习的不断发展，研究者逐渐发现交通问题与图表征学习有很大的相关性。交通数据往往从采集点获得，而不同的采集点可以通过道路连接。这样，采集点和道路网络天然地形成了一个图结构。道路的特征，例如车道数、单双向等，就成为边的特征，而采集点的特征，例如位置、类别、周围的建筑物等，就成了节点的特征。与许多图表征学习的应用不同，对于交通预测，不只是空间关系有作用，时间关系也对于预测有非常重要的影响。此外，不仅节点自身的历史数据对未来有影响，其邻居节点的历史数据也对未来有影响。这样复杂的时空关系也对图表征学习模型提出了更高的要求，并发展出了时空图神经网络等方法。下面，首先介绍交通预测中的时空图，然后介绍一些代表性的模型。本章内容与第 7 章所介绍动态图表征学习有一定的关联性。

14.1 时空图

时空图（Spatial-Temporal Graph），顾名思义，是在传统图的基础上考虑到时间信息的图结构。记一个由交通道路构成的图为 $\mathcal{G}=(\mathcal{V},\mathcal{E})$，其中 $\mathcal{V}$ 表示道路上节点的集合，$\mathcal{E}$ 表示由道路构成的边的集合。该图的邻接矩阵 $\boldsymbol{A}$ 可以取值为 0 或 1，表示道路的连通性，也可以用不同的大小表示节点之间的相对物理距离或者连接强度。对于每个时间戳 t, 图 $\mathcal{G}$ 会有一个特征矩阵 $\boldsymbol{X}_t \in \mathbb{R}^{N\times C}$，其中 N 代表节点的数量，C 代表特征的数量，比如流量、速度、占有率等。对于常见的交通预测问题，需要在给定 T 个过去时刻的特征矩阵基础上，学习一个映射函数 $\mathcal{F}_{\boldsymbol{\theta}}(\cdot)$，预测接下来 T' 个时刻的特征矩阵：

$$\mathcal{F}_{\boldsymbol{\theta}}:\mathcal{G}\times\boldsymbol{X}_{(t-T):t}\rightarrow\boldsymbol{X}_{(t+1):(t+T')},\tag{14-1}$$

式中，$\boldsymbol{X}_{(t-T):t}\in\mathbb{R}^{N\times C\times T}$ 表示过去 T 个时间戳的特征矩阵；$\boldsymbol{X}_{(t+1):(t+T')}\in\mathbb{R}^{N\times C\times T'}$ 表示待预测的未来 T' 个时间戳的特征矩阵；$\boldsymbol{\theta}$ 表示学习需要的参数。不难发现，上述定义的时空图是第 7 章定义的离散动态图的一个特例，即图结构保持不变，而图上的特征不断随时间发生变化。

针对时空图上的交通预测问题，目前有许多模型，主要都是基于时空图神经网络的方法。接下来，将这些方法按照图神经网络中不同空间卷积的方式分为两类——基于图卷积的模型和基于图注意力机制的模型，并在每类方法中介绍几个代表性的方法。

14.2 时空图神经网络模型

14.2.1 基于图卷积的模型

图卷积神经网络可以有效地捕捉图结构的信息，在许多图任务中都有很好的表现。在交通预测领域，基于图卷积的方法也占据了非常重要的部分。接下来，介绍三个基于图卷积的交通预测模型。

1. DCRNN

DCRNN（Diffusion Convolutional Recurrent Neural Network）[344] 是一种基于序列到序列（Seq2Seq）和扩散卷积神经网络相结合的交通预测模型。Seq2Seq是一种常见的编码器-解码器结构，利用两个循环神经网络分别作为编码器和解码器，可以学习序列信息。DCRNN 模型将 Seq2Seq 作为时序的建模，并将每一个 Seq2Seq 的门控循环单元的全连接部分替换为扩散卷积，并采用 ReLU 作为激活函数。替换后的模块被称作扩散循环卷积层。DCRNN 证明了扩散循环卷积在原理上与图卷积神经网络是一致的。具体来说，对于输入图信号 $\boldsymbol{X} \in \mathbb{R}^{N\times C}$，定义信号和滤波器 $f_{\boldsymbol{\theta}}$ 在图 $\mathcal{G}$ 上的扩散卷积为

$$\boldsymbol{X}_{:,c} \star_{\mathcal{G}} f_{\boldsymbol{\theta}} = \sum_{k=0}^{K-1} \left(\boldsymbol{\theta}_{k,1}(\boldsymbol{D}_O^{-1}\boldsymbol{A})^k + \boldsymbol{\theta}_{k,2}(\boldsymbol{D}_I^{-1}\boldsymbol{A}^\top)^k\right) \boldsymbol{X}_{:,c},\ c \in \{1,\cdots,C\}, \tag{14-2}$$

式中，$\boldsymbol{\theta} \in \mathbb{R}^{K\times 2}$ 表示滤波器的参数；K 表示扩散的阶数；$\boldsymbol{D}_O$ 和 $\boldsymbol{D}_I$ 分别表示 $\boldsymbol{A}$ 的出度矩阵和入度矩阵，因此 $\boldsymbol{D}_O^{-1}\boldsymbol{A}$ 和 $\boldsymbol{D}_I^{-1}\boldsymbol{A}^\top$ 分别表示正向扩散和反向扩散的转移概率矩阵。通过式 (14-2)，可以构建一个将 C 维特征映射到 Q 维特征的扩散卷积层：

$$\boldsymbol{H}_{:,q} = \sigma\left(\sum_{c=1}^{C} \boldsymbol{X}_{:,c} \star_{\mathcal{G}} f_{\boldsymbol{\theta}_{q,c}}\right), \tag{14-3}$$

式中，$\boldsymbol{\theta} \in \mathbb{R}^{Q\times C\times K\times 2}$ 表示所有可学习的参数，其中 $\boldsymbol{\theta}_{q,c} \in \mathbb{R}^{K\times 2}$ 对应第 c 个输入和第 q 个输出的卷积滤波器；$\boldsymbol{H} \in \mathbb{R}^{N\times Q}$ 表示输出；$f_{\boldsymbol{\theta}_{q,c}}$ 表示滤波器；σ 表示激活函数。将 seq2seq 中普通门控循环单元的全连接层替换为扩散卷积，就得到循环扩散卷积层。这些模块组成了 DCRNN 模型的编码器和解码器。图 14-1 展

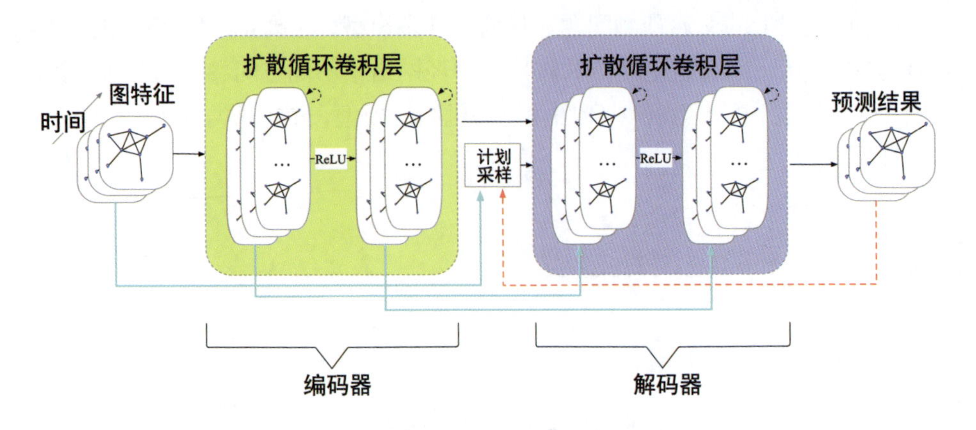

图 14-1 DCRNN [344] 模型架构示意图

示了 DCRNN 模型的整体架构。为了减少累计误差，DCRNN 在解码层之前采用了计划采样（Scheduled Sampling）[345]，即在训练初期采用真实值作为解码器的输入，将模型迅速从初始化引导到一个合理状态，然后逐渐调整回 DCRNN 的正常执行流程，即使用模型编码器输出作为解码器的输入。DCRNN 模型是代表性的用图表征学习预测时空图的方法之一。此外，DCRNN 采用了两个美国加利福尼亚州的交通速度数据集 METR-LA 和 PEMS-BAY，被后续的研究广泛采纳并视为交通预测领域的基准数据集之一。

2. STGCN

STGCN（Spatio-Temporal Graph Convolutional Networks）[346] 是另一个代表性的时空图神经网络模型。与 DCRNN 不同，STGCN 采用一维卷积层作为时间上的序列建模。在 STGCN 中，一个一维卷积层和一个门控线性单元（Gated Linear Unit，GLU）层组成一个时间模块，两个时间模块再和一个空域图卷积组合，以形成一个时空模块（Spatial Temporal Block，ST-Block），即形成时间模块与空域图卷积以“三明治”的形式堆叠，多个时空模块再相互叠加。最后，在时空模块的输出上使用一个线性层得到模型的最终输出，即形成了完整的 STGCN 架构，如图 14-2 所示。

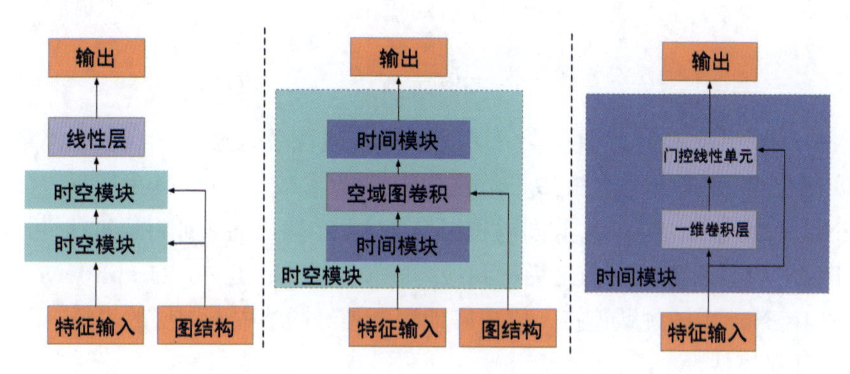

图 14-2 STGCN [346] 模型架构示意图

具体来说，对 T 个时间戳的图特征 $\boldsymbol{X} \in \mathbb{R}^{T\times N\times C}$，其中 N 为节点数，C 为特征的数量，时间模块对每个节点的信息 $\boldsymbol{X}_{:,i} \in \mathbb{R}^{T\times C}$ 沿着时间维度计算一维卷积，记卷积核为 $\Gamma \in \mathbb{R}^{K_t\times C\times 2C_o}$，$K_t$ 为卷积核的大小，C_o 是决定输出通道个数的超参数，卷积后的输出为 $[\boldsymbol{P},\boldsymbol{Q}] \in \mathbb{R}^{(T-K_t+1)\times 2C_o}$，其中 $\boldsymbol{P}$ 和 $\boldsymbol{Q}$ 分别是前一半和后一半通道的输出。然后，GLU 的门控过程计算过程如下：

$$\boldsymbol{H}_{:,i}^{\text{te}} = \boldsymbol{P} \odot \sigma(\boldsymbol{Q}) \in \mathbb{R}^{(T-K_t+1)\times C_o}. \tag{14-4}$$

因此，对于一个完整的时空图，其时间模块的最终输出是将所有节点的输出按维度拼接，即 $\boldsymbol{H}^{\text{te}} \in \mathbb{R}^{(T-K_t+1)\times N\times C_o}$。对于空域图卷积，则在每个时间戳的图上计算。记输入为 $\boldsymbol{X}_{t,:} \in \mathbb{R}^{N\times C}$，按照前面介绍的针对普通静态图数据的图卷积神经网络或其他空域图神经网络的计算方式计算图卷积（即消息传递过程），可以得到输出 $\boldsymbol{H}^{\text{sp}}_{t,:} \in \mathbb{R}^{N\times C_o}$。对于整个图，则将所有时间戳的表征拼接起来，得到最终的输出为 $\boldsymbol{H}^{\text{sp}} \in \mathbb{R}^{T\times N\times C_o}$。按照图 14-2 的方式堆叠并在时空模块之后加入一个线性层，即可得到对未来时间的交通流量预测。

3. GraphWaveNet

GraphWaveNet [347] 是另一篇代表性的时空图卷积神经网络模型，它把语音识别领域的 WaveNet 架构 [348] 和图卷积神经网络相结合，从而建模时空图上不同信息的融合。WaveNet 中最关键的部分是对于时序信息的时间卷积（Temporal Convolutional Networks，TCN）。对于一个一维的时间序列 $\boldsymbol{x} \in \mathbb{R}^T$ 和一个带参数的滤波函数 $\mathcal{F}(\cdot) \in \mathbb{R}^K$，$\boldsymbol{x}$ 对 $\mathcal{F}(\cdot)$ 在 t 时刻的卷积操作为

$$\boldsymbol{x} \star \mathcal{F}(t) = \sum_{k=0}^{K-1} \mathcal{F}(k)\boldsymbol{x}_{t-d\times k}, \tag{14-5}$$

式中，d 表示每次卷积要跳跃的距离。模型中的 TCN 模块是对于输入信息的简单门控单元。对于输入 $\boldsymbol{X}$，经过门控后的输出为

$$\boldsymbol{h} = \rho(\boldsymbol{\theta}_1 \star \boldsymbol{X} + \boldsymbol{b}_1) \odot \sigma(\boldsymbol{\theta}_2 \star \boldsymbol{X} + \boldsymbol{b}_2), \tag{14-6}$$

式中，$\sigma(\cdot)$ 表示 sigmoid 函数；$\rho(\cdot)$ 表示另一个非线性激活函数，在 GraphWaveNet 中被实例化为 tanh 函数；$\boldsymbol{\theta}_1, \boldsymbol{\theta}_2, \boldsymbol{b}_1, \boldsymbol{b}_2$ 为可学习参数。如图 14-3 所示，GraphWaveNet 在经过 L 层 TCN 和图卷积层堆叠之后，输出的表征将通过线性层的映射和 ReLU 非线性激活函数之后得到最终的预测结果。此外，GraphWaveNet 也采用了 JK-Net 中的跳跃连接，以更好地聚合神经网络中不同层的表征。

4. 其他模型

接下来，简单地介绍一些其他时空图神经网络模型的主要思想。

ST-UNet（Spatio-Temporal U-Net）[349] 是一种针对时空图的 U 形神经网络。ST-UNet 在时空图数据中引入了一个新的池化模块，并提出了一种图划分方法来计算图的粗化。在其 U 形架构的后半阶段，另一组反池化（Unpooling）操作被提出用于恢复原始时空图数据的分辨率。此外，ST-UNet 还使用了 GCGRU 层（Graph Convolutional Gated Recurrent Units）[118] 以建模时空相关性。

T-GCN [350] 也是针对交通预测问题设计的一种时空图卷积神经网络，其首先利用图卷积神经网络层编码输入信号，然后利用 GRU 单元编码时间相关性，最后通过一个 GRU 单元计算输出作为预测的结果。

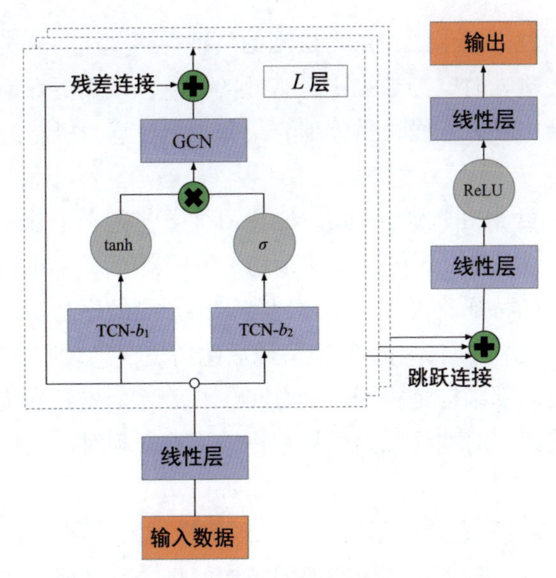

图 14-3 GraphWaveNet [347] 模型示意图

STSGCN（Spatial-Temporal Synchronous Graph Convolutional Networks）[351] 是一种时空同步图卷积网络，可以同时建模图的时空信息，并能捕捉长距离时间相关中的异质性。

MRes-RGNN（Multiple Residual Recurrent Graph Neural Network）[352] 引入门控残差机制，并提出了一种跳跃机制（Hop Scheme），以学习周期时间相关性。

AGCRN（Adaptive Graph Convolutional Recurrent Network）[353] 则提出一个节点级的参数自适应学习机制和一个数据层的图生成机制，以更好地建模细颗粒度的时空信息。

SLC（Structure Learning Convolution）[354] 则提出在普通卷积中显式地考虑图结构信息，并将图中的节点度作为卷积的输入。

14.2.2 基于图注意力机制的模型

基于图卷积的时空图神经网络方法在预测短期，例如未来 15 ~ 30 min 以内的交通状况已经取得了较为精确的结果。但是，相关研究发现，对于面对更加长时间的预测，例如小时级的交通预测，基于图卷积的时空图神经网络仍然存在较大的误差 [355]。一个原因在于交通数据存在的时空依赖是动态变化的。随着时间的变化，节点间的依赖关系也发生改变。而图卷积大都基于一个固定的模式捕捉节点间的联系，因此难以适应较长时间的环境变化。时间建模层面也存在类似的问题。针对这个问题，基于图注意力机制的模型受到关注。这类方法通过注意力机制自适应地关注输入时空图数据中最有效的信息，从而更好地捕捉动态环境下空间与时间的复杂关联。下面，具体地介绍基于图注意力机制的模型。

1. GMAN

GMAN（Graph Multi-Attention Network）[355] 是一个基于图注意力机制进行交通预测的代表性方法。该模型整体采用了编码器-解码器的框架，用一个编码器处理输入时空图的特征，再用一个解码器输出预测的序列。在编码器和解码器之间，加入了一个注意力层，用于转换编码后的历史信息表征并生成未来的预测。编码器和解码器的内部结构是相同的，均堆叠了 L 个时空注意力模块，且相邻模块之间加入残差连接。时空注意力模块根据输入特征和时空属性动态地捕捉时空依赖。

具体来说，GMAN 首先通过时空表征模块学习节点在给定时刻的时空表征。首先，利用 Node2vec 图嵌入方法捕捉图结构信息，再将该表征通过两层全连接网络，最终得到每个节点 v_i 对应的空间嵌入 $\boldsymbol{h}_{v_i} \in \mathbb{R}^d$。另一方面，利用独热编码，将当前时刻对应的一周中所属的天及一天中所属的时刻，分别编码为 $\mathbb{R}^7$ 和 $\mathbb{R}^T$ 的向量，其中 T 代表一天中的时刻个数。将两个独热向量拼接起来，通过两层全连接网络，得到时间嵌入 $\boldsymbol{h}_{t_j} \in \mathbb{R}^d$。最终，节点 v_i 在时刻 t_j 的时空嵌入为 $\boldsymbol{h}_{v_i,t_j} = \boldsymbol{h}_{v_i} + \boldsymbol{h}_{t_j}$。在第 l 个时空注意力模块中，根据时空嵌入和上一个时空注意力模块输出的隐状态 $\boldsymbol{H}^{(l-1)}$，分别在空间维度和时间维度方面利用多头注意力机制，计算下一层的表征 $\boldsymbol{H}_S^{(l)}$ 和 $\boldsymbol{H}_T^{(l)}$。具体的计算流程如下。

第一步，用 $\boldsymbol{h}_{v_i,t_j}^{(l-1)}$ 表示第 $l-1$ 个时空注意力模块输出的节点 v_i 在时刻 t_j 的表征，首先将 $\boldsymbol{h}_{v_i,t_j}^{(l-1)}$ 与时空嵌入 $\boldsymbol{h}_{v_i,t_j}$ 拼接。

第二步，在空间维度，对于时刻 t_j，根据拼接后的向量计算所有节点 $v \in \mathcal{V}$ 对节点 v_i 的注意力得分 $\alpha_{v_i,v}^k$，上标 k 表示第 k 个注意力头：

$$\alpha_{v_i,v}^k = \frac{\exp\left(\mathcal{F}_{a,1}^k\left([\boldsymbol{h}_{v_i,t_j}^{(l-1)}, \boldsymbol{h}_{v_i,t_j}]\right)^\top \mathcal{F}_{a,2}^k\left([\boldsymbol{h}_{v,t_j}^{(l-1)}, \boldsymbol{h}_{v,t_j}]\right)\right)}{\sum_{v' \in \mathcal{V}} \exp\left(\mathcal{F}_{a,1}^k\left([\boldsymbol{h}_{v_i,t_j}^{(l-1)}, \boldsymbol{h}_{v_i,t_j}]\right)^\top \mathcal{F}_{a,2}^k\left([\boldsymbol{h}_{v',t_j}^{(l-1)}, \boldsymbol{h}_{v',t_j}]\right)\right)}, \tag{14-7}$$

式中，$\mathcal{F}_{a,1}^k(\cdot), \mathcal{F}_{a,2}^k(\cdot)$ 表示可学习的函数，例如一个全连接层。然后，使用注意力得分作为权重，聚合在时刻 t_j 所有节点的隐状态：

$$\boldsymbol{m}_{v_i,t_j}^{(l)} = \|_{k=1}^K \left\{\sum_{v \in \mathcal{V}} \alpha_{v_i,v}^k \mathcal{F}_s^k\left(\boldsymbol{h}_{v,t_j}^{(l-1)}\right)\right\}, \tag{14-8}$$

式中，$\mathcal{F}_s^k(\cdot)$ 表示另一个可学习函数。记总的节点数为 N，则式 (14-8) 需要计算的注意力得分个数为 N^2。为了减少大图上的计算量，GMAN 采用了组空间注意力的方式，将所有节点随机分成若干个组（Group），在每个组内部使用注意力机制得到每个节点的局部特征。为了建模组间关系，使用最大化图池化函数得到每个组的表征，并使用注意力机制计算组与组之间的关系，并更新组表征。最终，每个节点的表征是组内节点表征和对应的组表征之和，分别包含节点的局部信息和全局信息。利用式 (14-8) 中的消息向量，对每个节点采用一个更新函数得到下一层的空间表征，记为 $\boldsymbol{H}_S^{(l)}$。

第三步，在时间维度，对于节点 v_i，根据拼接后的向量计算所有时刻 $t \in \mathcal{N}(t_j)$ 对时刻 t_j 的注意力得分 $\beta_{t_j,t}^k$，$\mathcal{N}(t_j)$ 表示时刻 t_j 的邻近时刻。注意力机制的计算方式与式 (14-7) 类似。为了保证时间上的因果性，即只能利用过去信息预测未来信息，只考虑 t_j 之前一定时间范围内的时刻作为其临近时刻。然后，利用注意力得分聚合节点 v_i 在所有临近时刻时的信息：

$$\boldsymbol{m}_{v_i,t_j}^{\prime(l)} = \|_{k=1}^K \left\{ \sum\nolimits_{t\in\mathcal{N}(t_j)} \beta_{t_j,t}^k \mathcal{F}_t^k \left(\boldsymbol{h}_{v_i,t}^{(l-1)} \right) \right\}. \tag{14-9}$$

利用式 (14-9) 中的消息向量，对每个时刻采用一个更新函数，得到其下一层的时间表征，记为 $\boldsymbol{H}_T^{(l)}$。

第四步，最后，第 l 个时空注意力模块采用门控的方式将 $\boldsymbol{H}_S^{(l)}$ 和 $\boldsymbol{H}_T^{(l)}$ 融合计算输出

$$\begin{aligned} \boldsymbol{Z} &= \sigma\left(\boldsymbol{H}_S^{(l)} \boldsymbol{W}_1 + \boldsymbol{H}_T^{(l)} \boldsymbol{W}_2 + \boldsymbol{b} \right), \\ \boldsymbol{H}^{(l)} &= \boldsymbol{Z} \odot \boldsymbol{H}_S^{(l)} + (1-\boldsymbol{Z}) \odot \boldsymbol{H}_T^{(l)}, \end{aligned} \tag{14-10}$$

式中，$\boldsymbol{W}_1, \boldsymbol{W}_2, \boldsymbol{b}$ 表示可学习参数。

第五步，对于编码器和解码器之间的转换层，对于每个节点 v_i，其注意力机制根据时空嵌入计算历史时刻 $t_h \in \{t-T, \cdots, t\}$ 对未来需要预测时刻 $t_j \in \{t+1, \cdots, t+T'\}$ 的注意力得分 γ_{t_j,t_h}^k，然后聚合节点 v_i 在所有历史时刻的节点表征：

$$\boldsymbol{h}_{v_i,t_j}^{(l)} = \|_{k=1}^K \left\{ \sum\nolimits_{t_h=t-T}^{t} \gamma_{t_j,t_h}^k \mathcal{F}_{\text{trans}}^k \left(\boldsymbol{h}_{v_i,t_h}^{(l-1)} \right) \right\}, \tag{14-11}$$

式中，$\mathcal{F}_{\text{trans}}^k(\cdot)$ 表示转换层的可学习函数。

最终，GMAN 以平均绝对误差作为目标函数，并基于导航距离构建图。GMAN 的实验证明，其可以提升较长时间范围内的预测准确度，且能更好地处理数据缺失的情况。

2. 其他模型

使用注意力机制进行交通预测的模型还有很多，下面概括性地介绍一些方法。

ASTGCN（Attention-based Spatial-Temporal Graph Convolutional Network）[356] 通过计算注意力得分矩阵，在空间注意力中使用切比雪夫图卷积神经网络，然后通过时间注意力机制计算时间卷积，并用三个模块分别建模了近期、每日、每周数据间的依赖。

GaAN [29] 通过将时空图神经网络中的基本操作单元设置为门控循环单元，以处理时空预测问题。区别于一般的多头注意力机制，GaAN 为每个注意力头的输出分配一个代表重要性的门控值，门控值也通过交通状态学习得到。

ST-MetaNet [357] 则将元学习和时空图神经网络相结合，通过学习节点和边的元知识，再以元知识为输入得到时空图神经网络中的参数。

AGC-Seq2Seq（Attention Graph Convolutional Sequence-to-Sequence）[358] 同样是一个基于注意力机制的时空图神经网络模型，并提出了一种新的训练方式，以处理普通监督学习和计划采样的潜在缺陷。

14.3 本章小结

在交通预测任务上，时空图神经网络等图表征学习方法起着重要作用。在构建模型时，不仅需要考虑图拓扑空间上的特征建模，同时也需要考虑到时间信息。虽然交通预测是时空图神经网络典型的落地应用场景之一，但时空图神经网络不仅仅局限于此，也可扩展到其他时空预测任务，比如空气污染物指数预测、传感器温度预测及天气预报等。

第 15 章
CHAPTER 15

自然语言处理

近年来，随着图表征学习越来越受到关注，自然语言处理领域也出现了许多利用其解决实际问题的研究。图表征学习相关算法可以应用到自然语言处理领域的各个任务中，为解决自然语言处理任务提供了全新的视角。本章将介绍其中代表性的任务和方法。

15.1 文本分类

文本分类（Text Classification）是自然语言处理领域中一个基础和重要的任务。早期，对于文本分类的研究，主要通过手工设计特征或词语嵌入等方法提取文本特征并分类。一类将图表征学习用于本文分类的方法关注于论文等有显式关系的特定文本，并通过论文引用等显式关系建立图结构，然后使用图表征学习建模引用关系，从而辅助文本分类的目标。对于其他没有显式链接关系的文本，例如普通的文档、新闻等，也有各种不同的方式构建图结构，从而发挥图表征学习的作用。下面介绍用于文本分类的图表征学习方法。

句法树（Syntex Tree）是对一个句子中不同组成元素间结构、层次和功能关系的通用描述方式。由于树可以被视为一种特殊的图，因此许多方法基于句法树进行图表征学习以辅助文本分类。ASGCN（Aspect-Specific Graph Convolutional Network）[359] 从句子中提取句法树结构来表示单词之间的关系，并使用图卷积神经网络在句法树中建模表征，从而更好地处理情感分类问题。SAGAT（Syntax-Aware Graph ATtention network）[360] 和 TD-GAT（Target-Dependent Graph ATtention network）[361] 均使用句法树来构建图，并使用图注意力网络来建模表征。R-GAT（Relational Graph ATtention network）[362] 提出，由于句法树中只有一部分信息真正对文本分类任务起作用，因此并不需要建模整个树结构，并提出基于不同方面（aspect）的树重塑和剪枝算法来提取句法树中的关键信息，之后提出关系图注意力网络进行表征学习，从而更好地处理基于方面的情感分类问题。InterGCN（Interactive Graph Convolutional Network）[363] 同样旨在更新句法树，通过对得到的句法树对应的邻接矩阵基于方面词来增强权重，并同时考虑同一句子中方面词之间的关系，以此来进一步更新图结构。之后，InterGCN 使用图卷积神经网络并结合双向长短期记忆神经网络建模表征，并利用注意力机制抽取和方面词相关的信息，从而处理基于方面的情感分类任务。

DGCN（Directional Graph Convolutional Network）[364] 在建模句法树关系时考虑了句法树中边的方向，对于节点的出边和入边分别建模，从而构建了有向图卷积神经网络来进一步完成方面词提取和方面词情感分类两个任务。

与前面从数据层面抽取并构建图结构的句法树不同，Hier-GCN（Hierarchical Graph Convolutional Network）[365] 直接从类别中抽取图关系，依据方面类别和方面词对情感类别的贡献信息，构建了类别的分层异质图，之后利用分层图卷积网络分别显式地建模类别和情感节点，以更好地处理方面类别检测和方面情感分类任务。THGRL（Traceable Heterogeneous Graph Representation Learning）[366] 使用丰富的用户交互信息和用户间的网络来构建数据关系图，并通过该异质图进一步辅助处理方面检测和知识转移任务。THGRL 提出使用随机游走和游走追踪算法进行异质图的表征学习。

TextGCN [367] 针对一般的文本分类问题提出了一种根据词共现信息以及文本和单词关系信息构建文档图的方法。对于一个文本数据集，TextGCN 首先构建了一个图，词和文本构成节点，图中每两个节点之间的边权重根据单词共现信息以及文本和单词的关系设置：

$$A_{i,j} = \begin{cases} \max(\text{PMI}(i,j),0), & i,j \text{ 均为单词} \\ \text{TF-IDF}_{i,j}, & i \text{ 是文本}, j \text{ 是单词} \\ 1, & i=j \\ 0, & \text{其他} \end{cases} \tag{15-1}$$

式中，TF-IDF（Term Frequency-Inverse Document Frequency）是自然语言处理的一种常见统计指标；PMI 则表示点互信息（Pointwise Mutual Information），计算公式为

$$\text{PMI}(i,j) = \log \frac{\Pr(i,j)}{\Pr(i)\Pr(j)}, \quad \Pr(i,j) = \frac{\#W(i,j)}{\#W}, \quad \Pr(i) = \frac{\#W(i)}{W}, \tag{15-2}$$

式中，$W(i)$ 表示数据集中包含单词 i 的滑动窗口的数量；$\#W(i,j)$ 表示包含 i 和

j 的滑动窗口的数量；$\#W$ 表示数据集所有的滑动窗口的数量。通过只保留正的点对互信息，可以只保留有很高语义相关性的单词关系。构建图之后，TextGCN 使用图卷积神经网络进行消息传递，学习单词和文本的表征并处理文本分类问题。

TG-Transformer（Text Graph Transformer）[368] 使用与 TextGCN 相同的方式来构建图，但将其视为一个有两种类型节点的异质图，记为 $\mathcal{G}=(\mathcal{U},\mathcal{V},\mathcal{E},\mathcal{E}')$，其中 $\mathcal{U},\mathcal{V},\mathcal{E},\mathcal{E}'$ 分别表示单词节点、文档节点、单词-文档边及单词-单词边。TG-Transformer 采用文本图采样的方式使得算法能够扩展到大规模图上。首先，基于邻接矩阵计算整个异质图的相似度矩阵：

$$\boldsymbol{S}=\alpha(\boldsymbol{I}-(1-\alpha)\hat{\boldsymbol{A}})^{-1}, \tag{15-3}$$

式中，$\hat{\boldsymbol{A}}=\boldsymbol{D}^{-\frac{1}{2}}\boldsymbol{A}\boldsymbol{D}^{-\frac{1}{2}}$ 表示对称归一化的邻接矩阵；$\alpha\in[0,1]$ 表示一个超参数。之后，对于每一个文档节点 $v_i\in\mathcal{V}$，TG-Transformer 选取 k 个相似度最大的单词邻居节点 $u_j\in\mathcal{U}$ 作为采样子图上的节点。对于每个单词节点 $u_i\in\mathcal{U}$，首先计算其与该单词相关联的边类型的比例：

$$\begin{aligned}r_w(u_i)&=\frac{|\mathcal{E}'(u_i)|}{|\mathcal{E}'(u_i)|+|\mathcal{E}(u_i)|},\\ r_d(u_i)&=\frac{|\mathcal{E}(u_i)|}{|\mathcal{E}'(u_i)|+|\mathcal{E}(u_i)|},\end{aligned} \tag{15-4}$$

式中，$\mathcal{E}'(u_i)$ 和 $\mathcal{E}(u_i)$ 表示相似度大于一定阈值的单词-单词边与单词-文档边；r_w 表示单词边的比例；r_d 表示文档边的比例。然后，按照上述比例采样单词节点的 k 个邻居节点，即使用相似度最大的前 $kr_w(u_i)$ 个单词节点和 $kr_d(u_i)$ 个文档节点来构成单词节点 u_i 的邻居节点。随后，TG-Transformer 层中的自注意力机制计算信息的融合：

$$\begin{aligned}\boldsymbol{Q}&=\boldsymbol{H}^{(l-1)}\boldsymbol{W}_Q^{(l)},\\ \boldsymbol{K}&=\boldsymbol{H}^{(l-1)}\boldsymbol{W}_K^{(l)},\\ \boldsymbol{V}&=\boldsymbol{H}^{(l-1)}\boldsymbol{W}_V^{(l)},\\ \boldsymbol{H}^{(l)}&=\mathrm{softmax}(\frac{\boldsymbol{Q}\boldsymbol{K}^\top}{\sqrt{d_h}})\boldsymbol{V},\end{aligned} \tag{15-5}$$

式中，d_h 表示表征的维度；$\boldsymbol{Q},\boldsymbol{K},\boldsymbol{V}$ 表示注意力机制的查询、键、值矩阵；$\boldsymbol{W}_Q^{(l)}$，$\boldsymbol{W}_K^{(l)},\boldsymbol{W}_V^{(l)}$ 为对应的可学习参数。此外，TG-Transformer 还采用了残差连接来防止图神经网络的过平滑问题。最终，最后一层的表征会通过一个平均值池化作为文档表征，以用于文本分类任务。

TextING（Text INductive Graph Neural Network）[369] 提出了一种归纳式

的图构建和学习方式来充分地利用更多的文本上下文信息，以处理新出现的词、新的文档等冷启动问题。TextING 同样利用词贡献信息构建图上的边，但采用每个文档构建一个图的方式，舍弃全局结构来避免无效信息的干扰。此外，TextING 使用门控机制进行消息传递，计算方式如下：

$$\begin{aligned}
\boldsymbol{a}^{(l)} &= \boldsymbol{A}\boldsymbol{h}^{(l-1)}\boldsymbol{W}_a, \\
\boldsymbol{z}^{(l)} &= \sigma(\boldsymbol{W}_z\boldsymbol{a}^{(l)} + \boldsymbol{U}_z\boldsymbol{h}^{(l-1)} + \boldsymbol{b}_z), \\
\boldsymbol{r}^{(l)} &= \sigma(\boldsymbol{W}_r\boldsymbol{a}^{(l)} + \boldsymbol{U}_r\boldsymbol{h}^{(l-1)} + \boldsymbol{b}_r), \\
\hat{\boldsymbol{h}}^{(l)} &= \tanh(\boldsymbol{W}_h\boldsymbol{a}^{(l)} + \boldsymbol{U}_h(\boldsymbol{r}^{(l)} \odot \boldsymbol{h}^{(l-1)}) + \boldsymbol{b}_h), \\
\boldsymbol{h}^{(l)} &= \hat{\boldsymbol{h}}^{(l)} \odot \boldsymbol{z}^{(l)} + \boldsymbol{h}^{(l-1)} \odot (1 - \boldsymbol{z}^{(l)}),
\end{aligned} \tag{15-6}$$

式中，σ 表示 sigmoid 函数；$\boldsymbol{W}$、$\boldsymbol{U}$ 和 $\boldsymbol{b}$ 表示可训练的参数；$\boldsymbol{z}$ 和 $\boldsymbol{r}$ 表示更新门和重置门。经过若干层消息传递后，最后一层表征会经过如下的门控机制和图池化得到文档表征：

$$\begin{aligned}
\boldsymbol{h}_v &= \sigma(\mathcal{F}_1(\boldsymbol{h}_v^{(L)})) \odot \tanh(\mathcal{F}_2(\boldsymbol{h}_v^{(L)})), \\
\boldsymbol{h}_{\mathcal{G}} &= \frac{1}{|\mathcal{V}|}\sum_{v \in \mathcal{V}} \boldsymbol{h}_v + \max(\boldsymbol{h}_1, \cdots, \boldsymbol{h}_{|\mathcal{V}|}),
\end{aligned} \tag{15-7}$$

式中，$\mathcal{F}_1(\cdot)$ 和 $\mathcal{F}_2(\cdot)$ 表示一层全连接神经网络。文档表征则会被用于后续文本分类任务。

HGAT（Heterogeneous Graph ATtention networks）[370] 则通过主题模型等方法抽取出短文本中的话题和实体，并使用短文本、话题和实体构建异质图，通过异质图注意力网络将额外信息融合进短文本表征，以应对短文本分类任务中数据稀疏性的挑战。

15.2 关系抽取

关系抽取（Relation Extraction）旨在提取文本中的一些特定形式的依赖关系。近年来，也有许多方法使用图表征学习建模关系抽取相关问题。

Zhang 等人 [371] 使用图嵌入和图神经网络等方法从知识图谱中显式地抽取关系知识，并使用这些信息更好地辅助关系类别的长尾分布建模尾部类别。

AGGCN（Attention Guided Graph Convolutional Network）[372] 使用句法树信息作为额外的图结构学习表征。为了有效地去掉句法树中无用的信息，AGGCN 使用图卷积和多头自注意力混合网络来软剪枝已有的句法树连接关系，从而更好地处理关系抽取问题。

GPGNN（Generated Parameters Graph Neural Network）[373] 将句子中的所有实体建模为一个全连接图，然后使用自然语言处理的编码器（例如长短期记忆神经网络、卷积神经网络等）学习图中边的信息，再使用图神经网络学习节点表征，使得图神经网络可以用于关系抽取任务。

GraphRel [374] 将实体识别（Entity Recognition）问题和关系抽取问题联合建模，同时考虑实体间的关系和相互影响。针对句子，GraphRel 首先使用长短期记忆神经网络和图卷积神经网络提取文本关系和句法树结构信息，得到对应的实体和关系之后，然后根据这些关系再构建单词的全连接图，并使用前面建模出的关系作为边的权重，最后再次利用图卷积神经网络实现更有效的实体关系建模。

15.3 文本生成

文本生成（Text Generation）同样是自然语言处理领域的经典任务之一，并由于 GPT-3 [375]、ChatGPT 等大模型的成功受到了广泛关注。为生成符合特定要求的文档，早期研究尝试基于表格等人工整理的结构化数据生成文本。但由于整理表格数据需要昂贵的人工成本，越来越多的研究者将目标转向如何基于信息抽取系统等自动化提取的信息来生成文本。其中，有许多研究者利用信息抽取系统所提供的图信息来建模表征。

GraphWriter [376] 基于信息抽取系统，首先从目标文章的简介中抽取实体、共同引用和关系标注等信息，用这些信息构建实体的关系图。然后 GraphWriter 使用一种基于注意力机制的图神经网络从图中进一步抽取信息并建模表征，从而更好地在生成文本的过程中考虑图中蕴含的信息。

也有许多方法基于抽象语义表示（Abstracted Meaning Representation，AMR）来生成文本。抽象语义表示是将句子中的词语抽象为概念和关系的一种表示方法，可以形式化为带根节点的有向无环图。这些方法一般在抽象语义表示图上使用图表征学习，然后使用带有注意力机制的循环神经网络等方法，基于提取出的图信息生成文本，这也经常被称为图到序列（Graph-to-Sequence）的学习问题。例如，Song 等人 [377] 和 Beck 等人 [378] 提出将图神经网络与长短期记忆神经网络等循环神经网络结合，以表征抽象语义表示图，是该方向最早期的研究者之一。Damonte 和 Cohen [379] 分析了使用图神经网络与使用其他方法表征图结构在模型效果上的区别。DCGCN（Densely Connected Graph Convolutional Network）[380] 使用带有稠密连接的图神经网络来增加图神经网络的深度并聚合局部图信息和全局图信息。Zhao 等人[381] 则使用线图（Line Graph）的方式将抽象语义表示图分解为两个图——线图和概念图，并使用混合阶的图注意力网络来显式地建模多跳邻居的关系。Ribeiro 等人[382] 将抽象语义表示图拆解为两个反方向的图，即一个图采用原始的边方向，另一个图则将所有的边反向，也称为 Levi 变换图。然后，在这两个图上分别利用图神经网络建模图信息，以捕捉抽象语义表示自顶向下和自底向上的信息。HetGT（Heterogeneous Graph Transformer）[383] 在上述方法的基础上，进一步将抽象语义表示图分解为四个子图——全连接图、原始连接图、Levi 变换图和反向图，并使用异质图注意力网络来分别学习四个子图的图表征，以更进一步显式地抽取不同关系蕴含的信息。

Li 等人[384] 采用图表征学习来生成中文评论文本。作者首先提取新闻内容的关键词，并将每一个关键词设为一个节点。除关键词外，作者额外设计了标题和空两个节点，用于单独考虑标题句子和不含任何关键词的句子。节点与节点之间的边权重按照两个节点之间重叠的句子个数计算。构建好关键词的图之后，作者将每个节点包含的句子拼接在一起，使用 Transformer 模型学习节点表征，并将这些表征经过带自环和残差连接的图卷积神经网络进一步优化。最后利用基于注意力机制的循环神经网络生成文本，从而在文本生成过程中考虑关键词的图信息。

HeterSUMGraph[385] 则将图表征学习应用于生成文本总结的任务。HeterSUMGraph 仿照之前介绍的 TextGCN[367] 构建图的方式，根据文本中的单词和句子构建关系图结构，以建模复杂的句间关系。每句话和每个单词都抽象为图中的一个节点，并将句子节点和其包含的单词节点连接在一起，使用 TF-IDF 指标计算边的权重。之后，HeterSUMGraph 使用卷积神经网络和循环神经网络提取句子层级的节点表征，并使用图注意力网络在异质图中进行迭代式的消息传递和表征学习，从而学习句子间的复杂关系。

GRF（Generation with multi-hop Reasoning Flow）[386] 使用图神经网络建模常识知识图谱，以辅助生成常识感知的文本。GRF 首先将整个常识知识图谱按照文本中包含的实体进行裁剪，仅保留和文本相关的知识实体和关系。之后，R-GCN[33] 建模知识图谱，并按照下列方式更新节点表征和关系表征：

$$
\begin{aligned}
\boldsymbol{m}_v^{(l)} &= \frac{1}{|\mathcal{N}(v)|} \sum_{(u,r)\in\mathcal{N}(v)} \boldsymbol{W}_N^{(l)} \phi(\boldsymbol{h}_u^{(l)}, \boldsymbol{h}_r^{(l)}), \\
\boldsymbol{h}_v^{(l+1)} &= \mathrm{ReLU}(\boldsymbol{m}_v^{(l)} + \boldsymbol{W}_S^{(l)} \boldsymbol{h}_v^{(l)}), \\
\boldsymbol{h}_r^{(l+1)} &= \boldsymbol{W}_R^{(l)} \boldsymbol{h}_r^{(l)},
\end{aligned}
\tag{15-8}
$$

式中，$\boldsymbol{h}_v$ 和 $\boldsymbol{h}_r$ 分别表示节点表征和关系表征；$\phi(\boldsymbol{h}_u, \boldsymbol{h}_r) = \boldsymbol{h}_u - \boldsymbol{h}_r$ 表示受 TranE 模型[387] 设计的节点表征组合操作；$\boldsymbol{W}_N$、$\boldsymbol{W}_S$、$\boldsymbol{W}_R$ 表示可学习参数。通过上述

消息传递机制，可以学习节点的表征 $\boldsymbol{h}_v^{(L_G)}$ 和关系表征 $\boldsymbol{h}_r^{(L_G)}$，L_G 表示消息传递的层数。对于解码器的序列生成部分，GRF 使用预训练的 Transformer 建模文本条件概率：

$$
\begin{aligned}
\boldsymbol{u}_t^{(0)} &= \boldsymbol{e}_t + \boldsymbol{p}_t, \\
\boldsymbol{u}_t^{(l)} &= \text{Transformer}\left(\left[\boldsymbol{u}_1^{(l-1)}, \cdots, \boldsymbol{u}_t^{(l-1)}\right]\right), l \in [1, L_D], \\
\Pr(s_t|s_1, \cdots, s_{t-1}) &= \text{softmax}(\boldsymbol{W}_L \boldsymbol{u}_t^{(L_D)} + \boldsymbol{b}),
\end{aligned} \tag{15-9}
$$

式中，$\boldsymbol{e}_t$ 和 $\boldsymbol{p}_t$ 分别表示第 t 个词元（Token）的编码和位置编码；$\boldsymbol{u}_t^{(l)}$ 表示第 l 层中，截至生成第 t 个单词的隐状态；$\boldsymbol{s}_t = (s_1, \cdots, s_t)$ 表示该预训练模块生成的序列；Transformer$(\cdot)$ 表示预训练的 Transformer 模块；L_D 表示 Transformer 的层数；$\boldsymbol{W}_L$ 和 $\boldsymbol{b}$ 表示可学习参数。然后，GRF 使用一个显式推断过程在常识知识图谱中进行知识推理。具体来说，将知识图谱中在文本中出现的节点分数设为 1，把其他节点设为 0。对于那些没有被访问过的节点 $v \in \mathcal{V}$，它的分数将被以如下方式计算：

$$
\begin{aligned}
R(u, r, v) &= \sigma(\boldsymbol{h}_{u,r,v}^{\top} \boldsymbol{W}_{\text{sim}} \boldsymbol{u}_t^{(L_D)}), \\
\boldsymbol{h}_{u,r,v} &= [\boldsymbol{h}_u^{(L_G)}, \boldsymbol{h}_r^{(L_G)}, \boldsymbol{h}_v^{(L_G)}], \\
\text{ns}(v) &= f\left(\{\gamma \text{ns}(u) + R(u, r, v), (u, r) \in \mathcal{N}(v)\}\right),
\end{aligned} \tag{15-10}
$$

式中，$R(u, r, v)$ 表示一个三元组的相关性得分，通过前面学习的表征计算；$\text{ns}(v)$ 表示节点的得分；$f(\cdot)$ 表示计算分数的函数，可以取最大值或求均值；γ 表示一个衰减因子以控制不同阶邻居的影响程度；$\boldsymbol{W}_{\text{sim}}$ 是可学习参数。直观来说，式 (15-10) 中的推理模块采用一个递归计算的方式，通过当前解码器的状态和知识图谱的三元组表征，不断通过邻居动态更新节点的得分，以考虑图上高阶关系的影响。在若干阶的知识图谱推断之后，常识知识图谱中所有节点的概率分布可以被计算如下：

$$
\Pr(c_t|\boldsymbol{s}_{t-1}, \mathcal{G}) = \text{softmax}\left(\{\text{ns}(v), v \in \mathcal{V}\}\right), \tag{15-11}
$$

式中，c_t 表示在 t 时刻选择到的知识图谱中的一个节点，即 $\boldsymbol{c}_t = (c_1, \cdots, c_t)$ 是该推理模块生成的序列。对于下一个词的最终条件概率分布建模，GRF 采用门控方式以融合常识知识图谱和预训练 Transformer 的结果：

$$
\begin{aligned}
g_t &= \sigma(\boldsymbol{W}_{\text{gate}} \boldsymbol{u}_t^{(L_D)}), \\
\Pr(y_t|\boldsymbol{y}_{t-1}, \boldsymbol{x}, \mathcal{G}) &= g_t \Pr(c_t|\boldsymbol{s}_{t-1}, \mathcal{G}) + (1 - g_t) \Pr(s_t|\boldsymbol{s}_{t-1}),
\end{aligned} \tag{15-12}
$$

式中，$\boldsymbol{W}_{\text{gate}}$ 是门控机制的可学习参数；$\boldsymbol{y}_t=(y_1,\cdots,y_t)$ 是该模型最终的输出。

MGCN（Multi-Graph Convolutional Networks）[388] 则将知识图谱分解为六种关系的图并分别建模，包括自环图、原始关系图、反向原始关系图、原始知识图谱、反向原始知识图谱和全局图。针对六个不同的图，MGCN 分别使用图卷积神经网络建模，然后再融合不同图的表征以抽取图的关系信息。

LDGCNs（Lightweight Dynamic Graph Convolutional Networks）[389] 是一种轻量级的动态图卷积网络，在保证训练参数数量较少和网络轻量级的同时，考虑多阶邻居和非局域操作对图卷积网络的影响，以在抽象语义表示图上执行文本生成任务。轻量级动态图卷积网络采用一个门控方式融合不同阶邻居的信息，具体计算方式为

$$
\begin{aligned}
\boldsymbol{G}_k^{(l)} &= (1-\lambda_k)\odot\sigma(\boldsymbol{A}^k\boldsymbol{H}^{(l)}\boldsymbol{W}^{(l)}+\boldsymbol{b}^{(l)}),\\
\boldsymbol{H}^{(l+1)} &= \left(1-\frac{1}{K-1}\sum_{1<k<K}\boldsymbol{G}_k^{(l)}\right)\odot\phi(\boldsymbol{A}\boldsymbol{H}^{(l)}\boldsymbol{W}^{(l)}+\boldsymbol{b}^{(l)})\\
&\quad+\frac{1}{K-1}\sum_{1<k<K}\boldsymbol{G}_k^{(l)}\odot\phi(\boldsymbol{A}^k\boldsymbol{H}^{(l)}\boldsymbol{W}^{(l)}+\boldsymbol{b}^{(l)}),
\end{aligned}
\tag{15-13}
$$

式中，$\boldsymbol{G}_k^{(l)}$ 表示第 l 层中用于控制第 k 阶邻居的邻接矩阵 $\boldsymbol{A}^k$ 与一阶邻接矩阵 $\boldsymbol{A}$ 的门控矩阵；$\boldsymbol{H}^{(l)}$ 为节点第 l 层的表征；$\boldsymbol{W}^{(l)}$ 和 $\boldsymbol{b}^{(l)}$ 为可学习参数；K 为预设的最大阶数。为了更好地融合非局部的信息，LDGCNs 使用稠密连接的方式来构建每个隐层，即将式 (15-13) 中的 $\boldsymbol{H}^{(l)}$ 替换为

$$
\hat{\boldsymbol{H}}^{(l)}=[\boldsymbol{H}^{(0)},\boldsymbol{H}^{(1)},\cdots,\boldsymbol{H}^{(l-1)},\boldsymbol{H}^{(l)}]. \tag{15-14}
$$

实验结果表明，LDGCNs 可以在有效减少参数量的情况下取得优异的性能。

15.4 问答系统

问答系统，特别是涉及多步推理的问题，需要对自然语言信息进行更复杂的建模并允许模型进行更复杂的推理。由于图可以显式地建模数据之间的关系，考虑图表征学习的问答系统正受到越来越多的关注，特别是辅助深度学习算法完成多跳问答任务。总体来说，问答系统从数据中建模图结构的方式可以大概分为三种。第一种方式直接从相关文本中提取和任务有关的实体，将实体作为节点构建整个图结构，边则考虑实体在相关文本中的位置信息（比如共现信息、上下文信息等）进行构造[390–393]。第二种方式和文本分类任务中 TextGCN[367] 的图构造方

式相似，将文本、句子、单词、实体都作为图中的一部分，建模更加丰富的关系信息 [394,395]。第三种方式通过其他辅助信息构建图结构，比如知识图谱、表格数据和关系数据等 [396–399]。

在构建好关系图之后，问答系统的问题回答一般分成三个步骤：节点表征初始化、图的消息传递、答案分类与问题求解。接下来，以 EntityGCN [392] 为例，具体介绍问答系统的构建过程。该方法旨在通过建立文档中的实体关系图来更有效地学习表征，从而进行多跳推理，并从构建的图中得到问题答案。对于一个问答数据集 $\langle q, S_q, C_q, a^* \rangle$，其中 q 是查询问题，S_q 是其对应的文档数据集，C_q 是候选答案的集合，其中每个元素均是支持集 S_q 中出现过的实体，$a^* \in C_q$ 是最终的答案。另有一个由三元组 $\langle s, r, o \rangle$ 构成的知识图谱，s 是主语实体，o 是宾语实体，r 为它们之间的关系。根据问题所代表的查询对 $q = \langle s, r, ? \rangle$ 提取所有相关实体来组成图的节点，并采用以下三种方式构造节点间的边：通过文档共同出现信息连接的文档边、通过判断是否为相同实体的匹配边，以及通过判断是否处在相同引用链上的共引用边。同时，为了处理图中的孤立节点，额外增加第四种类型的边：如果两个节点之间没有上述三种边的任意种边，则用第四种边连接它们。第四种类型的边可以看作全连接图关于前三种边构成图的一个互补图。在构建图结构之后，EntityGCN 使用上下文信息感知的表征模型 ELMo（Embeddings from Language Model）[400] 以及关系图卷积神经网络预测答案。具体来说，首先使用 ELMo 预训练模型建立问题感知的单词表征：

$$\hat{\boldsymbol{x}}_i = \mathcal{F}_x(\boldsymbol{q}, \boldsymbol{x}_i), \tag{15-15}$$

式中，$\mathcal{F}_x(\cdot)$ 表示一个多层感知机；$\boldsymbol{q}$ 表示问题的表征，由问题词对应的 ELMo 表征再通过一个双向循环神经网络编码；$\boldsymbol{x}_i$ 表示第 i 个候选答案的 ELMo 表征。之后，EntityGCN 采用如下的门控图卷积神经网络进行消息的聚合以及节点的表征更新：

$$\begin{aligned}
\boldsymbol{h}_i^{(0)} &= \hat{\boldsymbol{x}}_i, \\
\boldsymbol{m}_i^{(l)} &= \mathcal{F}_s(\boldsymbol{h}_i^{(l)}) + \frac{1}{|\mathcal{N}(i)|} \sum_{j \in \mathcal{N}(i)} \sum_{r \in \mathcal{R}_{i,j}} \mathcal{F}_r(\boldsymbol{h}_j^{(l)}), \\
\boldsymbol{g}_i^{(l)} &= \sigma(\mathcal{F}_a([\boldsymbol{m}_i^{(l)}, \boldsymbol{h}_i^{(l)}])), \\
\boldsymbol{h}_i^{(l+1)} &= \phi(\boldsymbol{m}_i^{(l)}) \odot \boldsymbol{g}_i^{(l)} + \boldsymbol{h}_i^{(l)} \odot (1 - \boldsymbol{g}_i^{(l)}),
\end{aligned} \tag{15-16}$$

式中，$\mathcal{N}(i)$ 表示节点 v_i 的所有邻居；$\mathcal{R}_{i,j}$ 表示上述定义的两个节点间四种可能的边；$\sigma(\cdot)$ 表示 tanh 非线性激活函数；$\phi(\cdot)$ 表示一个非线性激活函数；$\mathcal{F}_s(\cdot), \mathcal{F}_r(\cdot)\mathcal{F}_a(\cdot)$ 表示需要学习的变换函数；$\boldsymbol{m}_i^{(l)}$ 表示消息向量；$\boldsymbol{g}_i^{(l)}$ 表示门控向量。最终，经过 L

层的消息传递，最后的答案分布可以使用以下方式建模：

$$\Pr(c|q, C_q, S_q) \propto \exp\left(\max_{i\in\mathcal{V}_c} \mathcal{F}_o([\boldsymbol{q}, \boldsymbol{h}_i^{(L)}])\right), \tag{15-17}$$

式中，$\mathcal{F}_o(\cdot)$ 表示一个带参数的仿射变换；$\mathcal{V}_c$ 表示候选答案集合 C_q 对应的图上节点的集合。

15.5 其他任务

图表征学习还在自然语言处理的许多其他任务中被广泛地研究和使用，例如单词嵌入 [401,402]、命名实体识别（Named Entity Recognition）[403]、对话系统 [404–406]、机器翻译 [407] 和阅读理解 [408–410] 等。在这些任务中，不同方法同样通过挖掘自然语言中蕴含的丰富的图结构信息，例如句法树、语义依存信息、单词共现信息等，然后使用已有的或针对性设计的图神经网络等图表征学习方法，从图结构中提取任务相关的信息并辅助需要处理的任务。

15.6 本章小结

本章概括地介绍了自然语言处理中的图表征学习。可以说，图表征学习已经在自然语言处理的不同任务中均展现出了优势，并仍然在蓬勃发展。感兴趣的读者也可查阅更多相关文献，例如综述文献 [411]。

第 16 章
CHAPTER 16

组合优化

组合优化（Combinatorial Optimization）是一个跨学科的重要研究方向，涵盖优化、运筹学、离散数学和计算机科学等多个学科，且具有广泛的现实应用，例如车辆调度问题。直观来讲，组合优化通过从有限集中选择一个子集来优化一个目标函数，并在解空间施加约束。由于其离散的、非凸的性质，组合优化问题从计算复杂性理论的角度来看通常难以求解，其中很多是 NP 问题。许多组合优化问题可以被形式化为图数据上的问题，因此图是组合优化中的一个重要研究对象。例如，在旅行商问题（Travelling Salesman Problem，TSP）和其他车辆路线问题（Vehicle Routing Problem）中，输入数据即为图结构。此外，组合优化问题中的变量和约束条件可以建模为一个二部图，节点分别代表变量和约束条件，如果变量在约束条件中出现非零系数，则该变量和约束条件间连接一条边。因此，可以通过图表征学习方法建模并辅助求解组合优化问题。本章将介绍图表征学习在组合优化中的应用。本章内容主要参考了相关综述文献 [412]。

16.1 简介

通过机器学习方法辅助解决组合优化问题获得了研究者的广泛关注[413]，其中的核心假设是，利用数据中存在的一些已有模式，人们可以为实际场景开发更快、更有效的算法。例如，假设运输公司需要每天为同一个城市规划运输物品的车辆路线。虽然找到理论上最优的路线可能很难，但由于同一个城市不同时间的交通条件、货物种类、行驶时间可能有许多相似之处，因此可以通过机器学习方法从历史数据中学习到一定的规律和知识，从而辅助未来的规划。使用图表征学习解决组合优化问题面临如下几个重要挑战：

- 对于大部分图，节点编号可随意选择，即节点编号重新排序会保持原图的内在结构。因此，许多图组合优化问题满足 4.2 节介绍的节点编号置换等变性或置换不变性。例如，将旅行商问题中节点的编号随机打乱，其最优的路线会随编号同等地改变，而最优路线的长度保持不变①。如何建模图这种内在性质是模型设计的一个重要先验信息。

- 现实中，许多组合优化问题对应的图节点数很多，但图中的边非常稀疏。例如，对于一个车辆路线问题，图中由地址、路口等组成的节点的数目可能高达成千上万，但每个节点的度数往往较小，因为一个地址仅能和附近的地址相连接。因此，组合优化问题中的图表征学习方法需要能够利用图的稀疏性，以提升扩展至大规模图的能力。
- 除了图结构，图表征学习方法还需要处理图中的额外信息，例如问题相关的目标函数或约束。这些额外信息经常被表示为图中节点、边或全图的特征。
- 如本书所介绍，目前大多数图神经网络等图表征学习方法采用监督学习，因此需要大量的数据训练模型参数。在组合优化问题中，收集大量问题实例和对应的解作为训练数据在现实中往往很困难。因此，如何减少模型对大量训练数据的依赖并能很好地泛化是一个重要问题。

有一些上述挑战可以自然地被本书前面所介绍的一些图表征学习方法所部分解决。例如，符合消息传递的图神经网络可以自然地保持节点表征的置换等变性与图表征的置换不变性，且算法可以保持与边数呈线性关系的复杂度；第 8 章介绍的无监督学习与自监督学习可以减少对训练数据的依赖；第 12 章介绍的分布外泛化思想有助于提升图表征学习的泛化性等。综合上述情况，图神经网络等图表征学习方法已经被广泛地使用于组合优化，并在各种问题中被有效地应用。一个代表性的例子是文献 [415]，来自谷歌的研究者将图神经网络用于芯片设计。他们通过解决一个组合优化问题，优化芯片版面规划中的功率、性能和面积等目标，并应用于谷歌下一代张量处理器（Tensor Processing Unit，TPU）的设计。当然，应用于组合优化问题时，需要针对性地设计图表征学习模型，并和其他算法（例如强化学习、搜索算法等）进行有效的结合。本章后续将进行具体的介绍。

16.2 预备知识

本节介绍组合优化的一些背景知识。形式上来说，组合优化问题可以定义为一个三元组 (Ω, F, c)，其中 Ω 代表一个有限集合，$F \subseteq 2^{\Omega}$ 代表问题可行的集合，

① 事实上，除了置换相关的性质，许多图组合优化问题也满足对于平移、旋转、缩放等变换的等变性或不变性 [414]，在本书中不再展开介绍。

2^{Ω} 是 Ω 的幂集，$c\colon 2^{\Omega} \to \mathbb{R}$ 是目标函数，也称为成本函数。因此，组合优化问题的目标是在 F 中选择一个最优解 S^{*}，其在可行集 F 上最小化成本 c（不失一般性，这里仅考虑最小化问题，最大化问题可以被简单地转化，例如添加一个负号）。组合优化问题对应的判定问题（Decision Problem）是询问在可行集中是否存在一个元素，使得它的成本小于或等于给定值，即对于问题"$\exists S \in F, c(S) \leqslant k$"，回答是或否。

下面通过举例更直观地说明上述定义。TSP 是一个被广泛研究的图组合优化问题，旨在找到图中的一条回路，该回路访问且仅访问一次每个节点，并在最后回到出发节点，目标是使回路上边的权重之和最小。形式化来说，TSP 的输入为一个全连接的有向图 $\mathcal{G}$，每条边有一个权重 $w\colon \mathcal{E} \to \mathbb{R}$，每个可行的解是节点的一个全排列 $\sigma\colon \{0, \cdots, n-1\} \to \mathcal{V}$，$n = |\mathcal{V}|$ 表示节点数，使得以下目标函数在所有节点排列中最小：

$$c(\sigma) = \sum_{i=0}^{n-1} w\left((\sigma(i), \sigma(i+1)\right). \tag{16-1}$$

现实中许多组合优化问题（包括 TSP 和其他车辆路径问题等）都是 NP 的，目前在最坏的情况下无法保证可在多项式时间内求解。因此，现有用于组合优化问题的图表征学习方法主要用于帮助寻找好的可行解。此处，"好"代表该解的目标函数更小。此外，本书将不介绍组合优化问题的经典解法（例如线性规划方法等），感兴趣的读者可查阅相关文献。

16.3 寻找可行解

本节具体介绍图表征学习在寻找组合优化可行解方面的应用。对于这类方法，使用图表征学习的主要目的是改进已有的精确算法或启发式算法，使其可以从数据中学习规律并更快地找到好的可行解。为了追求高效性，许多算法无法保证求得最优解，但这类方法在实际场景中仍然十分有用，原因如下。首先，许多现实问题只对可行解的绝对质量感兴趣，而不是问题的最优值。例如，对于一个调度问题，决策者往往无法知道最优解（因为 NP 组合优化问题对应的判定问题也是 NP 的），而只对解的绝对质量（例如总的路程、总的消耗时间等）感兴趣。其次，一些问题即使需要最优解，但快速找到一个好的可行解同样重要。例如，一些科学或工程领域的常见情况是，首先需要获得一个好的可行解，然后就可以基于该解具体地分析问题，同时令一个最优解的求解器在后台继续运行，并不断更新可行解。因此，快速找到一个好的可行解有助于快速决策，或者帮助精确求解器更快的求解（有些组合优化问题的精确求解器需要一个较好的解作为初始化）。

接下来，介绍利用图表征学习方法解决若干代表性的组合优化问题，例如TSP、图着色等。按照学习方法的不同，分别介绍基于监督学习的方法、基于无监督学习的方法和基于强化学习的方法。

16.3.1 监督学习

对于要求解的组合优化问题，如果可以获得训练样本的一个或多个最优解，或者最优解的近似，则可采取监督学习的方式。监督学习下的组合优化问题方法可分为两种思路：一次性预测及与搜索模型结合。下文首先介绍这两种思路，然后介绍一些代表性的组合优化问题方法。

1. 一次性预测

在这里，仍以 TSP 为例介绍这类方法。Prates 等人 [416] 首先利用图神经网络在 TSP 的输入图数据上学习节点和全图的表征，然后直接使用该表征预测 TSP 的决策问题，即输入一个图和一个阈值 k，输出该图的最优 TSP 解的长度是否小于 k。由于决策问题仅需要回到是或否，可以将其建模为一个含有两个类别的图分类问题。为了考虑边的方向和边的权重，该方法采用了一个同时学习节点和边表征的消息传递图神经网络，并在节点和边之间进行消息传递。对于不同的阈值 k，该方法将其作为输入的边特征，与边的权重一起在图神经网络中编码。Lemos 等人 [417] 将该思想扩展至图着色（Graph Coloring）对应的决策问题，即对于一个给定的图和颜色的数量 k，是否可以对图中的节点进行 k 着色，满足相连节点的颜色均不同。虽然这种一次性预测方法可以直接地处理判定问题，但这类方法无法输出对应的可行解，且无法处理更复杂的约束条件。

2. 与搜索模型结合

另一类能获得可行解的方法是将图表征学习与搜索模型结合，以指导搜索过程。Joshi 等人 [418] 提出将监督模型与搜索结合以处理 TSP。在该模型中，带残差的门控图卷积网络 [419] 被用来学习边的表征，并输出每条边属于 TSP 最优环路的概率。随后，该模型使用贪心解码或集束搜索（Beam Search）寻找最终的环路。在一项后续研究中，Joshi 等人 [420] 更细致地分析了这种 TSP 的求解方法并说明，为了使监督学习的方法效果更好，将其与集束搜索这类更复杂的搜索过程相结合是有帮助的。其中一个主要原因在于，当一个问题存在多个最优解时，由于每个训练实例往往只有一个最优解作为训练样本，其监督信号较为有限，因此需要更有效的搜索过程作为辅助。

类似地，Li 等人 [421] 提出了一个使用图卷积神经网络的组合优化问题求解框架，通过将监督学习与树搜索或局部搜索等经典算法结合，以取得更好的结果。在训练阶段，该方法使用训练样本的最优解作为标签，最小化考虑跨多个预测的交叉熵损失函数，以鼓励产生多样性的解。在测试时，多个预测被传递到树搜索和局部搜索中，以帮助寻找高质量的解。作者在多个组合优化问题，包括可满足性（Satisfiability, SAT）、最大独立集（Maximal Independent Set，MIS）、最小节点覆盖（Minimum Vertex Cover，MVC）、最大团（Maximal Clique，MC）等问题上进行了实验，并验证了算法的有效性。但是需要说明，也有对该方法的批判，例如 Bother 等人[422] 通过更加完备的实验设定，说明上述方法效果的提升并非来自图卷积神经网络学习到的图表征，而可以被替换为随机的表征，并通过新的实验证明，无监督学习方式更适合用图表征学习来解决最大独立集等问题。

接下来，介绍一些用于解决代表性组合优化问题的具体方法。

3. 图匹配相关问题

除了 TSP，也有方法使用图神经网络来处理图匹配（Graph Matching）问题。图匹配是指找到两个图之间的对齐方式，即将一个图中的节点与另一个图中的相似节点匹配以使得损失函数最小化。具体来说，Siamese-GNN [423] 使用图神经网络学习两个图中每个节点的表征，并学习反映两个图中节点之间相似性的注意力得分。Siamese-GNN 使用成对和三元组损失函数来训练图神经网络。Fey 等人[424] 针对图匹配问题提出了一个两阶段的训练方式。在第一阶段，图神经网络学习节点表征，并根据局部邻居信息计算节点之间的相似性得分。为了减少第一阶段仅考虑局部性质而导致的潜在错误匹配问题，方法的第二阶段采用了一种可微分的迭代改进策略，以学习到更好的匹配。

GraphSIM [425] 是用于处理最大公共子图（Maximum Common Sub-graph）和计算图编辑距离（Edit Distance）的一个图神经网络架构。其核心思想是，首先通过图神经网络学习两个目标图的节点表征，然后根据两个图中每对节点的表征计算相似度矩阵，最后使用一个普通的卷积神经网络计算两个图之间的相似度得分。

Nowak 等人[426] 则以监督学习方式训练图神经网络，以处理二次分配问题（Quadratic Assignment Problem）。二次分配问题是优化和运筹学中的一个基本组合优化问题：将两个目标集合中的元素一一匹配，以最小化某个目标函数。为处理该问题，作者将二次分配问题表示为两个邻接矩阵，并将两个邻接矩阵对应的图作为图神经网络的输入。

4. 混合整数规划问题

混合整数规划（Mixed Integer Programming）问题指整数规划问题中自变量的类型可能是整数也可能不是整数，是一类常见和通用的组合优化问题。Ding 等人[427] 探索利用图神经网络来启发式地辅助解决混合整数规划问题。首先，作者将混合整数规划问题转化为三分图，节点分别表示变量、约束和优化目标。如果约束中某个变量的系数非零，则该变量节点和约束节点间连接一条边。优化目标对应的节点则与所有其他节点间连接边。图神经网络用于预测每个二进制变量应该取 0 或取 1，即节点的二分类问题。然后，利用图神经网络输出的二进制变量赋值预测，该方法采用现有的混合整数规划问题方法求解。由于混合整数规划问题标注训练数据的成本很高，因此该方法进一步将节点的二进制标签设为变量是否稳定，即判断在给定的一组可行解中，变量的取值是否会发生改变，以更容易地收集训练数据。

基于混合整数规划问题的局部分支（Local Branching）算法，Liu 等人[428] 使用图神经网络预测算法需要探索的邻域初始大小，并且利用强化学习进行训练，以在后续局部分支的迭代中动态地调整邻域大小。

Neural Diving[429] 是一种用于整数线性规划的邻域启发式搜索算法。该方法包含两个步骤。首先在使用变量和约束关系构造的二部图上，通过能量函数训练图神经网络预测变量可行的赋值。其中，更好的目标函数值对应更高的概率，图神经网络则用于产生暂时的赋值分配。在第二步中，舍弃其中一些赋值并固定剩余变量的值，然后由整数规划问题求解器重新计算子整数线性规划问题的解。在该步骤中，同时训练了一个二分类器，以判断哪些变量的赋值应该在第二步中被舍弃。

上述基于监督学习范式的求解混合整数规划问题的方法，均在一定程度上与搜索算法相结合，通过利用专门的混合整数规划问题求解器来严格满足线性约束。

5. 可满足性问题

可满足性问题，即对于一个包含变量的布尔公式，询问是否存在一组变量的赋值，使布尔公式的值为真，是一个最经典的组合优化问题。NeuroSAT[430] 是一种以端到端方式通过图神经网络处理可满足性问题的模型。在将可满足性问题转化为合取范式后，NeuroSAT 构图方式为，每个子句（Clause）和每个逻辑（Literal）各对应一个节点，子句和逻辑的从属关系构成边，并在每个逻辑和其取非的逻辑间构建另一种类型的边。然后，NeuroSAT 在图上训练一个消息传递图神经网络，并直接预测可满足性问题是否可被满足，即一次性预测方法。尽管 NeuroSAT 还无法与当前最先进的可满足性问题求解器相比，但通过结合图表征学习技术，NeuroSAT 有很大的发展空间。例如，Cameron 等人[431] 进一步分析了 NeuroSAT，发现该方法在一些问题的设定下可以比传统求解器取得更优的结果，并且能够泛化到更大规模的实例。NeuroGIFT[432] 是对 NeuroSAT 的另一项改进。NeuroGIFT 作者认为，NeuroSAT 效果不够理想的原因在于学习通用可满足性问题的求解器是十分困难的。因此，他们提出训练另一个基于神经网络的求解器 NeuroGIFT，该模型仅用于求解一类特殊的基于密码分析的可满足性问题。NeuroGIFT 在该类问题上可以比传统求解器有更大幅度的提升。

Abboud 等人[433] 则提出学习一个布尔公式析取范式中可以被满足的赋值数量。为处理该问题，作者在布尔公式构造的图上以监督学习方式训练图神经网络，并输出高斯分布，损失函数则是预测分布和真实分布之间的 KL 散度。

16.3.2 无监督学习

接下来，介绍无监督学习范式下用于组合优化问题的图表征学习方法。与监督学习使用训练样本的最优解或者最优解的近似作为监督信号不同，无监督学习方法往往直接优化组合优化问题的目标函数（例如 TSP 中回路的长度），并通过设计合适的正则项以考虑约束。因此，无监督学习不需要使用训练样本的最优解，从而避免了监督学习中难以收集训练样本的问题。

RUN-CSP（Recurrent Unsupervised Neural network for Constraint Satisfaction Problems）[434] 是一种无监督地解决图上的带约束优化问题的方法。具体来说，RUN-CSP 使用无监督损失函数来训练图神经网络，以反映当前解遵守约束条件的程度。作者实验证明，RUN-CSP 方法可以有效地处理最大独立集、最大割等问题，并可以泛化到比训练样本更大规模的问题实例上。

DG-DAGRNN（Deep-Gated Directed Acyclic Graph Recurrent Neural Network）[435] 同样用无监督学习方法处理电路可满足性问题。与可满足性问题类似，电路可满足性是指给定一个由与、或、非门组成的布尔电路，是否存在电路的一种输入赋值使得电路的输出为真。由于电路可满足性问题中的布尔电路可以表示为有向无环图，DG-DAGRNN 直接采用有向无环图结构作为输入，训练则采用了一个新的无监督损失函数，当该损失函数最小化时，模型更可能产生使得电路输入为真的变量赋值。

TilinGNN[436] 则处理二维平面的非周期性平铺（tiling）问题。该问题旨在使用一种或多种类型的输入平铺来覆盖任意二维形状，使得目标形状在不包含重叠时尽可能被输入所覆盖。首先，TilinGNN 将二维平铺转化为一个图，图中节点代表目标形状可能的平铺点，边代表平铺点之间的相对关系。然后，TilingGNN 采用图神经网络学习节点表征，并采用了一个包含三项的自监督学习损失函数：最大化一个区域的平铺覆盖范围、最小化平铺间的重叠，以及避免形状中的孔洞。由于该目标函数直接基于目前采用的平铺计算，模型不需要训练样本最优的平铺作为标签，因此 TilinGNN 属于无监督学习范式。不同数据集上的实验证明，TilinGNN

可以有效地解决超过 2,000 个各种二维形状的平铺，例如月亮、蝴蝶和乌龟等。

ErdosGNN [437] 是一种具有理论保证的无监督学习方法，可以处理一般性组合优化问题。具体来说，ErdosGNN 通过最小化概率损失函数，训练图神经网络在节点子集上生成分布，以表示给定组合优化问题可能的解。为了保证生成整数解，ErdosGNN 使用序列解码进行连续值的随机化，并证明采用这样做法产生的解可以大概率地服从问题特定的约束项。ErdosGNN 在最大团和图聚类问题上实验验证了算法的有效性。

ContrastiveSAT [438] 则重新分析了对比学习用于布尔可满足性问题的效果。首先，ContrastiveSAT 通过保持标签信息不变的数据增强方法，生成每个可满足性问题实例的多个视图。然后，最大化同一实例的不同视图间表征的一致性，作为对比学习中的正样本；同时，最小化不同实例产生表征之间的一致性，作为对比学习中的负样本。通过对比正样本和负样本来训练图神经网络编码器。实验表明，当采用 NeuroSAT 作为编码器时，ContrastiveSAT 通过使用少量标记的数据进行微调即可取得与监督学习类似的效果，但最大限度地降低了所需标签的数量。

16.3.3 强化学习

无论对于监督学习还是无监督学习方法，图表征学习都需要为组合优化问题输出对应解的候选集或一些相关的概率得分，然后生成组合优化问题的解。然而，对于许多组合优化问题，迭代构建算法是更自然的解决方案，这使得强化学习成了合适的学习工具。实际上，使用强化学习解决组合优化问题有很长的一段历史，可以追溯到深度学习兴起之前。本节将仅介绍强化学习与图表征学习结合的组合优化问题方法。

戴涵俊等人 [439] 是最早提出使用强化学习处理图上组合优化问题的学者之一，其提出方法的核心思想是，使用图神经网络作为强化学习 DQN（Deep Q-Network）中价值函数的近似。作者使用图神经网络来学习节点的表征，然后使用强化学习，并采用贪心的方式选取策略。例如，仍以 TSP 为例，该方法基于学习到的图表征计算节点属于最优环路的概率，每次贪心地选择概率最大的节点添加到选择的环路中，起始节点则被任意选择。基于这种贪心策略可以保证获得可行的解，并采用最终环路的长度作为强化学习的奖励函数。对于大图，考虑到用图神经网络在完全图上的计算成本会很高，所以该方法采用 k-近邻图代替完全图。除 TSP 外，该方法还将类似思路应用于最大割和最小节点覆盖问题。

Kool 等人 [440] 则将强化学习应用于路径规划相关的组合优化问题。具体来说，作者使用图注意力网络构造了一个编码器-解码器架构，并使用 REINFORCE 强化学习算法来训练。作者认为，图注意力网络中的注意力机制允许每个节点学习其他节点对其自身表征的重要性，因此这种模型设计有助于处理组合优化问题。作者在若干个路径规划相关问题，包括 TSP、容量约束的车辆路径问题（Capacitated Vehicle Routing Problem，CVRP）、定向运动问题（Orienteering Problem）和奖金收集旅行商问题（Prize Collecting TSP，PCTSP）等验证了算法的有效性。该方法针对每种类型的问题调整了编码器-解码器模型，以适应每类问题的特殊性。此外，随着研究者关注于更多的组合优化问题，以及对图表征学习更深入的研究，类似的学习范式也可以被容易地扩展。

前面介绍的组合优化问题中的约束相对容易满足。例如，TSP 的可行解是在所有节点上构成一个环路，因此构造解时只需要考虑每个节点是否被访问过，并在形成一个环路后立即判断已经形成了一个解。这些约束均可以通过适当地调整强化学习的动作空间来施加，因此模型和训练过程仅需关注于如何优化奖励函数。然而，在许多实际问题中，一些约束条件可能更难以被满足。例如，对于具有时间窗口的 TSP（TSP with Time Windows，TSPTW），只能在每个节点特定的时间窗口内访问该节点。因此，一个容易发生的问题是由于错过部分节点的时间窗口，无法访问所有的节点并导致解无效。为了处理该约束，Ma 等人[441] 提出使用层次强化学习来处理 TSPTW，每层对应一个不同的强化学习任务并采用不同的奖励函数。低层奖励函数鼓励产生符合约束条件的可行解，高层奖励函数则处理原优化问题。LwD（Learning what to Defer）[442] 提出使用延迟的（deferred）马尔可夫决策过程处理组合约束。在每次迭代中，强化学习中的智能体决定是进行决策，还是将决策推迟到后续迭代中再执行。这种延迟策略可以使智能体能够先关注于简单的决策，并将困难的决策推后。一般来说，组合优化问题的候选集合会随着决策过程逐渐变小，因此强化学习方法可以通过延迟更容易地得到更优的解。

Yolcu 和 Poczos[443] 提出将 SAT 问题建模为一个二部图，并使用强化学习在随机局部搜索过程中学习变量的分配。与 NeuroSAT 为每个逻辑和其取非逻辑各构造一个节点不同，该方法将是否取非的信息标记在边的类型上。然后，作者使用由图神经网络参数化的 REINFORCE 强化学习方法来建模并学习。

16.4 本章小结

本章介绍了如何使用图表征学习以辅助解决组合优化问题，并按照训练策略将其分为监督学习、无监督学习与强化学习三部分。由于组合优化问题广泛存在，且具有很高的研究与应用价值，该方向同样在快速发展中。但同时，也有部分相关研究受到了一定批评 [422,444]。因此，用图表征学习辅助求解组合优化问题时也要保持谨慎，并尽量完善实验的设计。总体而言，图表征学习应用于组合优化问题是机器学习与传统人工智能与数学问题研究交叉融合的一个缩影，也是科学智能（AI for Science）的重要组成部分，充满着新的机遇与挑战。

第 17 章
CHAPTER 17

图表征学习展望

如本书前文所述，图表征学习在经历了十余年发展后，已经成了机器学习与数据挖掘不可或缺的重要分支。为了处理图数据面临的动态开放环境挑战，图表征学习仍在不断发展。最后，我们将分享对于图表征学习的一些展望。

1. 新的图表征学习模型

虽然本书已经介绍了许多图表征学习模型，但随着机器学习的发展，更多、更新的图表征学习模型仍在不断涌现。例如，在本书写作的 2022 年，图 Transformer 和图上的扩散模型（Diffusion Model）开始受到关注；如何设计图表征学习模型，使其在图同构问题上超越 1-WL 测试，在近 3 年来也有不少相关研究。我们期待这些新的图表征学习模型可以继续提升性能，并使图表征学习应用在更广泛的领域中。

2. 更深入的图表征学习理论分析

在第 4 章中，我们介绍了一些图表征学习的理论分析。虽然这些研究在一定程度上加深了对图表征学习的理解，但与一般深度学习与机器学习类似，这些分析可能只是冰山一角，还有许多方面有待继续深入探索。更深入的图表征学习理论分析也会启发设计新的、更有效的模型。

3. 图表征学习模型的效率与可扩展性

为了处理大规模图，图表征学习的可扩展性是一直受到关注的方向，并发展出了基于采样、图分割等多种类型的方法。此外，为了进一步增强图表征学习模型的效率，特别是在资源受限场景中，也有研究开始关注于为图表征学习进行加速（例如模型压缩或者轻量级模型）以及设计专门的硬件（例如专用的芯片或处理器）。这些研究将为图表征学习在大规模图数据的部署上提供帮助。

4. 图表征学习系统

随着图表征学习研究与应用的深入，不少针对图表征学习的系统被研制出来，以更好地辅助研究者与应用者。这些系统既包括 1.1 节所提到的诸多图表征学习开源库与工具包，也有企业内部开发的系统。部分系统还考虑了与大规模图数据库的结合、支持并行与分布式计算、针对特殊硬件的加速等。这些系统层面的研究将有效降低图表征学习研究与应用的门槛，并提升图表征学习的性能。

5. 更广泛与深入的应用

在第 3 篇中，我们介绍了图表征学习的几个代表性的应用。在未来，图表征学习还可在更多不同领域发挥其强大的建模能力。本书中未涉及，但已经大量采用图表征学习的方向包括：计算机视觉、多媒体技术、程序分析、生物制药、材料科学、金融风控、物理系统模拟和微分方程求解等。此外，虽然图表征学习已经在一些互联网公司的部分业务上线应用，但也有许多领域的图表征学习仍处在研发与测试阶段，可能在未来有所突破。在真实应用中充分发挥图表征学习的能力还需要更完善地融入领域知识，并需要更多研究者与从业者进行研究与开发。

总而言之，图表征学习已经成了机器学习工具箱中一类常用且有效的模型，且仍是一个快速发展的领域，充满着机遇与挑战，也期待更多人能够加入图表征学习的研究与应用中。

参考文献

[1] NEWMAN M. Networks: An introduction[M]. [S.l.]: Oxford university press, 2018.

[2] VELICKOVIC P, FEDUS W, HAMILTON W L, et al. Deep graph infomax[C]// International Conference on Learning Representations. [S.l.: s.n.], 2019.

[3] ZHOU Z H. Open-environment machine learning[J]. National Science Review, 2022b, 9 (8).

[4] ZANG C, CUI P, FALOUTSOS C. Beyond sigmoids: The nettide model for social network growth, and its applications[C]//Proceedings of the 22nd ACM SIGKDD international conference on knowledge discovery and data mining. [S.l.: s.n.], 2016: 2015-2024.

[5] MORSELLI GYSI D, DO VALLE Í, ZITNIK M, et al. Network medicine framework for identifying drug-repurposing opportunities for covid-19[J]. Proceedings of the National Academy of Sciences, 2021, 118(19).

[6] ZHANG Z, CUI P, ZHU W. Deep learning on graphs: A survey[J]. IEEE Transactions on Knowledge and Data Engineering, 2020a.

[7] CUI P, WANG X, PEI J, et al. A survey on network embedding[J]. IEEE Transactions on Knowledge and Data Engineering, 2018, 31(5): 833-852.

[8] LEE J B, ROSSI R, KONG X. Graph classification using structural attention[C]// Proceedings of the 24th ACM SIGKDD International Conference on Knowledge Discovery & Data Mining. [S.l.: s.n.], 2018: 1666-1674.

[9] PEROZZI B, AL-RFOU R, SKIENA S. Deepwalk: Online learning of social representations[C]//Proceedings of the 20th ACM SIGKDD international conference on Knowledge discovery and data mining. [S.l.: s.n.], 2014: 701-710.

[10] MIKOLOV T, SUTSKEVER I, CHEN K, et al. Distributed representations of words and phrases and their compositionality[C]//Advances in neural information processing systems. [S.l.: s.n.], 2013: 3111-3119.

[11] TANG J, QU M, WANG M, et al. Line: Large-scale information network embedding[C]//Proceedings of the 24th international conference on world wide web. [S.l.: s.n.], 2015: 1067-1077.

[12] GROVER A, LESKOVEC J. node2vec: Scalable feature learning for networks[C]// Proceedings of the 22nd ACM SIGKDD international conference on Knowledge discovery and data mining. [S.l.: s.n.], 2016: 855-864.

[13] CAO S, LU W, XU Q. Grarep: Learning graph representations with global structural information[C]//Proceedings of the 24th ACM international on conference on information and knowledge management. [S.l.: s.n.], 2015: 891-900.

[14] OU M, CUI P, PEI J, et al. Asymmetric transitivity preserving graph embedding[C]//Proceedings of the 22nd ACM SIGKDD international conference on Knowledge discovery and data mining. [S.l.: s.n.], 2016: 1105-1114.

[15] HOCHSTENBACH M. A jacobi-davidson type method for the generalized singular value problem[J]. Linear Algebra and its Applications, 2009, 431(3): 471-487.

[16] ZHANG Z, CUI P, WANG X, et al. Arbitrary-order proximity preserved network embedding[C]//Proceedings of the 24th ACM SIGKDD International Conference on Knowledge Discovery and Data Mining. [S.l.: s.n.], 2018a: 2778-2786.

[17] QIU J, DONG Y, MA H, et al. Network embedding as matrix factorization: Unifying deepwalk, line, pte, and node2vec[C]//Proceedings of the Eleventh ACM International Conference on Web Search and Data Mining. [S.l.: s.n.], 2018: 459-467.

[18] WANG D, CUI P, ZHU W. Structural deep network embedding[C]//Proceedings of the 22nd ACM SIGKDD international conference on Knowledge discovery and data mining. [S.l.: s.n.], 2016: 1225-1234.

[19] CAO S, LU W, XU Q. Deep neural networks for learning graph representations[C]//Thirtieth AAAI conference on artificial intelligence. [S.l.: s.n.], 2016.

[20] GORI M, MONFARDINI G, SCARSELLI F. A new model for learning in graph domains[C]//Proceedings. 2005 IEEE International Joint Conference on Neural Networks, 2005.: volume 2. [S.l.: s.n.], 2005: 729-734.

[21] SCARSELLI F, GORI M, TSOI A C, et al. The graph neural network model[J]. IEEE Transactions on Neural Networks, 2008, 20(1): 61-80.

[22] MICHELI A. Neural network for graphs: A contextual constructive approach[J]. IEEE Transactions on Neural Networks, 2009, 20(3): 498-511.

[23] CHUNG F R, GRAHAM F C. Spectral graph theory[M]. [S.l.]: American Mathematical Soc., 1997.

[24] BRUNA J, ZAREMBA W, SZLAM A, et al. Spectral networks and locally connected networks on graphs[J]. International Conference on Learning Representations, 2014.

[25] DEFFERRARD M, BRESSON X, VANDERGHEYNST P. Convolutional neural networks on graphs with fast localized spectral filtering[C]//Advances in neural information processing systems. [S.l.: s.n.], 2016: 3844-3852.

[26] KIPF T N, WELLING M. Semi-supervised classification with graph convolutional networks[C]//International Conference on Learning Representations. [S.l.: s.n.], 2017.

[27] VELICKOVIC P, CUCURULL G, CASANOVA A, et al. Graph attention networks[C]//International Conference on Learning Representations. [S.l.: s.n.], 2018.

[28] VASWANI A, SHAZEER N, PARMAR N, et al. Attention is all you need[C]//Advances in neural information processing systems. [S.l.: s.n.], 2017: 5998-6008.

[29] ZHANG J, SHI X, XIE J, et al. Gaan: Gated attention networks for learning on large and spatiotemporal graphs[C]//34th Conference on Uncertainty in Artificial Intelligence 2018, UAI 2018. [S.l.: s.n.], 2018b.

[30] WANG X, JI H, SHI C, et al. Heterogeneous graph attention network[C]//The World Wide Web Conference. [S.l.: s.n.], 2019a: 2022-2032.

[31] MIN E, CHEN R, BIAN Y, et al. Transformer for graphs: An overview from architecture perspective[J]. arXiv preprint arXiv:2202.08455, 2022.

[32] DUVENAUD D K, MACLAURIN D, IPARRAGUIRRE J, et al. Convolutional networks on graphs for learning molecular fingerprints[C]//Advances in neural information processing systems. [S.l.: s.n.], 2015: 2224-2232.

[33] SCHLICHTKRULL M, KIPF T N, BLOEM P, et al. Modeling relational data with graph convolutional networks[C]//European Semantic Web Conference. [S.l.: s.n.], 2018: 593-607.

[34] SIMONOVSKY M, KOMODAKIS N. Dynamic edge-conditioned filters in convolutional neural networks on graphs[C]//Proceedings of the IEEE conference on computer vision and pattern recognition. [S.l.: s.n.], 2017: 3693-3702.

[35] WANG X, BO D, SHI C, et al. A survey on heterogeneous graph embedding: methods, techniques, applications and sources[J]. IEEE Transactions on Big Data, 2022a.

[36] LIU H, ZHANG Z, CUI P, et al. Signed graph neural network with latent groups[C]// Proceedings of the 27th ACM SIGKDD Conference on Knowledge Discovery & Data Mining. [S.l.: s.n.], 2021a: 1066-1075.

[37] TU K, CUI P, WANG X, et al. Structural deep embedding for hyper-networks[C]// Thirty-Second AAAI Conference on Artificial Intelligence. [S.l.: s.n.], 2018.

[38] GILMER J, SCHOENHOLZ S S, RILEY P F, et al. Neural message passing for quantum chemistry[C]//International Conference on Machine Learning. [S.l.: s.n.], 2017: 1263-1272.

[39] LI Y, TARLOW D, BROCKSCHMIDT M, et al. Gated graph sequence neural networks[C]//International Conference on Learning Representations. [S.l.: s.n.], 2015.

[40] BATTAGLIA P, PASCANU R, LAI M, et al. Interaction networks for learning about objects, relations and physics[C]//Advances in neural information processing systems. [S.l.: s.n.], 2016: 4502-4510.

[41] KEARNES S, MCCLOSKEY K, BERNDL M, et al. Molecular graph convolutions: moving beyond fingerprints[J]. Journal of computer-aided molecular design, 2016, 30 (8): 595-608.

[42] SCHÜTT K T, ARBABZADAH F, CHMIELA S, et al. Quantum-chemical insights from deep tensor neural networks[J]. Nature communications, 2017, 8(1): 1-8.

[43] CHEN M, WEI Z, HUANG Z, et al. Simple and deep graph convolutional networks[J]. International Conference on Machine Learning, 2020a: 1725-1735.

[44] XU K, LI C, TIAN Y, et al. Representation learning on graphs with jumping knowledge networks[C]//Proceedings of the 35th International Conference on Machine Learning: volume 80. [S.l.: s.n.], 2018: 5449-5458.

[45] ZHANG Z, NIU C, CUI P, et al. Permutation-equivariant and proximity-aware graph neural networks with stochastic message passing[J]. IEEE Transactions on Knowledge and Data Engineering, 2022a.

[46] MONTI F, BOSCAINI D, MASCI J, et al. Geometric deep learning on graphs and manifolds using mixture model cnns[C]//Proceedings of the IEEE conference on computer vision and pattern recognition. [S.l.: s.n.], 2017: 5115-5124.

[47] ATWOOD J, TOWSLEY D. Diffusion-convolutional neural networks[C]//Advances in neural information processing systems. [S.l.: s.n.], 2016: 1993-2001.

[48] BATTAGLIA P W, HAMRICK J B, BAPST V, et al. Relational inductive biases, deep learning, and graph networks[J]. arXiv preprint arXiv:1806.01261, 2018.

[49] VON LUXBURG U. A tutorial on spectral clustering[J]. Statistics and computing, 2007, 17(4): 395-416.

[50] DHILLON I S, GUAN Y, KULIS B. Weighted graph cuts without eigenvectors a multilevel approach[J]. IEEE transactions on pattern analysis and machine intelligence, 2007, 29(11): 1944-1957.

[51] SHUMAN D I, FARAJI M J, VANDERGHEYNST P. A multiscale pyramid transform for graph signals[J]. IEEE Transactions on Signal Processing, 2015, 64(8): 2119-2134.

[52] YING Z, YOU J, MORRIS C, et al. Hierarchical graph representation learning with differentiable pooling[C]//Advances in Neural Information Processing Systems. [S.l.: s.n.], 2018a: 4800-4810.

[53] GAO H, JI S. Graph u-nets[C]//International Conference on Machine Mearning. [S.l.: s.n.], 2019: 2083-2092.

[54] RONNEBERGER O, FISCHER P, BROX T. U-net: Convolutional networks for biomedical image segmentation[C]//International Conference on Medical image computing and computer-assisted intervention. [S.l.: s.n.], 2015: 234-241.

[55] LEE J, LEE I, KANG J. Self-attention graph pooling[C]//International Conference on Machine Learning. [S.l.: s.n.], 2019: 3734-3743.

[56] MA Y, WANG S, AGGARWAL C C, et al. Graph convolutional networks with eigenpooling[C]//Proceedings of the 25th ACM SIGKDD International Conference on Knowledge Discovery & Data Mining. [S.l.: s.n.], 2019a: 723-731.

[57] VINYALS O, BENGIO S, KUDLUR M. Order matters: Sequence to sequence for sets[C]//International Conference on Learning Representations. [S.l.: s.n.], 2015.

[58] ZHANG M, CUI Z, NEUMANN M, et al. An end-to-end deep learning architecture for graph classification[C]//Proceedings of the AAAI Conference on Artificial Intelligence: volume 32. [S.l.: s.n.], 2018c.

[59] PHAM T, TRAN T, DAM H, et al. Graph classification via deep learning with virtual nodes[J]. arXiv preprint arXiv:1708.04357, 2017.

[60] OPPENHEIM A V. Discrete-time signal processing[M]. [S.l.]: Pearson Education India, 1999.

[61] WU F, JR. A H S, ZHANG T, et al. Simplifying graph convolutional networks[C]// Proceedings of the 36th International Conference on Machine Learning: volume 97. [S.l.: s.n.], 2019a: 6861-6871.

[62] DONNAT C, ZITNIK M, HALLAC D, et al. Learning structural node embeddings via diffusion wavelets[C]//Proceedings of the 24th ACM SIGKDD International Conference on Knowledge Discovery & Data Mining. [S.l.: s.n.], 2018: 1320-1329.

[63] XU B, SHEN H, CAO Q, et al. Graph wavelet neural network[J]. International Conference on Learning Representations, 2020a.

[64] CHANG H, RONG Y, XU T, et al. Spectral graph attention network with fast eigen-approximation[C]//Proceedings of the 30th ACM International Conference on Information & Knowledge Management. [S.l.: s.n.], 2021: 2905-2909.

[65] Hammond D K, Vandergheynst P, Gribonval R. Wavelets on graphs via spectral graph theory[J]. Applied and Computational Harmonic Analysis, 2011, 30(2): 129-150.

[66] SHUMAN D I, NARANG S K, FROSSARD P, et al. The emerging field of signal processing on graphs: Extending high-dimensional data analysis to networks and other irregular domains[J]. IEEE signal processing magazine, 2013, 30(3): 83-98.

[67] MAEHARA T. Revisiting graph neural networks: All we have is low-pass filters[J]. arXiv preprint arXiv:1905.09550, 2019.

[68] LIM D, HOHNE F, LI X, et al. Large scale learning on non-homophilous graphs: New benchmarks and strong simple methods[J]. Advances in Neural Information Processing Systems, 2021, 34: 20887-20902.

[69] NGUYEN H, MAEHARA T. Graph homomorphism convolution[C]//International Conference on Machine Learning. [S.l.: s.n.], 2020: 7306-7316.

[70] ZHU J, YAN Y, ZHAO L, et al. Beyond homophily in graph neural networks: Current limitations and effective designs[J]. Advances in Neural Information Processing Systems, 2020, 33: 7793-7804.

[71] ZHU J, ROSSI R A, RAO A, et al. Graph neural networks with heterophily[C]// Proceedings of the AAAI Conference on Artificial Intelligence: volume 35. [S.l.: s.n.], 2021a: 11168-11176.

[72] WEISFEILER B, LEMAN A. The reduction of a graph to canonical form and the algebra which appears therein[J]. NTI, Series, 1968, 2(9): 12-16.

[73] XU K, HU W, LESKOVEC J, et al. How powerful are graph neural networks?[C]// International Conference on Learning Representations. [S.l.: s.n.], 2019a.

[74] MORRIS C, RITZERT M, FEY M, et al. Weisfeiler and leman go neural: Higher-order graph neural networks[C]//Proceedings of the AAAI Conference on Artificial Intelligence: volume 33. [S.l.: s.n.], 2019: 4602-4609.

[75] WIJESINGHE A, WANG Q. A new perspective on "how graph neural networks go beyond weisfeiler-lehman?"[C]//International Conference on Learning Representations. [S.l.: s.n.], 2022.

[76] BARCELó P, KOSTYLEV E V, MONET M, et al. The logical expressiveness of graph neural networks[C/OL]//International Conference on Learning Representations. 2020. https://openreview.net/forum?id=r1lZ7AEKvB.

[77] CYBENKO G. Approximation by superpositions of a sigmoidal function[J]. Mathematics of control, signals and systems, 1989, 2(4): 303-314.

[78] HORNIK K, STINCHCOMBE M, WHITE H. Multilayer feedforward networks are universal approximators[J]. Neural networks, 1989, 2(5): 359-366.

[79] KERIVEN N, PEYRÉ G. Universal invariant and equivariant graph neural networks[J]. Advances in Neural Information Processing Systems, 2019, 32.

[80] MARON H, BEN-HAMU H, SHAMIR N, et al. Invariant and equivariant graph networks[C]//International Conference on Learning Representations. [S.l.: s.n.], 2018.

[81] LOUKAS A. What graph neural networks cannot learn: depth vs width[J]. International Conference on Learning Representations, 2020.

[82] KRIZHEVSKY A, SUTSKEVER I, HINTON G E. Imagenet classification with deep convolutional neural networks[C]//Advances in neural information processing systems. [S.l.: s.n.], 2012: 1097-1105.

[83] HE K, ZHANG X, REN S, et al. Deep residual learning for image recognition[C]// Proceedings of the IEEE conference on computer vision and pattern recognition. [S.l.: s.n.], 2016: 770-778.

[84] LI Q, HAN Z, WU X. Deeper insights into graph convolutional networks for semi-supervised learning[C]//Proceedings of the Thirty-Second AAAI Conference on Artificial Intelligence. [S.l.: s.n.], 2018a: 3538-3545.

[85] ZHANG W, SHENG Z, YIN Z, et al. Model degradation hinders deep graph neural networks[C]//Proceedings of the 28th ACM SIGKDD Conference on Knowledge Discovery and Data Mining. [S.l.: s.n.], 2022b: 2493-2503.

[86] JIN W, LIU X, MA Y, et al. Feature overcorrelation in deep graph neural networks: A new perspective[C]//Proceedings of the 28th ACM SIGKDD Conference on Knowledge Discovery and Data Mining. [S.l.: s.n.], 2022: 709-719.

[87] OONO K, SUZUKI T. Graph neural networks exponentially lose expressive power for node classification[C]//International Conference on Learning Representations. [S.l.: s.n.], 2020.

[88] LI G, MÜLLER M, THABET A K, et al. Deepgcns: Can gcns go as deep as cnns?[C]//2019 IEEE/CVF International Conference on Computer Vision. [S.l.: s.n.], 2019a: 9266-9275.

[89] RONG Y, HUANG W, XU T, et al. Dropedge: Towards deep graph convolutional networks on node classification[C]//International Conference on Learning Representations. [S.l.: s.n.], 2020a.

[90] ZHAO L, AKOGLU L. Pairnorm: Tackling oversmoothing in gnns[J]. International Conference on Learning Representations, 2019a.

[91] CHIANG W L, LIU X, SI S, et al. Cluster-gcn: An efficient algorithm for training deep and large graph convolutional networks[C]//Proceedings of the 25th ACM SIGKDD International Conference on Knowledge Discovery & Data Mining. [S.l.: s.n.], 2019: 257-266.

[92] GOODFELLOW I J, SHLENS J, SZEGEDY C. Explaining and harnessing adversarial examples[C]//International Conference on Learning Representations. [S.l.: s.n.], 2015.

[93] Sun L, Wang J, Yu P S, et al. Adversarial attack and defense on graph data: A survey.[J]. arXiv preprint arXiv:1812.10528, 2018.

[94] JIN W, LI Y, XU H, et al. Adversarial attacks and defenses on graphs[J]. ACM SIGKDD Explorations Newsletter, 2021a, 22(2): 19-34.

[95] ZÜGNER D, AKBARNEJAD A, GÜNNEMANN S. Adversarial attacks on neural networks for graph data[C]//Proceedings of the 24th ACM SIGKDD International Conference on Knowledge Discovery & Data Mining. [S.l.: s.n.], 2018a: 2847-2856.

[96] ZHU D, ZHANG Z, CUI P, et al. Robust graph convolutional networks against adversarial attacks[C]//Proceedings of the 25th ACM SIGKDD International Conference on Knowledge Discovery & Data Mining. [S.l.: s.n.], 2019a: 1399-1407.

[97] BENGIO Y, COURVILLE A, VINCENT P. Representation learning: A review and new perspectives[J]. IEEE transactions on pattern analysis and machine intelligence, 2013, 35(8): 1798-1828.

[98] KINGMA D P, WELLING M. Auto-encoding variational bayes[J]. International conference on learning representations, 2014.

[99] KIPF T N, WELLING M. Variational graph auto-encoders[J]. NIPS Workshop on Bayesian Deep Learning, 2016.

[100] GUO X, ZHAO L, QIN Z, et al. Interpretable deep graph generation with node-edge co-disentanglement[C]//Proceedings of the 26th ACM SIGKDD international conference on knowledge discovery & data mining. [S.l.: s.n.], 2020a: 1697-1707.

[101] DU Y, GUO X, CAO H, et al. Disentangled spatiotemporal graph generative models[J]. Proceedings of the AAAI Conference on Artificial Intelligence, 2022: 6541-6549.

[102] MA J, CUI P, KUANG K, et al. Disentangled graph convolutional networks[C]// International Conference on Machine Learning. [S.l.: s.n.], 2019b: 4212-4221.

[103] GRANOVETTER M S. The strength of weak ties[J]. American journal of sociology, 1973, 78(6): 1360-1380.

[104] FIRTH J R. A synopsis of linguistic theory, 1930-1955[J]. Studies in linguistic analysis, 1957.

[105] LIU Y, WANG X, WU S, et al. Independence promoted graph disentangled networks[C]//Proceedings of the AAAI Conference on Artificial Intelligence: volume 34. [S.l.: s.n.], 2020a: 4916-4923.

[106] YANG Y, FENG Z, SONG M, et al. Factorizable graph convolutional networks[J]. Advances in Neural Information Processing Systems, 2020, 33: 20286-20296.

[107] LI H, WANG X, ZHANG Z, et al. Disentangled contrastive learning on graphs[J]. Advances in Neural Information Processing Systems, 2021a, 34: 21872-21884.

[108] LI H, ZHANG Z, WANG X, et al. Disentangled graph contrastive learning with independence promotion[J]. IEEE Transactions on Knowledge and Data Engineering, 2022a.

[109] HU L, XU S, LI C, et al. Graph neural news recommendation with unsupervised preference disentanglement[C]//Proceedings of the 58th annual meeting of the association for computational linguistics. [S.l.: s.n.], 2020: 4255-4264.

[110] WANG X, JIN H, ZHANG A, et al. Disentangled graph collaborative filtering[C]// Proceedings of the 43rd International ACM SIGIR Conference on Research and Development in Information Retrieval. [S.l.: s.n.], 2020a: 1001-1010.

[111] ZHAO S, WEI W, ZOU D, et al. Multi-view intent disentangle graph networks for bundle recommendation[J]. arXiv preprint arXiv:2202.11425, 2022a.

[112] MU Z, TANG S, TAN J, et al. Disentangled motif-aware graph learning for phrase grounding[C]//Proceedings of the AAAI Conference on Artificial Intelligence: volume 35. [S.l.: s.n.], 2021: 13587-13594.

[113] ZHENG Y, GAO C, LI X, et al. Disentangling user interest and conformity for recommendation with causal embedding[C]//Proceedings of the Web Conference 2021. [S.l.: s.n.], 2021: 2980-2991.

[114] WU J, SHI W, CAO X, et al. Disenkgat: knowledge graph embedding with disentangled graph attention network[C]//Proceedings of the 30th ACM International Conference on Information & Knowledge Management. [S.l.: s.n.], 2021a: 2140-2149.

[115] WANG X, HUANG T, WANG D, et al. Learning intents behind interactions with knowledge graph for recommendation[C]//Proceedings of the Web Conference 2021. [S.l.: s.n.], 2021a: 878-887.

[116] BAE I, JEON H G. Disentangled multi-relational graph convolutional network for pedestrian trajectory prediction[C]//Proceedings of the AAAI Conference on Artificial Intelligence: volume 35. [S.l.: s.n.], 2021: 911-919.

[117] SKARDING J, GABRYS B, MUSIAL K. Foundations and modeling of dynamic networks using dynamic graph neural networks: A survey[J]. IEEE Access, 2021, 9: 79143-79168.

[118] SEO Y, DEFFERRARD M, VANDERGHEYNST P, et al. Structured sequence modeling with graph convolutional recurrent networks[C]//International Conference on Neural Information Processing. [S.l.: s.n.], 2018: 362-373.

[119] TAHERI A, GIMPEL K, Berger-Wolf T. Learning to Represent the Evolution of Dynamic Graphs with Recurrent Models[C]//Companion Proceedings of The 2019 World Wide Web Conference. [S.l.: s.n.], 2019: 301-307.

[120] SANKAR A, WU Y, GOU L, et al. Dynamic graph representation learning via self-attention networks[J]. arXiv preprint arXiv:1812.09430, 2018.

[121] PAREJA A, DOMENICONI G, CHEN J, et al. Evolvegcn: Evolving graph convolutional networks for dynamic graphs[C]//Proceedings of the AAAI Conference on Artificial Intelligence: volume 34. [S.l.: s.n.], 2020: 5363-5370.

[122] YANG M, ZHOU M, KALANDER M, et al. Discrete-time temporal network embedding via implicit hierarchical learning in hyperbolic space[C]//Proceedings of the 27th ACM SIGKDD Conference on Knowledge Discovery & Data Mining. [S.l.: s.n.], 2021: 1975-1985.

[123] KUMAR S, ZHANG X, LESKOVEC J. Predicting dynamic embedding trajectory in temporal interaction networks[C]//Proceedings of the 25th ACM SIGKDD International Conference on Knowledge Discovery & Data Mining. [S.l.: s.n.], 2019: 1269-1278.

[124] TRIVEDI R, FARAJTABAR M, BISWAL P, et al. Dyrep: Learning representations over dynamic graphs[C]//International conference on learning representations. [S.l.: s.n.], 2019.

[125] KNYAZEV B, AUGUSTA C, TAYLOR G W. Learning temporal attention in dynamic graphs with bilinear interactions[J]. Plos one, 2021, 16(3).

[126] KIPF T, FETAYA E, WANG K C, et al. Neural relational inference for interacting systems[C]//International Conference on Machine Learning. [S.l.: s.n.], 2018: 2688-2697.

[127] KAZEMI S M, GOEL R, EGHBALI S, et al. Time2vec: Learning a vector representation of time[J]. arXiv preprint arXiv:1907.05321, 2019.

[128] XU D, RUAN C, KORPEOGLU E, et al. Self-attention with functional time representation learning[C]//Advances in neural information processing systems: volume 32. [S.l.: s.n.], 2019b.

[129] XU D, RUAN C, KORPEOGLU E, et al. Inductive representation learning on temporal graphs[J]. arXiv preprint arXiv:2002.07962, 2020b.

[130] BARROS C D, MENDONÇA M R, VIEIRA A B, et al. A survey on embedding dynamic graphs[J]. ACM Computing Surveys (CSUR), 2021, 55(1): 1-37.

[131] XUE G, ZHONG M, LI J, et al. Dynamic network embedding survey[J]. Neurocomputing, 2022, 472: 212-223.

[132] KAZEMI S M, GOEL R. Representation learning for dynamic graphs: A survey[J]. Journal of Machine Learning Research, 2020, 21: 1-73.

[133] HAMILTON W, YING Z, LESKOVEC J. Inductive representation learning on large graphs[C]//Advances in Neural Information Processing Systems. [S.l.: s.n.], 2017: 1024-1034.

[134] KIM D, OH A. How to find your friendly neighborhood: Graph attention design with self-supervision[C]//International Conference on Learning Representations. [S.l.: s.n.], 2020.

[135] JIN W, DERR T, WANG Y, et al. Node similarity preserving graph convolutional networks[C]//Proceedings of the 14th ACM International Conference on Web Search and Data Mining. [S.l.: s.n.], 2021b: 148-156.

[136] WANG C, PAN S, LONG G, et al. Mgae: Marginalized graph autoencoder for graph clustering[C]//Proceedings of the 2017 ACM on Conference on Information and Knowledge Management. [S.l.: s.n.], 2017: 889-898.

[137] PARK J, LEE M, CHANG H J, et al. Symmetric graph convolutional autoencoder for unsupervised graph representation learning[C]//Proceedings of the IEEE/CVF International Conference on Computer Vision. [S.l.: s.n.], 2019: 6519-6528.

[138] HU W, LIU B, GOMES J, et al. Strategies for pre-training graph neural networks[J]. International Conference on Learning Representations, 2019a.

[139] PAN S, HU R, LONG G, et al. Adversarially regularized graph autoencoder for graph embedding[J]. arXiv preprint arXiv:1802.04407, 2018.

[140] HASANZADEH A, HAJIRAMEZANALI E, NARAYANAN K, et al. Semi-implicit graph variational auto-encoders[J]. Advances in neural information processing systems, 2019, 32.

[141] XIE Y, XU Z, ZHANG J, et al. Self-supervised learning of graph neural networks: A unified review[J]. IEEE Transactions on Pattern Analysis and Machine Intelligence, 2022.

[142] SUN F Y, HOFFMANN J, TANG J. Infograph: Unsupervised and semi-supervised graph-level representation learning via mutual information maximization[J]. arXiv preprint arXiv:1908.01000, 2019.

[143] HASSANI K, KHASAHMADI A H. Contrastive multi-view representation learning on graphs[C]//International Conference on Machine Learning. [S.l.: s.n.], 2020: 4116-4126.

[144] QIU J, CHEN Q, DONG Y, et al. Gcc: Graph contrastive coding for graph neural network pre-training[C]//Proceedings of the 26th ACM SIGKDD International Conference on Knowledge Discovery & Data Mining. [S.l.: s.n.], 2020a: 1150-1160.

[145] PENG Z, DONG Y, LUO M, et al. Self-supervised graph representation learning via global context prediction[J]. arXiv preprint arXiv:2003.01604, 2020a.

[146] HWANG D, PARK J, KWON S, et al. Self-supervised auxiliary learning with meta-paths for heterogeneous graphs[J]. Advances in Neural Information Processing Systems, 2020, 33: 10294-10305.

[147] RONG Y, BIAN Y, XU T, et al. Self-supervised graph transformer on large-scale molecular data[J]. Advances in Neural Information Processing Systems, 2020b, 33: 12559-12571.

[148] SUN K, LIN Z, ZHU Z. Multi-stage self-supervised learning for graph convolutional networks on graphs with few labeled nodes[C]//Proceedings of the AAAI Conference on Artificial Intelligence: volume 34. [S.l.: s.n.], 2020a: 5892-5899.

[149] WEI C, SHEN K, CHEN Y, et al. Theoretical analysis of self-training with deep networks on unlabeled data[J]. International Conference on Learning Representations, 2020.

[150] YING Z, BOURGEOIS D, YOU J, et al. Gnnexplainer: Generating explanations for graph neural networks[C]//Advances in neural information processing systems. [S.l.: s.n.], 2019: 9244-9255.

[151] YUAN H, TANG J, HU X, et al. Xgnn: Towards model-level explanations of graph neural networks[C]//Proceedings of the 26th ACM SIGKDD International Conference on Knowledge Discovery & Data Mining. [S.l.: s.n.], 2020: 430-438.

[152] YUAN H, YU H, WANG J, et al. On explainability of graph neural networks via subgraph explorations[C]//International Conference on Machine Learning. [S.l.: s.n.], 2021a: 12241-12252.

[153] YUAN H, YU H, GUI S, et al. Explainability in graph neural networks: A taxonomic survey[J]. IEEE Transactions on Pattern Analysis and Machine Intelligence, 2022.

[154] LI P, YANG Y, PAGNUCCO M, et al. Explainability in graph neural networks: An experimental survey[J]. arXiv preprint arXiv:2203.09258, 2022b.

[155] WU B, LI J, YU J, et al. A survey of trustworthy graph learning: Reliability, explainability, and privacy protection[J]. arXiv preprint arXiv:2205.10014, 2022a.

[156] ZHANG H, WU B, YUAN X, et al. Trustworthy graph neural networks: Aspects, methods and trends[J]. arXiv preprint arXiv:2205.07424, 2022c.

[157] BALDASSARRE F, AZIZPOUR H. Explainability techniques for graph convolutional networks[C]//International Conference on Machine Learning Workshops on Learning and Reasoning with Graph-Structured Representations. [S.l.: s.n.], 2019.

[158] POPE P E, KOLOURI S, ROSTAMI M, et al. Explainability methods for graph convolutional neural networks[C]//Proceedings of the IEEE/CVF Conference on Computer Vision and Pattern Recognition. [S.l.: s.n.], 2019: 10772-10781.

[159] SCHWARZENBERG R, HÜBNER M, HARBECKE D, et al. Layerwise relevance visualization in convolutional text graph classifiers[C]//Proceedings of the Thirteenth Workshop on Graph-Based Methods for Natural Language Processing (TextGraphs-13). [S.l.: s.n.], 2019: 58-62.

[160] SCHNAKE T, EBERLE O, LEDERER J, et al. Higher-order explanations of graph neural networks via relevant walks[J]. IEEE transactions on pattern analysis and machine intelligence, 2021, 44(11): 7581-7596.

[161] VU M, THAI M T. Pgm-explainer: Probabilistic graphical model explanations for graph neural networks[J]. Advances in neural information processing systems, 2020, 33: 12225-12235.

[162] MARGARITIS D, THRUN S. Bayesian network induction via local neighborhoods[C]// Proceedings of the 12th International Conference on Neural Information Processing Systems. [S.l.: s.n.], 1999: 505-511.

[163] LIN W, LAN H, LI B. Generative causal explanations for graph neural networks[C]// International Conference on Machine Learning. [S.l.: s.n.], 2021: 6666-6679.

[164] ZHANG Z, LIU Q, WANG H, et al. Protgnn: Towards self-explaining graph neural networks[C]//Proceedings of the AAAI Conference on Artificial Intelligence: volume 36. [S.l.: s.n.], 2022d: 9127-9135.

[165] SOCHER R, PERELYGIN A, WU J, et al. Recursive deep models for semantic compositionality over a sentiment treebank[C]//Proceedings of the 2013 conference on empirical methods in natural language processing. [S.l.: s.n.], 2013: 1631-1642.

[166] DONG L, WEI F, TAN C, et al. Adaptive recursive neural network for target-dependent twitter sentiment classification[C]//Proceedings of the 52nd annual meeting of the association for computational linguistics. [S.l.: s.n.], 2014: 49-54.

[167] DEBNATH A K, LOPEZ DE COMPADRE R L, DEBNATH G, et al. Structure-activity relationship of mutagenic aromatic and heteroaromatic nitro compounds. correlation with molecular orbital energies and hydrophobicity[J]. Journal of medicinal chemistry, 1991, 34(2): 786-797.

[168] WU Z, RAMSUNDAR B, FEINBERG E N, et al. Moleculenet: a benchmark for molecular machine learning[J]. Chemical science, 2018, 9(2): 513-530.

[169] YU J, CAO J, HE R. Improving subgraph recognition with variational graph information bottleneck[C]//Proceedings of the IEEE/CVF Conference on Computer Vision and Pattern Recognition. [S.l.: s.n.], 2022a: 19396-19405.

[170] JAUME G, PATI P, BOZORGTABAR B, et al. Quantifying explainers of graph neural networks in computational pathology[C]//Proceedings of the IEEE/CVF Conference on Computer Vision and Pattern Recognition. [S.l.: s.n.], 2021: 8106-8116.

[171] JAUME G, PATI P, FONCUBIERTA-RODRÍGUEZ A, et al. Towards explainable graph representations in digital pathology[C]//ICML 2020 Workshop on Computational Biology. [S.l.: s.n.], 2020: 1-5.

[172] ABRATE C, BONCHI F. Counterfactual graphs for explainable classification of brain networks[C]//Proceedings of the 27th ACM SIGKDD Conference on Knowledge Discovery & Data Mining. [S.l.: s.n.], 2021: 2495-2504.

[173] JIN W, BARZILAY R, JAAKKOLA T. Multi-objective molecule generation using interpretable substructures[C]//International conference on machine learning. [S.l.: s.n.], 2020a: 4849-4859.

[174] RAO S X, ZHANG S, HAN Z, et al. xfraud: explainable fraud transaction detection[J]. Proceedings of the VLDB Endowment, 2021: 427-436.

[175] LI Y, ZHOU J, VERMA S, et al. A survey of explainable graph neural networks: Taxonomy and evaluation metrics[J]. arXiv preprint arXiv:2207.12599, 2022c.

[176] HE X, ZHAO K, CHU X. Automl: A survey of the state-of-the-art[J]. Knowledge-Based Systems, 2021, 212: 106622.

[177] YAO Q, WANG M, CHEN Y, et al. Taking human out of learning applications: A survey on automated machine learning[J]. arXiv preprint arXiv:1810.13306, 2018.

[178] ELSHAWI R, MAHER M, SAKR S. Automated machine learning: State-of-the-art and open challenges[J]. arXiv preprint arXiv:1906.02287, 2019.

[179] ELSKEN T, METZEN J H, HUTTER F. Neural architecture search: A survey[J]. The Journal of Machine Learning Research, 2019, 20(1): 1997-2017.

[180] ZOPH B, VASUDEVAN V, SHLENS J, et al. Learning transferable architectures for scalable image recognition[C]//Proceedings of the IEEE conference on computer vision and pattern recognition. [S.l.: s.n.], 2018: 8697-8710.

[181] REAL E, AGGARWAL A, HUANG Y, et al. Regularized evolution for image classifier architecture search[C]//Proceedings of the aaai conference on artificial intelligence: volume 33. [S.l.: s.n.], 2019: 4780-4789.

[182] LIU H, SIMONYAN K, YANG Y. Darts: Differentiable architecture search[J]. arXiv preprint arXiv:1806.09055, 2018.

[183] PHAM H, GUAN M, ZOPH B, et al. Efficient neural architecture search via parameters sharing[C]//International conference on machine learning. [S.l.]: PMLR, 2018: 4095-4104.

[184] ZHANG Z, WANG X, ZHU W. Automated machine learning on graphs: A survey[C]// Proceedings of the Thirtieth International Joint Conference on Artificial Intelligence. [S.l.: s.n.], 2021a.

[185] TU K, MA J, CUI P, et al. Autone: Hyperparameter optimization for massive network embedding[C]//Proceedings of the 25th ACM SIGKDD International Conference on Knowledge Discovery & Data Mining. [S.l.: s.n.], 2019a: 216-225.

[186] SNOEK J, LAROCHELLE H, ADAMS R P. Practical bayesian optimization of machine learning algorithms[C]//Proceedings of the 25th International Conference on Neural Information Processing Systems. [S.l.: s.n.], 2012: 2951-2959.

[187] TSITSULIN A, MOTTIN D, KARRAS P, et al. Netlsd: hearing the shape of a graph[C]//Proceedings of the 24th ACM SIGKDD International Conference on Knowledge Discovery & Data Mining. [S.l.: s.n.], 2018: 2347-2356.

[188] GUO M, YI T, ZHU Y, et al. Jitune: Just-in-time hyperparameter tuning for network embedding algorithms[J]. arXiv preprint arXiv:2101.06427, 2021a.

[189] YUAN Y, WANG W, COGHILL G M, et al. A novel genetic algorithm with hierarchical evaluation strategy for hyperparameter optimisation of graph neural networks[J]. arXiv preprint arXiv:2101.09300, 2021b.

[190] YOON M, GERVET T, HOOI B, et al. Autonomous graph mining algorithm search with best speed/accuracy trade-off[C]//2020 IEEE International Conference on Data Mining (ICDM). [S.l.: s.n.], 2020: 751-760.

[191] ZHOU K, SONG Q, HUANG X, et al. Auto-gnn: Neural architecture search of graph neural networks[J]. arXiv preprint arXiv:1909.03184, 2019a.

[192] GAO Y, YANG H, ZHANG P, et al. Graph neural architecture search[C]//Proceedings of the Twenty-Ninth International Conference on International Joint Conferences on Artificial Intelligence. [S.l.: s.n.], 2021: 1403-1409.

[193] LIU Z, CHEN C, LI L, et al. Geniepath: Graph neural networks with adaptive receptive paths[C]//Proceedings of the AAAI Conference on Artificial Intelligence: volume 33. [S.l.: s.n.], 2019: 4424-4431.

[194] JIANG S, BALAPRAKASH P. Graph neural network architecture search for molecular property prediction[C]//2020 IEEE International Conference on Big Data (Big Data). [S.l.: s.n.], 2020: 1346-1353.

[195] WEI L, ZHAO H, YAO Q, et al. Pooling architecture search for graph classification[C]// Proceedings of the 30th ACM International Conference on Information & Knowledge Management. [S.l.: s.n.], 2021: 2091-2100.

[196] RANJAN E, SANYAL S, TALUKDAR P. Asap: Adaptive structure aware pooling for learning hierarchical graph representations[C]//Proceedings of the AAAI Conference on Artificial Intelligence: volume 34. [S.l.: s.n.], 2020: 5470-5477.

[197] SHI H, PI R, XU H, et al. Bridging the gap between sample-based and one-shot neural architecture search with bonas[J]. Advances in Neural Information Processing Systems, 2020, 33: 1808-1819.

[198] LI Y, KING I. Autograph: Automated graph neural network[C]//International Conference on Neural Information Processing. [S.l.]: Springer, 2020a: 189-201.

[199] PENG W, HONG X, CHEN H, et al. Learning graph convolutional network for skeleton-based human action recognition by neural searching[C]//Proceedings of the AAAI Conference on Artificial Intelligence: volume 34. [S.l.: s.n.], 2020b: 2669-2676.

[200] GUAN C, WANG X, ZHU W. Autoattend: Automated attention representation search[C]//International Conference on Machine Learning. [S.l.: s.n.], 2021a: 3864-3874.

[201] WANG C, CHEN B, LI G, et al. Fl-agcns: Federated learning framework for automatic graph convolutional network search[J]. arXiv preprint arXiv:2104.04141, 2021b.

[202] ZHANG Y, YOU H, FU Y, et al. G-cos: Gnn-accelerator co-search towards both better accuracy and efficiency[C]//2021 IEEE/ACM International Conference On Computer Aided Design. [S.l.: s.n.], 2021b: 1-9.

[203] GUO Z, ZHANG X, MU H, et al. Single path one-shot neural architecture search with uniform sampling[C]//European Conference on Computer Vision. [S.l.: s.n.], 2020b: 544-560.

[204] LI G, QIAN G, DELGADILLO I C, et al. Sgas: Sequential greedy architecture search[C]//Proceedings of the IEEE/CVF Conference on Computer Vision and Pattern Recognition. [S.l.: s.n.], 2020b: 1620-1630.

[205] LI Y, WEN Z, WANG Y, et al. One-shot graph neural architecture search with dynamic search space[C]//Proceedings of the AAAI Conference on Artificial Intelligence: volume 35. [S.l.: s.n.], 2021b: 8510-8517.

[206] CAI S, LI L, DENG J, et al. Rethinking graph neural architecture search from message-passing[C]//Proceedings of the IEEE/CVF Conference on Computer Vision and Pattern Recognition. [S.l.: s.n.], 2021: 6657-6666.

[207] QIN Y, WANG X, ZHANG Z, et al. Graph differentiable architecture search with structure learning[J]. Advances in Neural Information Processing Systems, 2021, 34.

[208] GUAN C, ZHANG Z, LI H, et al. Autogl: A library for automated graph learning[C]//ICLR 2021 Workshop on Geometrical and Topological Representation Learning. [S.l.: s.n.], 2021b.

[209] MANDAL D, MEDYA S, UZZI B, et al. Metalearning with graph neural networks: Methods and applications[J]. SIGKDD Exploration Newsletter, 2022: 13-22.

[210] HUISMAN M, VAN RIJN J N, PLAAT A. A survey of deep meta-learning[J]. Artificial Intelligence Review, 2021, 54(6): 4483-4541.

[211] KOCH G, ZEMEL R, SALAKHUTDINOV R. Siamese neural networks for one-shot image recognition[C]//ICML deep learning workshop: volume 2. [S.l.: s.n.], 2015.

[212] SNELL J, SWERSKY K, ZEMEL R. Prototypical networks for few-shot learning[C]//Proceedings of the 31st International Conference on Neural Information Processing Systems. [S.l.: s.n.], 2017: 4080-4090.

[213] MUNKHDALAI T, YU H. Meta networks[C]//International Conference on Machine Learning. [S.l.: s.n.], 2017: 2554-2563.

[214] JAMAL M A, QI G J. Task agnostic meta-learning for few-shot learning[C]//Proceedings of the IEEE/CVF Conference on Computer Vision and Pattern Recognition. [S.l.: s.n.], 2019: 11719-11727.

[215] FINN C, ABBEEL P, LEVINE S. Model-agnostic meta-learning for fast adaptation of deep networks[C]//International Conference on Machine Learning. [S.l.: s.n.], 2017: 1126-1135.

[216] ZHOU F, CAO C, ZHANG K, et al. Meta-gnn: On few-shot node classification in graph meta-learning[C]//Proceedings of the 28th ACM International Conference on Information and Knowledge Management. [S.l.: s.n.], 2019b: 2357-2360.

[217] WANG N, LUO M, DING K, et al. Graph few-shot learning with attribute matching[C]//Proceedings of the 29th ACM International Conference on Information & Knowledge Management. [S.l.: s.n.], 2020b: 1545-1554.

[218] LAN L, WANG P, DU X, et al. Node classification on graphs with few-shot novel labels via meta transformed network embedding[J]. Advances in Neural Information Processing Systems, 2020a, 33.

[219] DING K, WANG J, LI J, et al. Graph prototypical networks for few-shot learning on attributed networks[C]//Proceedings of the 29th ACM International Conference on Information & Knowledge Management. [S.l.: s.n.], 2020a: 295-304.

[220] SUO Q, CHOU J, ZHONG W, et al. Tadanet: Task-adaptive network for graph-enriched meta-learning[C]//Proceedings of the 26th ACM SIGKDD International Conference on Knowledge Discovery & Data Mining. [S.l.: s.n.], 2020: 1789-1799.

[221] LIU Z, FANG Y, LIU C, et al. Relative and absolute location embedding for few-shot node classification on graph[J]. Proceedings of the AAAI Conference on Artificial Intelligence, 2021b, 35(5): 4267-4275.

[222] LIU L, ZHOU T, LONG G, et al. Attribute propagation network for graph zero-shot learning[C]//Proceedings of the AAAI Conference on Artificial Intelligence: volume 34. [S.l.: s.n.], 2020b: 4868-4875.

[223] BOSE A J, JAIN A, MOLINO P, et al. Meta-graph: Few shot link prediction via meta learning[J]. arXiv preprint arXiv:1912.09867, 2019.

[224] BAEK J, LEE D B, HWANG S J. Learning to extrapolate knowledge: Transductive few-shot out-of-graph link prediction[J]. Advances in Neural Information Processing Systems, 2020, 33.

[225] CHAUHAN J, NATHANI D, KAUL M. Few-shot learning on graphs via super-classes based on graph spectral measures[J]. International Conference on Learning Representations, 2020.

[226] MA N, BU J, YANG J, et al. Adaptive-step graph meta-learner for few-shot graph classification[C]//Proceedings of the 29th ACM International Conference on Information & Knowledge Management. [S.l.: s.n.], 2020a: 1055-1064.

[227] HUANG K, ZITNIK M. Graph meta learning via local subgraphs[J]. Advances in Neural Information Processing Systems, 2020a, 33.

[228] BUFFELLI D, VANDIN F. A meta-learning approach for graph representation learning in multi-task settings[J]. NeurIPS Workshop on Meta-Learning (MetaLearn), 2020.

[229] LIU Z, ZHANG W, FANG Y, et al. Towards locality-aware meta-learning of tail node embeddings on networks[C]//Proceedings of the 29th ACM International Conference on Information & Knowledge Management. [S.l.: s.n.], 2020c: 975-984.

[230] IWATA T. Meta-active learning for node response prediction in graphs[J]. arXiv preprint arXiv:2010.05387, 2020.

[231] ZHOU F, CAO C, TRAJCEVSKI G, et al. Fast network alignment via graph meta-learning[C]//IEEE INFOCOM 2020-IEEE Conference on Computer Communications. [S.l.: s.n.], 2020a: 686-695.

[232] CHEN M, ZHANG W, ZHANG W, et al. Meta relational learning for few-shot link prediction in knowledge graphs[C]//Proceedings of the 2019 Conference on Empirical Methods in Natural Language Processing and the 9th International Joint Conference on Natural Language Processing (EMNLP-IJCNLP). [S.l.: s.n.], 2019a: 4208-4217.

[233] WANG H, XIONG W, YU M, et al. Meta reasoning over knowledge graphs[J]. arXiv preprint arXiv:1908.04877, 2019b.

[234] XU H, BAO J, ZHANG G. Dynamic knowledge graph-based dialogue generation with improved adversarial meta-learning[J]. arXiv preprint arXiv:2004.08833, 2020c.

[235] LIN S, ZHOU P, LIANG X, et al. Graph-evolving meta-learning for low-resource medical dialogue generation[C]//Thirty-Fivth AAAI Conference on Artificial Intelligence. [S.l.: s.n.], 2020a.

[236] ZÜGNER D, GÜNNEMANN S. Adversarial attacks on graph neural networks via meta learning[C]//International Conference on Learning Representations. [S.l.: s.n.], 2018b.

[237] ZHOU Y, REN J, DOU D, et al. Robust meta network embedding against adversarial attacks[C]//IEEE International Conference on Data Mining (ICDM). [S.l.: s.n.], 2020b: 1448-1453.

[238] LI H, WANG X, ZHANG Z, et al. Out-of-distribution generalization on graphs: A survey[J]. arXiv preprint arXiv:2202.07987, 2022d.

[239] SHEN Z, LIU J, HE Y, et al. Towards out-of-distribution generalization: A survey[J]. arXiv preprint arXiv:2108.13624, 2021.

[240] ZHAO T, LIU Y, NEVES L, et al. Data augmentation for graph neural networks[J]. Association for the Advancement of Artificial Intelligence, 2021.

[241] PARK H, LEE S, KIM S, et al. Metropolis-hastings data augmentation for graph neural networks[J]. Advances in Neural Information Processing Systems, 2021, 34.

[242] WU L, LIN H, HUANG Y, et al. Knowledge distillation improves graph structure augmentation for graph neural networks[C]//Neural Information Processing Systems. [S.l.: s.n.], 2022b.

[243] FENG W, ZHANG J, DONG Y, et al. Graph random neural networks for semi-supervised learning on graphs[J]. Advances in neural information processing systems, 2020a, 33: 22092-22103.

[244] KONG K, LI G, DING M, et al. Robust optimization as data augmentation for large-scale graphs[C]//Proceedings of the IEEE/CVF Conference on Computer Vision and Pattern Recognition. [S.l.: s.n.], 2022: 60-69.

[245] LIU G, ZHAO T, XU J, et al. Graph rationalization with environment-based augmentations[C]//Proceedings of the 28th ACM SIGKDD International Conference on Knowledge Discovery & Data Mining. [S.l.: s.n.], 2022a.

[246] YU J, LIANG J, HE R. Finding diverse and predictable subgraphs for graph domain generalization[J]. arXiv preprint arXiv:2206.09345, 2022b.

[247] SUI Y, WANG X, WU J, et al. Adversarial causal augmentation for graph covariate shift[J]. arXiv preprint arXiv:2211.02843, 2022a.

[248] ZHANG H, CISSE M, DAUPHIN Y N, et al. mixup: Beyond empirical risk minimization[J]. International Conference on Learning Representations, 2018d.

[249] FAN S, WANG X, MO Y, et al. Debiasing graph neural networks via learning disentangled causal substructure[C]//Advances in Neural Information Processing Systems. [S.l.: s.n.], 2022a.

[250] LI H, WANG X, ZHANG Z, et al. Ood-gnn: Out-of-distribution generalized graph neural network[J]. IEEE Transactions on Knowledge and Data Engineering, 2022e.

[251] FAN S, WANG X, SHI C, et al. Generalizing graph neural networks on out-of-distribution graphs[J]. arXiv preprint arXiv:2111.10657, 2021.

[252] FAN S, WANG X, SHI C, et al. Debiased graph neural networks with agnostic label selection bias[J]. IEEE Transactions on Neural Networks and Learning Systems, 2022b.

[253] SUI Y, WANG X, WU J, et al. Causal attention for interpretable and generalizable graph classification[J]. Proceedings of the 28th ACM SIGKDD International Conference on Knowledge Discovery & Data Mining, 2022b.

[254] WANG X, ZHANG A, HU X, et al. Deconfounding to explanation evaluation in graph neural networks[J]. arXiv preprint arXiv:2201.08802, 2022b.

[255] CHEN Y, ZHANG Y, BIAN Y, et al. Learning causally invariant representations for out-of-distribution generalization on graphs[C]//Thirty-Sixth Conference on Neural Information Processing Systems. [S.l.: s.n.], 2022a.

[256] BEVILACQUA B, ZHOU Y, RIBEIRO B. Size-invariant graph representations for graph classification extrapolations[C]//International Conference on Machine Learning. [S.l.: s.n.], 2021: 837-851.

[257] ZHOU Y, KUTYNIOK G, RIBEIRO B. Ood link prediction generalization capabilities of message-passing gnns in larger test graphs[J]. Advances in Neural Information Processing Systems, 2022a.

[258] ZHAO T, LIU G, WANG D, et al. Learning from counterfactual links for link prediction[C]//International Conference on Machine Learning. [S.l.: s.n.], 2022b: 26911-26926.

[259] LI H, ZHANG Z, WANG X, et al. Learning invariant graph representations under distribution shifts[C]//Advances in Neural Information Processing Systems. [S.l.: s.n.], 2022f.

[260] WU Y, WANG X, ZHANG A, et al. Discovering invariant rationales for graph neural networks[C]//International Conference on Learning Representations. [S.l.: s.n.], 2022c.

[261] MIAO S, LIU M, LI P. Interpretable and generalizable graph learning via stochastic attention mechanism[C]//International Conference on Machine Learning. [S.l.: s.n.], 2022: 15524-15543.

[262] WU Q, ZHANG H, YAN J, et al. Handling distribution shifts on graphs: An invariance perspective[C]//International Conference on Learning Representations. [S.l.: s.n.], 2022d.

[263] ZHANG Z, WANG X, ZHANG Z, et al. Dynamic graph neural networks under spatio-temporal distribution shift[C]//Thirty-Sixth Conference on Neural Information Processing Systems. [S.l.: s.n.], 2022e.

[264] ZHU Q, PONOMAREVA N, HAN J, et al. Shift-robust gnns: Overcoming the limitations of localized graph training data[J]. Advances in Neural Information Processing Systems, 2021b, 34.

[265] BUFFELLI D, LIÒ P, VANDIN F. Sizeshiftreg: a regularization method for improving size-generalization in graph neural networks[J]. Neural Information Processing Systems, 2022.

[266] ZHANG S, KUANG K, QIU J, et al. Stable prediction on graphs with agnostic distribution shift[J]. arXiv preprint arXiv:2110.03865, 2021c.

[267] WU M, PAN S, ZHU X, et al. Domain-adversarial graph neural networks for text classification[C]//2019 IEEE International Conference on Data Mining. [S.l.: s.n.], 2019b: 648-657.

[268] SADEGHI A, MA M, LI B, et al. Distributionally robust semi-supervised learning over graphs[J]. arXiv preprint arXiv:2110.10582, 2021.

[269] FENG F, HE X, TANG J, et al. Graph adversarial training: Dynamically regularizing based on graph structure[J]. IEEE Transactions on Knowledge and Data Engineering, 2019.

[270] XUE H, ZHOU K, CHEN T, et al. Cap: Co-adversarial perturbation on weights and features for improving generalization of graph neural networks[J]. arXiv preprint arXiv:2110.14855, 2021.

[271] WU Y, BOJCHEVSKI A, HUANG H. Adversarial weight perturbation improves generalization in graph neural networks[C]//Proceedings of the AAAI Conference on Artificial Intelligence. [S.l.: s.n.], 2023.

[272] WANG C, WANG Z, CHEN D, et al. Online adversarial distillation for graph neural networks[J]. arXiv preprint arXiv:2112.13966, 2021c.

[273] YEHUDAI G, FETAYA E, MEIROM E, et al. From local structures to size generalization in graph neural networks[C]//International Conference on Machine Learning. [S.l.: s.n.], 2021: 11975-11986.

[274] LIU H, HU B, WANG X, et al. Confidence may cheat: Self-training on graph neural networks under distribution shift[C]//Proceedings of the ACM Web Conference 2022. [S.l.: s.n.], 2022b: 1248-1258.

[275] YOU Y, CHEN T, SUI Y, et al. Graph contrastive learning with augmentations[J]. Advances in Neural Information Processing Systems, 2020, 33: 5812-5823.

[276] LI S, WANG X, ZHANG A, et al. Let invariant rationale discovery inspire graph contrastive learning[C]//International Conference on Machine Learning. [S.l.: s.n.], 2022g: 13052-13065.

[277] CHEN G, ZHANG J, XIAO X, et al. Graphtta: Test time adaptation on graph neural networks[J]. arXiv preprint arXiv:2208.09126, 2022b.

[278] WANG J, LAN C, LIU C, et al. Generalizing to unseen domains: A survey on domain generalization[J]. IEEE Transactions on Knowledge and Data Engineering, 2022c.

[279] VERMA V, QU M, KAWAGUCHI K, et al. Graphmix: Improved training of gnns for semi-supervised learning[C]//Proceedings of the AAAI Conference on Artificial Intelligence: volume 35. [S.l.: s.n.], 2021: 10024-10032.

[280] WANG Y, WANG W, LIANG Y, et al. Mixup for node and graph classification[C]//Proceedings of the Web Conference 2021. [S.l.: s.n.], 2021d: 3663-3674.

[281] WANG Y, WANG W, LIANG Y, et al. Nodeaug: Semi-supervised node classification with data augmentation[C]//Proceedings of the 26th ACM SIGKDD International Conference on Knowledge Discovery & Data Mining. [S.l.: s.n.], 2020c: 207-217.

[282] GUO H, MAO Y. Intrusion-free graph mixup[J]. arXiv preprint arXiv:2110.09344, 2021b.

[283] HAN X, JIANG Z, LIU N, et al. G-mixup: Graph data augmentation for graph classification[J]. International Conference on Machine Learning, 2022.

[284] KUANG K, CUI P, ATHEY S, et al. Stable prediction across unknown environments[C]//Proceedings of the 24th ACM SIGKDD international conference on knowledge discovery & data mining. [S.l.: s.n.], 2018: 1617-1626.

[285] PEARL J, MACKENZIE D. The book of why: the new science of cause and effect[M]. [S.l.]: Basic books, 2018.

[286] GRANGER C W. Investigating causal relations by econometric models and cross-spectral methods[J]. Econometrica: journal of the Econometric Society, 1969: 424-438.

[287] TISHBY N, ZASLAVSKY N. Deep learning and the information bottleneck principle[C]//2015 ieee information theory workshop. [S.l.: s.n.], 2015: 1-5.

[288] SCARSELLI F, TSOI A C, HAGENBUCHNER M. The vapnik–chervonenkis dimension of graph and recursive neural networks[J]. Neural Networks, 2018, 108: 248-259.

[289] VERMA S, ZHANG Z L. Stability and generalization of graph convolutional neural networks[C]//Proceedings of the 25th ACM SIGKDD International Conference on Knowledge Discovery & Data Mining. [S.l.: s.n.], 2019: 1539-1548.

[290] GARG V, JEGELKA S, JAAKKOLA T. Generalization and representational limits of graph neural networks[C]//International Conference on Machine Learning. [S.l.: s.n.], 2020: 3419-3430.

[291] LV S. Generalization bounds for graph convolutional neural networks via rademacher complexity[J]. arXiv preprint arXiv:2102.10234, 2021.

[292] LIAO R, URTASUN R, ZEMEL R. A pac-bayesian approach to generalization bounds for graph neural networks[J]. International Conference on Learning Representations, 2021.

[293] MA J, DENG J, MEI Q. Subgroup generalization and fairness of graph neural networks[J]. Advances in Neural Information Processing Systems, 2021, 34.

[294] DU S S, HOU K, SALAKHUTDINOV R R, et al. Graph neural tangent kernel: Fusing graph neural networks with graph kernels[J]. Advances in neural information processing systems, 2019, 32.

[295] XU K, ZHANG M, LI J, et al. How neural networks extrapolate: From feedforward to graph neural networks[J]. International Conference on Learning Representations, 2021.

[296] ZHANG S, WANG M, LIU S, et al. Fast learning of graph neural networks with guaranteed generalizability: one-hidden-layer case[C]//International Conference on Machine Learning. [S.l.: s.n.], 2020b: 11268-11277.

[297] BARANWAL A, FOUNTOULAKIS K, JAGANNATH A. Graph convolution for semi-supervised classification: Improved linear separability and out-of-distribution generalization[C]//International Conference on Machine Learning. [S.l.: s.n.], 2021: 684-693.

[298] MASKEY S, LEVIE R, LEE Y, et al. Generalization analysis of message passing neural networks on large random graphs[C]//Advances in Neural Information Processing Systems. [S.l.: s.n.], 2022.

[299] WU S, SUN F, ZHANG W, et al. Graph neural networks in recommender systems: a survey[J]. ACM Computing Surveys, 2022e, 55(5): 1-37.

[300] CHEN L, WU L, HONG R, et al. Revisiting graph based collaborative filtering: A linear residual graph convolutional network approach[C]//Proceedings of the AAAI Conference on Artificial Intelligence: volume 34. [S.l.: s.n.], 2020b: 27-34.

[301] HE X, DENG K, WANG X, et al. Lightgcn: Simplifying and powering graph convolution network for recommendation[C]//Proceedings of the 43rd International ACM SIGIR Conference on Research and Development in Information Retrieval. [S.l.: s.n.], 2020a: 639-648.

[302] LI C, JIA K, SHEN D, et al. Hierarchical representation learning for bipartite graphs. [C]//IJCAI. [S.l.: s.n.], 2019b: 2873-2879.

[303] SUN J, ZHANG Y, GUO W, et al. Neighbor interaction aware graph convolution networks for recommendation[C]//Proceedings of the 43rd International ACM SIGIR

Conference on Research and Development in Information Retrieval. [S.l.: s.n.], 2020b: 1289-1298.

[304] TAN Q, LIU N, ZHAO X, et al. Learning to hash with graph neural networks for recommender systems[C]//Proceedings of The Web Conference 2020. [S.l.: s.n.], 2020: 1988-1998.

[305] YING R, HE R, CHEN K, et al. Graph convolutional neural networks for web-scale recommender systems[C]//Proceedings of the 24th ACM SIGKDD International Conference on Knowledge Discovery & Data Mining. [S.l.: s.n.], 2018b: 974-983.

[306] ZHANG M, CHEN Y. Inductive matrix completion based on graph neural networks[J]. International Conference on Learning Representations, 2020c.

[307] WANG X, HE X, WANG M, et al. Neural graph collaborative filtering[C]//Proceedings of the 42nd international ACM SIGIR conference on Research and development in Information Retrieval. [S.l.: s.n.], 2019c: 165-174.

[308] JIN B, GAO C, HE X, et al. Multi-behavior recommendation with graph convolutional networks[C]//Proceedings of the 43rd International ACM SIGIR Conference on Research and Development in Information Retrieval. [S.l.: s.n.], 2020b: 659-668.

[309] BERG R V D, KIPF T N, WELLING M. Graph convolutional matrix completion[J]. arXiv preprint arXiv:1706.02263, 2017.

[310] ZHANG J, SHI X, ZHAO S, et al. Star-gcn: stacked and reconstructed graph convolutional networks for recommender systems[C]//Proceedings of the 28th International Joint Conference on Artificial Intelligence. [S.l.: s.n.], 2019a: 4264-4270.

[311] GUO G, ZHANG J, YORKE-SMITH N. Trustsvd: Collaborative filtering with both the explicit and implicit influence of user trust and of item ratings[C]//Proceedings of the AAAI Conference on Artificial Intelligence: volume 29. [S.l.: s.n.], 2015.

[312] JAMALI M, ESTER M. A matrix factorization technique with trust propagation for recommendation in social networks[C]//Proceedings of the fourth ACM conference on Recommender systems. [S.l.: s.n.], 2010: 135-142.

[313] MA H, KING I, LYU M R. Learning to recommend with social trust ensemble[C]// Proceedings of the 32nd international ACM SIGIR conference on Research and development in information retrieval. [S.l.: s.n.], 2009: 203-210.

[314] MA H, YANG H, LYU M R, et al. Sorec: social recommendation using probabilistic matrix factorization[C]//Proceedings of the 17th ACM conference on Information and knowledge management. [S.l.: s.n.], 2008: 931-940.

[315] WU L, SUN P, FU Y, et al. A neural influence diffusion model for social recommendation[C]//Proceedings of the 42nd international ACM SIGIR conference on research and development in information retrieval. [S.l.: s.n.], 2019c: 235-244.

[316] FAN W, MA Y, LI Q, et al. Graph neural networks for social recommendation[C]//The World Wide Web Conference. [S.l.: s.n.], 2019: 417-426.

[317] WU L, LI J, SUN P, et al. Diffnet++: A neural influence and interest diffusion network for social recommendation[J]. IEEE Transactions on Knowledge and Data Engineering, 2020.

[318] DADOUN A, TRONCY R, RATIER O, et al. Location embeddings for next trip recommendation[C]//Companion Proceedings of The 2019 World Wide Web Conference. [S.l.: s.n.], 2019: 896-903.

[319] WANG H, ZHANG F, ZHAO M, et al. Multi-task feature learning for knowledge graph enhanced recommendation[C]//The World Wide Web Conference. [S.l.: s.n.], 2019d: 2000-2010.

[320] ZHANG F, YUAN N J, LIAN D, et al. Collaborative knowledge base embedding for recommender systems[C]//Proceedings of the 22nd ACM SIGKDD international conference on knowledge discovery and data mining. [S.l.: s.n.], 2016: 353-362.

[321] ZHANG Y, AI Q, CHEN X, et al. Learning over knowledge-base embeddings for recommendation[J]. arXiv preprint arXiv:1803.06540, 2018e.

[322] SUN Z, YANG J, ZHANG J, et al. Recurrent knowledge graph embedding for effective recommendation[C]//Proceedings of the 12th ACM Conference on Recommender Systems. [S.l.: s.n.], 2018: 297-305.

[323] WANG X, WANG D, XU C, et al. Explainable reasoning over knowledge graphs for recommendation[C]//Proceedings of the AAAI Conference on Artificial Intelligence: volume 33. [S.l.: s.n.], 2019e: 5329-5336.

[324] YU X, REN X, SUN Y, et al. Recommendation in heterogeneous information networks with implicit user feedback[C]//Proceedings of the 7th ACM conference on Recommender systems. [S.l.: s.n.], 2013: 347-350.

[325] WANG H, ZHAO M, XIE X, et al. Knowledge graph convolutional networks for recommender systems[C]//The World Wide Web Conference. [S.l.: s.n.], 2019f: 3307-3313.

[326] ZHAO J, ZHOU Z, GUAN Z, et al. Intentgc: a scalable graph convolution framework fusing heterogeneous information for recommendation[C]//Proceedings of the 25th ACM SIGKDD International Conference on Knowledge Discovery & Data Mining. [S.l.: s.n.], 2019b: 2347-2357.

[327] SHA X, SUN Z, ZHANG J. Hierarchical attentive knowledge graph embedding for personalized recommendation[J]. Electronic Commerce Research and Applications, 2021, 48: 101071.

[328] FENG Y, HU B, LV F, et al. Atbrg: Adaptive target-behavior relational graph network for effective recommendation[C]//Proceedings of the 43rd International ACM SIGIR Conference on Research and Development in Information Retrieval. [S.l.: s.n.], 2020b: 2231-2240.

[329] WANG H, ZHANG F, WANG J, et al. Ripplenet: Propagating user preferences on the knowledge graph for recommender systems[C]//Proceedings of the 27th ACM International Conference on Information and Knowledge Management. [S.l.: s.n.], 2018: 417-426.

[330] WANG X, HE X, CAO Y, et al. Kgat: Knowledge graph attention network for recommendation[C]//Proceedings of the 25th ACM SIGKDD international conference on knowledge discovery & data mining. [S.l.: s.n.], 2019g: 950-958.

[331] GUPTA P, GARG D, MALHOTRA P, et al. Niser: Normalized item and session representations with graph neural networks[J]. arXiv preprint arXiv:1909.04276, 2019.

[332] QIU R, LI J, HUANG Z, et al. Rethinking the item order in session-based recommendation with graph neural networks[C]//Proceedings of the 28th ACM International Conference on Information and Knowledge Management. [S.l.: s.n.], 2019a: 579-588.

[333] QIU R, YIN H, HUANG Z, et al. Gag: Global attributed graph neural network for streaming session-based recommendation[C]//Proceedings of the 43rd International ACM SIGIR Conference on Research and Development in Information Retrieval. [S.l.: s.n.], 2020b: 669-678.

[334] WANG W, ZHANG W, LIU S, et al. Beyond clicks: Modeling multi-relational item graph for session-based target behavior prediction[C]//Proceedings of The Web Conference 2020. [S.l.: s.n.], 2020d: 3056-3062.

[335] ZHANG M, WU S, GAO M, et al. Personalized graph neural networks with attention mechanism for session-aware recommendation[J]. IEEE Transactions on Knowledge and Data Engineering, 2020d.

[336] ZHENG Y, LIU S, LI Z, et al. Dgtn: Dual-channel graph transition network for session-based recommendation[C]//2020 International Conference on Data Mining Workshops (ICDMW). [S.l.: s.n.], 2020a: 236-242.

[337] MA C, MA L, ZHANG Y, et al. Memory augmented graph neural networks for sequential recommendation[C]//Proceedings of the AAAI Conference on Artificial Intelligence: volume 34. [S.l.: s.n.], 2020b: 5045-5052.

[338] PAN Z, CAI F, CHEN W, et al. Star graph neural networks for session-based recommendation[C]//Proceedings of the 29th ACM International Conference on Information & Knowledge Management. [S.l.: s.n.], 2020: 1195-1204.

[339] CHEN T, WONG R C W. Handling information loss of graph neural networks for session-based recommendation[C]//Proceedings of the 26th ACM SIGKDD International Conference on Knowledge Discovery & Data Mining. [S.l.: s.n.], 2020c: 1172-1180.

[340] XU C, ZHAO P, LIU Y, et al. Graph contextualized self-attention network for session-based recommendation[C]//Proceedings of the 28th International Joint Conference on Artificial Intelligence. [S.l.: s.n.], 2019c: 3940-3946.

[341] WANG Z, WEI W, CONG G, et al. Global context enhanced graph neural networks for session-based recommendation[C]//Proceedings of the 43rd International ACM SIGIR Conference on Research and Development in Information Retrieval. [S.l.: s.n.], 2020e: 169-178.

[342] SONG W, XIAO Z, WANG Y, et al. Session-based social recommendation via dynamic graph attention networks[C]//Proceedings of the Twelfth ACM International Conference on Web Search and Data Mining. [S.l.: s.n.], 2019: 555-563.

[343] LI H, WANG X, ZHANG Z, et al. Intention-aware sequential recommendation with structured intent transition[J]. IEEE Transactions on Knowledge and Data Engineering, 2021c.

[344] LI Y, YU R, SHAHABI C, et al. Diffusion convolutional recurrent neural network: Data-driven traffic forecasting[C]//International Conference on Learning Representations. [S.l.: s.n.], 2018b.

[345] BENGIO S, VINYALS O, JAITLY N, et al. Scheduled sampling for sequence prediction with recurrent neural networks[C]//Proceedings of the 28th International Conference on Neural Information Processing Systems-Volume 1. [S.l.: s.n.], 2015: 1171-1179.

[346] YU B, YIN H, ZHU Z. Spatio-temporal graph convolutional networks: A deep learning framework for traffic forecasting[J]. IJCAI International Joint Conference on Artificial Intelligence, 2018: 3634-3640.

[347] WU Z, PAN S, LONG G, et al. Graph wavenet for deep spatial-temporal graph modeling[J]. IJCAI International Joint Conference on Artificial Intelligence, 2019d: 1907-1913.

[348] VAN DEN OORD A, DIELEMAN S, ZEN H, et al. Wavenet: A generative model for raw audio[C]//9th ISCA Speech Synthesis Workshop. [S.l.: s.n.], 2016.

[349] YU B, YIN H, ZHU Z. St-unet: A spatio-temporal u-network for graph-structured time series modeling[J]. arXiv preprint arXiv:1903.05631, 2019.

[350] ZHAO L, SONG Y, ZHANG C, et al. T-GCN: A Temporal Graph Convolutional Network for Traffic Prediction[J]. IEEE Transactions on Intelligent Transportation Systems, 2020a, 21(9): 3848-3858.

[351] SONG C, LIN Y, GUO S, et al. Spatial-temporal synchronous graph convolutional networks: A new framework for spatial-temporal network data forecasting[C]//Proceedings of the AAAI Conference on Artificial Intelligence: volume 34. [S.l.: s.n.], 2020: 914-921.

[352] CHEN C, LI K, TEO S G, et al. Gated residual recurrent graph neural networks for traffic prediction[C]//Proceedings of the AAAI Conference on Artificial Intelligence: volume 33. [S.l.: s.n.], 2019b: 485-492.

[353] BAI L, YAO L, LI C, et al. Adaptive graph convolutional recurrent network for traffic forecasting[J]. Advances in Neural Information Processing Systems, 2020a, 33.

[354] ZHANG Q, CHANG J, MENG G, et al. Spatio-Temporal Graph Structure Learning for Traffic Forecasting[J]. Proceedings of the AAAI Conference on Artificial Intelligence, 2020e, 34: 1177-1185.

[355] ZHENG C, FAN X, WANG C, et al. Gman: A graph multi-attention network for traffic prediction[C]//Proceedings of the AAAI Conference on Artificial Intelligence: volume 34. [S.l.: s.n.], 2020b: 1234-1241.

[356] GUO S, LIN Y, FENG N, et al. Attention based spatial-temporal graph convolutional networks for traffic flow forecasting[C]//Proceedings of the AAAI Conference on Artificial Intelligence: volume 33. [S.l.: s.n.], 2019a: 922-929.

[357] PAN Z, LIANG Y, WANG W, et al. Urban traffic prediction from spatio-temporal data using deep meta learning[C]//Proceedings of the 25th ACM SIGKDD International Conference on Knowledge Discovery & Data Mining. [S.l.: s.n.], 2019: 1720-1730.

[358] ZHANG Z, LI M, LIN X, et al. Multistep speed prediction on traffic networks: A deep learning approach considering spatio-temporal dependencies[J]. Transportation research part C: emerging technologies, 2019b, 105: 297-322.

[359] ZHANG C, LI Q, SONG D. Aspect-based sentiment classification with aspect-specific graph convolutional networks[C]//Proceedings of the 2019 Conference on Empirical Language Processing and the 9th International Joint Conference on Natural Language Processing. [S.l.: s.n.], 2019c: 4567-4577.

[360] HUANG L, SUN X, LI S, et al. Syntax-aware graph attention network for aspect-level sentiment classification[C]//Proceedings of the 28th International Conference on Computational Linguistics. [S.l.: s.n.], 2020b: 799-810.

[361] HUANG B, CARLEY K M. Syntax-aware aspect level sentiment classification with graph attention networks[C]//Proceedings of the 2019 Conference on Empirical Methods in Natural Language Processing and the 9th International Joint Conference on Natural Language Processing. [S.l.: s.n.], 2019: 5468-5476.

[362] WANG K, SHEN W, YANG Y, et al. Relational graph attention network for aspect-based sentiment analysis[C]//Proceedings of the 58th Annual Meeting of the Association for Computational Linguistics. [S.l.: s.n.], 2020f: 3229-3238.

[363] LIANG B, YIN R, GUI L, et al. Jointly learning aspect-focused and inter-aspect relations with graph convolutional networks for aspect sentiment analysis[C]//Proceedings of the 28th International Conference on Computational Linguistics. [S.l.: s.n.], 2020: 150-161.

[364] CHEN G, TIAN Y, SONG Y. Joint aspect extraction and sentiment analysis with directional graph convolutional networks[C]//Proceedings of the 28th International Conference on Computational Linguistics. [S.l.: s.n.], 2020d: 272-279.

[365] CAI H, TU Y, ZHOU X, et al. Aspect-category based sentiment analysis with hierarchical graph convolutional network[C]//Proceedings of the 28th International Conference on Computational Linguistics. [S.l.: s.n.], 2020: 833-843.

[366] JIANG Z, WANG J, ZHAO L, et al. Cross-domain aspect category transfer and detection via traceable heterogeneous graph representation learning[C]//Proceedings of the 28th ACM International Conference on Information and Knowledge Management. [S.l.: s.n.], 2019: 289-298.

[367] YAO L, MAO C, LUO Y. Graph convolutional networks for text classification[C]//The Thirty-Third AAAI Conference on Artificial Intelligence. [S.l.: s.n.], 2019: 7370-7377.

[368] ZHANG H, ZHANG J. Text graph transformer for document classification[C]// Proceedings of the 2020 Conference on Empirical Methods in Natural Language Processing. [S.l.: s.n.], 2020f: 8322-8327.

[369] ZHANG Y, YU X, CUI Z, et al. Every document owns its structure: Inductive text classification via graph neural networks[C]//Proceedings of the 58th Annual Meeting of the Association for Computational Linguistics. [S.l.: s.n.], 2020g: 334-339.

[370] HU L, YANG T, SHI C, et al. Heterogeneous graph attention networks for semi-supervised short text classification[C]//Proceedings of the 2019 Conference on Empirical Methods in Natural Language Processing and the 9th International Joint Conference on Natural Language Processing. [S.l.: s.n.], 2019b: 4820-4829.

[371] ZHANG N, DENG S, SUN Z, et al. Long-tail relation extraction via knowledge graph embeddings and graph convolution networks[C]//Proceedings of the 2019 Conference of the North American Chapter of the Association for Computational Linguistics. [S.l.: s.n.], 2019d: 3016-3025.

[372] GUO Z, ZHANG Y, LU W. Attention guided graph convolutional networks for relation extraction[C]//Proceedings of the 57th Conference of the Association for Computational Linguistics. [S.l.: s.n.], 2019b: 241-251.

[373] ZHU H, LIN Y, LIU Z, et al. Graph neural networks with generated parameters for relation extraction[C]//Proceedings of the 57th Conference of the Association for Computational Linguistics. [S.l.: s.n.], 2019b: 1331-1339.

[374] FU T, LI P, MA W. Graphrel: Modeling text as relational graphs for joint entity and relation extraction[C]//Proceedings of the 57th Conference of the Association for Computational Linguistics. [S.l.: s.n.], 2019: 1409-1418.

[375] BROWN T, MANN B, RYDER N, et al. Language models are few-shot learners[J]. Advances in neural information processing systems, 2020, 33: 1877-1901.

[376] KONCEL-KEDZIORSKI R, BEKAL D, LUAN Y, et al. Text generation from knowledge graphs with graph transformers[C]//Proceedings of the 2019 Conference of the North American Chapter of the Association for Computational Linguistics. [S.l.: s.n.], 2019: 2284-2293.

[377] SONG L, ZHANG Y, WANG Z, et al. A graph-to-sequence model for amr-to-text generation[C]//Proceedings of the 56th Annual Meeting of the Association for Computational Linguistics. [S.l.: s.n.], 2018: 1616-1626.

[378] BECK D, HAFFARI G, COHN T. Graph-to-sequence learning using gated graph neural networks[C]//Proceedings of the 56th Annual Meeting of the Association for Computational Linguistics. [S.l.: s.n.], 2018: 273-283.

[379] DAMONTE M, COHEN S B. Structural neural encoders for amr-to-text generation[C]//Proceedings of the 2019 Conference of the North American Chapter of the Association for Computational Linguistics. [S.l.: s.n.], 2019: 3649-3658.

[380] GUO Z, ZHANG Y, TENG Z, et al. Densely connected graph convolutional networks for graph-to-sequence learning[J]. Trans. Assoc. Comput. Linguistics, 2019c, 7: 297-312.

[381] ZHAO Y, CHEN L, CHEN Z, et al. Line graph enhanced amr-to-text generation with mix-order graph attention networks[C]//Proceedings of the 58th Annual Meeting of the Association for Computational Linguistics. [S.l.: s.n.], 2020b: 732-741.

[382] RIBEIRO L F R, GARDENT C, GUREVYCH I. Enhancing amr-to-text generation with dual graph representations[C]//Proceedings of the 2019 Conference on Empirical Methods in Natural Language Processing and the 9th International Joint Conference on Natural Language Processing. [S.l.: s.n.], 2019: 3181-3192.

[383] YAO S, WANG T, WAN X. Heterogeneous graph transformer for graph-to-sequence learning[C]//Proceedings of the 58th Annual Meeting of the Association for Computational Linguistics. [S.l.: s.n.], 2020: 7145-7154.

[384] LI W, XU J, HE Y, et al. Coherent comments generation for chinese articles with a graph-to-sequence model[C]//Proceedings of the 57th Conference of the Association for Computational Linguistics. [S.l.: s.n.], 2019c: 4843-4852.

[385] WANG D, LIU P, ZHENG Y, et al. Heterogeneous graph neural networks for extractive document summarization[C]//Proceedings of the 58th Annual Meeting of the Association for Computational Linguistics. [S.l.: s.n.], 2020g: 6209-6219.

[386] JI H, KE P, HUANG S, et al. Language generation with multi-hop reasoning on commonsense knowledge graph[C]//Proceedings of the 2020 Conference on Empirical Methods in Natural Language Processing. [S.l.: s.n.], 2020: 725-736.

[387] BORDES A, USUNIER N, GARCIA-DURAN A, et al. Translating embeddings for modeling multi-relational data[J]. Advances in neural information processing systems, 2013, 26.

[388] CHENG L, WU D, BING L, et al. ENT-DESC: entity description generation by exploring knowledge graph[C]//Proceedings of the 2020 Conference on Empirical Methods in Natural Language Processing. [S.l.: s.n.], 2020: 1187-1197.

[389] ZHANG Y, GUO Z, TENG Z, et al. Lightweight, dynamic graph convolutional networks for amr-to-text generation[C]//Proceedings of the 2020 Conference on Empirical Methods in Natural Language Processing. [S.l.: s.n.], 2020h: 2162-2172.

[390] QIU L, XIAO Y, QU Y, et al. Dynamically fused graph network for multi-hop reasoning[C]//Proceedings of the 57th Conference of the Association for Computational Linguistics. [S.l.: s.n.], 2019b: 6140-6150.

[391] CAO Y, FANG M, TAO D. BAG: bi-directional attention entity graph convolutional network for multi-hop reasoning question answering[C]//Proceedings of the 2019 Conference of the North American Chapter of the Association for Computational Linguistics. [S.l.: s.n.], 2019a: 357-362.

[392] CAO N D, AZIZ W, TITOV I. Question answering by reasoning across documents with graph convolutional networks[C]//Proceedings of the 2019 Conference of the North American Chapter of the Association for Computational Linguistics. [S.l.: s.n.], 2019b: 2306-2317.

[393] SHAO N, CUI Y, LIU T, et al. Is graph structure necessary for multi-hop question answering?[C]//Proceedings of the 2020 Conference on Empirical Methods in Natural Language Processing. [S.l.: s.n.], 2020: 7187-7192.

[394] TU M, WANG G, HUANG J, et al. Multi-hop reading comprehension across multiple documents by reasoning over heterogeneous graphs[C]//Proceedings of the 57th Conference of the Association for Computational Linguistics. [S.l.: s.n.], 2019b: 2704-2713.

[395] FANG Y, SUN S, GAN Z, et al. Hierarchical graph network for multi-hop question answering[C]//Proceedings of the 2020 Conference on Empirical Methods in Natural Language Processing. [S.l.: s.n.], 2020: 8823-8838.

[396] VAKULENKO S, GARCIA J D F, POLLERES A, et al. Message passing for complex question answering over knowledge graphs[C]//Proceedings of the 28th ACM International Conference on Information and Knowledge Management. [S.l.: s.n.], 2019: 1431-1440.

[397] ZHANG X, SHOU L, PEI J, et al. A graph representation of semi-structured data for web question answering[C]//Proceedings of the 28th International Conference on Computational Linguistics. [S.l.: s.n.], 2020i: 51-61.

[398] WANG X, ZHAO S, HAN J, et al. Modelling long-distance node relations for KBQA with global dynamic graph[C]//Proceedings of the 28th International Conference on Computational Linguistics. [S.l.: s.n.], 2020h: 2572-2582.

[399] LAN Y, JIANG J. Query graph generation for answering multi-hop complex questions from knowledge bases[C]//Proceedings of the 58th Annual Meeting of the Association for Computational Linguistics. [S.l.: s.n.], 2020b: 969-974.

[400] PETERS M E, NEUMANN M, IYYER M, et al. Deep contextualized word representations[C]//Proceedings of the 2018 Conference of the North American Chapter of the Association for Computational Linguistics. [S.l.: s.n.], 2018: 2227-2237.

[401] VASHISHTH S, BHANDARI M, YADAV P, et al. Incorporating syntactic and semantic information in word embeddings using graph convolutional networks[C]//Proceedings

of the 57th Conference of the Association for Computational Linguistics. [S.l.: s.n.], 2019: 3308-3318.

[402] RYABININ M, POPOV S, PROKHORENKOVA L, et al. Embedding words in non-vector space with unsupervised graph learning[C]//Proceedings of the 2020 Conference on Empirical Methods in Natural Language Processing. [S.l.: s.n.], 2020: 7317-7331.

[403] GUI T, ZOU Y, ZHANG Q, et al. A lexicon-based graph neural network for chinese NER[C]//Proceedings of the 2019 Conference on Empirical Methods in Natural Language Processing and the 9th International Joint Conference on Natural Language Processing. [S.l.: s.n.], 2019: 1040-1050.

[404] HE K, LEI S, YANG Y, et al. Syntactic graph convolutional network for spoken language understanding[C]//Proceedings of the 28th International Conference on Computational Linguistics. [S.l.: s.n.], 2020b: 2728-2738.

[405] GHOSAL D, MAJUMDER N, PORIA S, et al. Dialoguegcn: A graph convolutional neural network for emotion recognition in conversation[C]//Proceedings of the 2019 Conference on Empirical Methods in Natural Language Processing and the 9th International Joint Conference on Natural Language Processing. [S.l.: s.n.], 2019: 154-164.

[406] XU J, WANG H, NIU Z, et al. Conversational graph grounded policy learning for open-domain conversation generation[C]//Proceedings of the 58th Annual Meeting of the Association for Computational Linguistics. [S.l.: s.n.], 2020d: 1835-1845.

[407] YIN Y, MENG F, SU J, et al. A novel graph-based multi-modal fusion encoder for neural machine translation[C]//Proceedings of the 58th Annual Meeting of the Association for Computational Linguistics. [S.l.: s.n.], 2020: 3025-3035.

[408] ZHENG B, WEN H, LIANG Y, et al. Document modeling with graph attention networks for multi-grained machine reading comprehension[C]//Proceedings of the 58th Annual Meeting of the Association for Computational Linguistics. [S.l.: s.n.], 2020c: 6708-6718.

[409] CHEN K, XU W, CHENG X, et al. Question directed graph attention network for numerical reasoning over text[C]//Proceedings of the 2020 Conference on Empirical Methods in Natural Language Processing. [S.l.: s.n.], 2020e: 6759-6768.

[410] LIN W, LU C. Automated graph generation at sentence level for reading comprehension based on conceptual graphs[C]//Proceedings of the 28th International Conference on Computational Linguistics. [S.l.: s.n.], 2020b: 2665-2675.

[411] WU L, CHEN Y, SHEN K, et al. Graph neural networks for natural language processing: A survey[J]. arXiv preprint arXiv:2106.06090, 2021b.

[412] CAPPART Q, CHÉTELAT D, KHALIL E, et al. Combinatorial optimization and reasoning with graph neural networks[J]. arXiv preprint arXiv:2102.09544, 2021.

[413] BENGIO Y, LODI A, PROUVOST A. Machine learning for combinatorial optimization: a methodological tour d' horizon[J]. European Journal of Operational Research, 2020.

[414] ZHANG Z, WANG X, ZHANG Z, et al. Revisiting transformation invariant geometric deep learning: Are initial representations all you need?[J]. arXiv preprint arXiv:2112.12345, 2021d.

[415] MIRHOSEINI A, GOLDIE A, YAZGAN M, et al. A graph placement methodology for fast chip design[J]. Nature, 2021, 594(7862): 207-212.

[416] PRATES M, AVELAR P H, LEMOS H, et al. Learning to solve np-complete problems: A graph neural network for decision tsp[C]//Proceedings of the AAAI Conference on Artificial Intelligence: volume 33. [S.l.: s.n.], 2019: 4731-4738.

[417] LEMOS H, PRATES M, AVELAR P, et al. Graph colouring meets deep learning: Effective graph neural network models for combinatorial problems[C]//2019 IEEE 31st International Conference on Tools with Artificial Intelligence (ICTAI). [S.l.]: IEEE, 2019: 879-885.

[418] JOSHI C K, LAURENT T, BRESSON X. An efficient graph convolutional network technique for the travelling salesman problem[J]. arXiv preprint arXiv:1906.01227, 2019.

[419] BRESSON X, LAURENT T. Residual gated graph convnets[J]. arXiv preprint arXiv:1711.07553, 2017.

[420] JOSHI C K, CAPPART Q, ROUSSEAU L M, et al. Learning the travelling salesperson problem requires rethinking generalization[J]. Constraints, 2022: 1-29.

[421] LI Z, CHEN Q, KOLTUN V. Combinatorial optimization with graph convolutional networks and guided tree search[C]//Advances in Neural Information Processing Systems. [S.l.: s.n.], 2018c: 539-548.

[422] BÖTHER M, KISSIG O, TARAZ M, et al. What’s wrong with deep learning in tree search for combinatorial optimization[C]//International Conference on Learning Representations. [S.l.: s.n.], 2022.

[423] LI Y, GU C, DULLIEN T, et al. Graph matching networks for learning the similarity of graph structured objects[C]//International conference on machine learning. [S.l.: s.n.], 2019d: 3835-3845.

[424] FEY M, LENSSEN J E, MORRIS C, et al. Deep graph matching consensus[C]// International Conference on Learning Representations. [S.l.: s.n.], 2020.

[425] BAI Y, DING H, GU K, et al. Learning-based efficient graph similarity computation via multi-scale convolutional set matching[C]//Proceedings of the AAAI Conference on Artificial Intelligence: volume 34. [S.l.: s.n.], 2020b: 3219-3226.

[426] NOWAK A, VILLAR S, BANDEIRA A S, et al. Revised note on learning quadratic assignment with graph neural networks[C]//2018 IEEE Data Science Workshop. [S.l.: s.n.], 2018: 1-5.

[427] DING J Y, ZHANG C, SHEN L, et al. Accelerating primal solution findings for mixed integer programs based on solution prediction[C]//Proceedings of the AAAI Conference on Artificial Intelligence: volume 34. [S.l.: s.n.], 2020b: 1452-1459.

[428] LIU D, FISCHETTI M, LODI A. Learning to search in local branching[J]. AAAI Conference on Artificial Intelligence, 2022c, 36(4): 3796-3803.

[429] NAIR V, BARTUNOV S, GIMENO F, et al. Solving mixed integer programs using neural networks[J]. arXiv preprint arXiv:2012.13349, 2020.

[430] SELSAM D, LAMM M, BENEDIKT B, et al. Learning a sat solver from single-bit supervision[C]//International Conference on Learning Representations. [S.l.: s.n.], 2019.

[431] CAMERON C, CHEN R, HARTFORD J, et al. Predicting propositional satisfiability via end-to-end learning[C]//Proceedings of the AAAI Conference on Artificial Intelligence: volume 34. [S.l.: s.n.], 2020: 3324-3331.

[432] SUN L, GERAULT D, BENAMIRA A, et al. Neurogift: Using a machine learning based sat solver for cryptanalysis[C]//International Symposium on Cyber Security Cryptography and Machine Learning. [S.l.: s.n.], 2020c: 62-84.

[433] ABBOUD R, CEYLAN I, LUKASIEWICZ T. Learning to reason: Leveraging neural networks for approximate dnf counting[C]//Proceedings of the AAAI Conference on Artificial Intelligence: volume 34. [S.l.: s.n.], 2020: 3097-3104.

[434] TOENSHOFF J, RITZERT M, WOLF H, et al. Graph neural networks for maximum constraint satisfaction[J]. Frontiers in artificial intelligence, 2021, 3: 580-607.

[435] AMIZADEH S, MATUSEVYCH S, WEIMER M. Learning to solve circuit-sat: An unsupervised differentiable approach[C]//International Conference on Learning Representations. [S.l.: s.n.], 2018.

[436] XU H, HUI K H, FU C W, et al. Tilingnn: learning to tile with self-supervised graph neural network[J]. ACM Transactions on Graphics (TOG), 2020e, 39(4): 129-1.

[437] KARALIAS N, LOUKAS A. Erdos goes neural: an unsupervised learning framework for combinatorial optimization on graphs[J]. Advances in Neural Information Processing Systems, 2020, 33: 6659-6672.

[438] DUAN H, VAEZIPOOR P, PAULUS M B, et al. Augment with care: Contrastive learning for combinatorial problems[C]//International Conference on Machine Learning. [S.l.: s.n.], 2022: 5627-5642.

[439] KHALIL E, DAI H, ZHANG Y, et al. Learning combinatorial optimization algorithms over graphs[C]//Advances in Neural Information Processing Systems. [S.l.: s.n.], 2017: 6348-6358.

[440] KOOL W, VAN HOOF H, WELLING M. Attention, learn to solve routing problems! [J]. International Conference on Learning Representations, 2019.

[441] MA Q, GE S, HE D, et al. Combinatorial optimization by graph pointer networks and hierarchical reinforcement learning[J]. arXiv preprint arXiv:1911.04936, 2019c.

[442] AHN S, SEO Y, SHIN J. Learning what to defer for maximum independent sets[C]// International Conference on Machine Learning. [S.l.: s.n.], 2020: 134-144.

[443] YOLCU E, PÓCZOS B. Learning local search heuristics for boolean satisfiability[J]. Advances in Neural Information Processing Systems, 2019, 32.

[444] ANGELINI M C, RICCI-TERSENGHI F. Cracking nuts with a sledgehammer: when modern graph neural networks do worse than classical greedy algorithms[J]. arXiv preprint arXiv:2206.13211, 2022.